Ulrich Kias
Biotopschutz und Raumplanung

Ulrich Kias, Prof. Dr. sc. techn.

Biotopschutz und Raumplanung

ORL-Bericht 80/1990

Überlegungen zur Aufbereitung biotopschutzrelevanter Daten für die Verwendung in der Raumplanung und deren Realisierung mit Hilfe der EDV

Ergebnisse aus der Fallstudie «Ökologische Planung Bündner Rheintal»

 Verlag der Fachvereine

Publikationsreihe des
Institutes für Orts-, Regional-
und Landesplanung
ETH Hönggerberg

Institutsleitung:
Prof. B. Huber
Prof. Dr. J. Maurer
Prof. Dr. W. A. Schmid

Titelfoto:
Rheinufer im Bündner Rheintal

© Verlag der Fachvereine an den
schweizerischen Hochschulen
und Techniken, Zürich

ISBN 3 7281 1754 4

Der Verlag dankt dem
Schweizerischen Bankverein für die
Unterstützung zur Verwirklichung
seiner Verlagsziele

Vorwort

Die Wahrnehmung der zunehmenden Umweltschäden durch die Gesellschaft hat in den letzten Jahren zu einer vermehrt ökologisch ausgerichteten Politik geführt. Ökologie ist zu einem Kernbegriff der gesellschaftlichen Diskussion geworden. Der Schutz der Umwelt und die Sicherung und Erhaltung der natürlichen Lebensgrundlagen sind eine der wichtigsten Aufgaben unserer Zeit.

Im Verlaufe der letzten Jahre hat sich ein neues Umweltbewusstsein entwickelt und die Unzulänglichkeit der bisherigen, reagierenden Umweltschutzpraxis wurde erkannt. Das Vorsorgeprinzip nimmt heute im Umweltschutz eine zentrale Stellung ein. Damit kommt der Raumplanung im Hinblick auf die Entwicklung von umweltorientierten Raumstrukturen eine Schlüsselrolle zu.

Vor diesem Hintergrund hatte sich die Raumplanung neu zu orientieren. Planung ohne Einbezug ökologischer Aspekte gilt heute nicht mehr als vollwertige Planung. Begriffe wie "ökologische Planung" oder "ökologisch orientierte Raumplanung" belegen diese Neuorientierung. Über Ziele und Aufgaben bestehen allerdings noch unterschiedliche Vorstellungen. Eine umfassende Übersicht dazu bietet der ORL-Bericht Nr. 46 (GFELLER, KIAS, TRACHSLER 1984).

Am Institut für Orts-, Regional- und Landesplanung der ETH Zürich besteht seit 1983 der Forschungsschwerpunkt "Grundlagen und Möglichkeiten ökologischer Planung". Zentrales Anliegen dieses Forschungsbereiches ist das Überprüfen und Weiterentwickeln der bestehenden Ziele und Ansätze und deren Umsetzung in das heutige Planungssystem im Rahmen der Fallstudie: Bündner Rheintal (TRACHSLER, KIAS 1982; KIAS, TRACHSLER 1985; SCHMID, JACSMAN 1985).

Die Ergebnisse dieser Fallstudie werden im Verlaufe des Jahres 1990 in den Berichten zur Orts-, Regional- und Landesplanung veröffentlicht. Der hier vorliegende Bericht über "Biotopschutz und Raumplanung, Überlegungen zur Aufbereitung biotopschutzrelevanter Daten für die Verwendung in der Raumplanung und deren Realisierung mit Hilfe der EDV" ist im Rahmen dieser Publikationsreihe zu sehen. Ein zusammenfassender Syntheseberichtwird die Reihe abschliessen.

Die vorliegende Arbeit behandelt somit den Teilbereich "Natur- und Landschaftsschutz" mit dem Schwergewicht auf dem breiten Biotopschutz und weniger auf der visuell ästhetischen Komponente des Landschaftsschutzes.

Zielsetzung der Arbeit von U. Kias ist es damit, die Frage zu beantworten: Wie lassen sich biotopschutzrelevante Daten und Gesichtspunkte in das Planungssystem Schweiz integrieren? Dabei war die Landschaft als Ganzes, das Siedlungs- und Nichtsiedlungsgebiet zu erfassen. Bisher hat man sich im wesentlichen auf schützenswerte Objekte, Biotope und Biotopkomplexe oder auf Landschaften, die aus visuell-ästhetischen oder historischen Gründen oder Gründen der Freiraumerholung zu schützen sind, konzentriert. Diese gesamträumliche Erfassung im Hinblick auf einen breiten Biotopschutz ist methodisch eine neuartige und komplexe Aufgabe. Die Arbeit konzentriert sich dabei auf die Richtplanungsebene und zeigt beispielhaft auf, wie in der Nutzungsplanung bis hin zur Objektplanung, die in der Richtplanung gewonnenen Erkenntnisse zu ergänzen und umzusetzen sind. Mit eine Zielsetzung der Arbeit war, die Möglichkeiten des konsequenten Computereinsatzes zur Verarbeitung raumbezogener Daten als instrumentelles Hilfsmittel zur Lösung der raumplanerischen Aufgabe auszuloten.

Das methodische Konzept des Vorgehens war naturgemäss durch den methodischen Ansatz des Gesamtprojektes weitgehend vorbestimmt. Auf der einen Seite werden die bestehenden Ansätze der ökologischen Planung im Hinblick auf den Landschaftsschutz analysiert und weiterentwickelt und auf der andern Seite daraus eine eigene Methodik entwickelt und auf die Planungsregion "Bündner Rheintal" angewandt. Damit liess sich die entwickelte Methodik auf ihre Praxistauglichkeit testen und im Vergleich zu andern Methoden der ökologischen Planung werten.

Die vorliegende Arbeit ist im Rahmen einer Dissertation entstanden. Doch wäre ohne die Unterstützung zahlreicher Amtsstellen der kantonalen Verwaltung, insbesondere des Amtes für Raumplanung, des Amtes für Umweltschutz und des Amtes für Landschaftspflege und Naturschutz sowie der Regionalplanungsgruppe Bündner Rheintal, der Gemeindepräsidentenkonferenz und der lokalen Bevölkerung diese nicht zu Stande gekommen. Allen jenen, die zum Gelingen der Arbeit mit beigetragen haben, sei an dieser Stelle herzlich gedankt.

Prof. Dr. W.A. Schmid

Dank

Der Anstoss zu dem vorliegenden ORL-Bericht erwuchs aus der Mitarbeit an der Fallstudie "Ökologische Planung Bündner Rheintal" am Fachbereich Landschaft des ORL-Instituts. Während der Bearbeitung des Aussagebereichs "Natur- und Landschaftsschutz" entstand der Gedanke, diese Problematik nicht nur im engeren Kontext der Verhältnisse im Kanton Graubünden zu behandeln, sondern sie in den Gesamtrahmen der planungsrechtlichen und planungspraktischen Situation des Biotopschutzes in der Schweiz einzuhängen.

Herrn Prof. Dr. W. A. Schmid, der die Arbeit fachlich begleitete, danke ich ganz besonders für die stets freizügige Unterstützung und Förderung. Prof. Dr. K.-F. Schreiber bin ich zu ebensolchem Dank verpflichtet. Auch nach meinem Wechsel von Münster nach Zürich nahm er steten Anteil an meinem akademischen Werdegang. Er hatte immer ein offenes Ohr und begleitete den Fortgang der Arbeit mit zahlreichen wertvollen Anregungen.

Besonders danken möchte ich auch meinen Kollegen, den Herren Dr. H. Trachsler und M. Gfeller für die zahllosen Diskussionen während der langjährigen gemeinsamen Arbeit im Forschungsschwerpunkt "Grundlagen und Möglichkeiten ökologischer Planung".

Herr Dr. E. Hepperle machte sich freundlicherweise die Mühe, die Ausführungen zur planungsrechtlichen Situation des Biotopschutzes auf juristische Stimmigkeit zu prüfen, wofür ich auch ihm danke.

Im weiteren möchte ich mich bei den Amtsstellen des Kantons Graubünden für die stete Bereitschaft zur Hilfe bei der Datenbeschaffung und viele wertvolle Anregungen aus der planungspraktischen Erfahrung bedanken, insbesondere bei den Herren J. Sauter vom Amt für Raumplanung, G. Ragaz vom Amt für Landschaftspflege und Naturschutz sowie Dr. R. Zuber vom Forstinspektorat.

Auch den Mitarbeitern des Bundesamtes für Statistik, den Herren B. Meyer-Sommer und K. Arnold gilt mein Dank für das grosse Entgegenkommen, Daten aus der neuen Arealstatistik bereits vor deren Publikation zur Verfügung zu stellen.

Die Arbeit wäre in der vorliegenden Form nicht möglich gewesen ohne die zahlreichen Hinweise lokaler Naturschutzkenner im Bündner Rheintal, von denen ich ganz besonders die Herren Dr. J. Müller vom Bündner Naturmuseum, C. Geiger vom Bündner Naturschutzbund sowie H. Jenny nennen möchte.

Last, but not least danke ich den Herren C. Heimhuber und R. Unger von der Fachhochschule Weihenstephan für die Übernahme von Fotoreproduktions- und Lichtpausarbeiten.

Weihenstephan, 10. 3. 1990   Ulrich Kias

INHALTSVERZEICHNIS

Verzeichnis der Abbildungen

Verzeichnis der Tabellen

Zusammenfassung

Summary

1. Zielsetzung und Überblick 1

Teil I: Grundlagen und Überlegungen zur Berücksichtigung des Biotopschutzes in der Raumplanung

2. Der Biotopschutz in der Gesetzgebung 5
   2.1. Begriffe 6
   2.2. Der Biotopschutz im Bundesrecht 11
   2.3. Der Biotopschutz im kantonalen Recht am Beispiel einiger Kantone 30
   2.4. Resümee 42

3. Der Biotopschutz in der Praxis der Raumplanung 45
   3.1. Der Biotopschutz in der Richtplanung 46
   3.2. Der Biotopschutz in der Nutzungsplanung 65
   3.3. Resümee 70

4. Die Situation des Biotopschutzes in der Schweiz im Lichte von Datenmaterial über Kulturlandverlust und Landschaftsveränderungen..................................72

5. Ansätze zur Operationalisierung ökologischer Theorien und Vorstellungen in der Raumplanung...............82
   5.1. Grundsätzliche Überlegungen zur Bedeutung einer ökologischen Vielfalt 82
   5.2. Ökologische Planung als Antwort auf eine Defizitsituation bei der Berücksichtigung ökologischer Sachverhalte in der Planung 88
   5.3. Die Theorie der differenzierten Bodennutzung 93
   5.4. Das Konzept der Naturpotentiale 98
   5.5. Das Konzept ökologischer Vorranggebiete 102
   5.6. Das Konzept der Hemerobiestufen 104

5.7. Das Konzept des Biotopverbundsystems 108

5.8. Resümee 112

6. Der Computer als instrumentelles Hilfsmittel zur Verarbeitung raumbezogener Daten......................113

   6.1. Entwicklungslinien 113

   6.2. Anforderungen an ein geographisches Informationssystem aus landschaftsplanerischer Sicht 125

      6.2.1. Anforderungen aus genereller Sicht 125

      6.2.2. Spezielle Aspekte 128

      6.2.3. Realisierung am ORL-Institut: Das geographische Informationssystem ARC/INFO 135

Teil II: Methodisch - instrumentelle Ansätze zur Aufbereitung biotopschutzrelevanter Daten für die verschiedenen Ebenen der Raumplanung, dargestellt an der Planungsregion "Bündner Rheintal"

7. Die Fallstudie "Ökologische Planung Bündner Rheintal"...141

   7.1. Die Planungsregion "Bündner Rheintal" 142

      7.1.1. Natürliche Gegebenheiten 144

      7.1.2. Wirtschaftsstruktur 146

      7.1.3. Aspekte der Belastungssituation heute und in Zukunft 147

   7.2. Methodische Grundlagen für das Vorgehen in der Fallstudie "Ökologische Planung Bündner Rheintal" 150

      7.2.1. Grundstruktur des Verfahrensansatzes 152

      7.2.2. Grundlagendaten und Indikatorbildung 154

      7.2.3. Methodische Überlegungen zu Bewertungsfragen und Aggregation 159

   7.3. Gliederung des Gesamtprojektes in "Aussagebereiche" 170

8. Der Aussagebereich "Natur- und Landschaftsschutz" im Rahmen der Fallstudie "Ökologische Planung Bündner Rheintal"......................................172

   8.1. Erarbeitung eines EDV-gestützten Biotopinformationssystems für das Bündner Rheintal 173

      8.1.1. Datenbasis für das Biotopinventar 174

      8.1.2. Realisierung der EDV-Unterstützung des Biotopinventars 176

8.2. Indikatorkonzept für eine flächendeckende Analyse des "biotischen Regulationspotentials" aus regionaler Sicht 186

    8.2.1. Bewertung des Raumes aus der Sicht eines breiten Biotopschutzes 188

    8.2.2. Erfassung der Aspekte "Natürlichkeit der Vegetation" und "anthropogene Beeinflussung" 190

        8.2.2.1. Landnutzungskartierung 190

        8.2.2.2. Klassifizierung der Landnutzung gemäss dem Hemerobiestufenkonzept 193

        8.2.2.3. Korrektur und Ergänzung der Landnutzungsbewertung durch zusätzliche Informationen aus dem Biotopinventar 197

    8.2.3. Beurteilung des biotischen Regulationspotentials 201

    8.2.4. Erfassung und Bilanzierung von potentiell vielfältigen Grenzstrukturen als ergänzender Indikator zur Charakterisierung des biotischen Regulationspotentials 222

8.3. Indikatorkonzept für die Beurteilung der Belastungen der Regenerationsfunktion für die Tier- und Pflanzenwelt 230

    8.3.1. Zur Erfassung der Empfindlichkeit 230

    8.3.2. Die Analyse von Belastungen im einzelnen 234

        8.3.2.1. Belastung duch Luftverunreinigungen 234

        8.3.2.2. Belastung durch Lärm 236

        8.3.2.3. Belastung durch die räumliche Lage im Einflussbereich von Verkehrsträgern 238

        8.3.2.4. Gesamtbelastung 242

        8.3.2.5. Minderung des biotischen Regulationspotentials durch zukünftige Überbauung 243

8.4. Herleitung von Entwicklungszielen für die Landschaft aus der Analyse des biotischen Regulationspotentials 244

8.5. Auswertung der Arealstatistik 1985 unter dem Aspekt der Flächenbedeutung für das biotische Regulationspotential 247

9. Verfeinerung des Ansatzes zur Charakterisierung des biotischen Regulationspotentials für die Verwendung im subregionalen Massstab - dargestellt am Beispiel der Gemeinde Maienfeld..258

   9.1. Detaillierung der Flächennutzungsbewertung 258

   9.2. Ergebnisse und Vergleich mit den Daten aus der regionalen Analyse 264

10. Skizze für eine Erfassung des biotischen Regulationspotentials im überregionalen Massstab............270

11. Literatur 278

Anhang

Anhang   I: Kartenteil

Anhang   II: Biotop-Inventar Bündner Rheintal: Zulässige Wertebereiche der Merkmalsausprägungen in den Merkmalsfeldern

Anhang III: Gemeindeweise Bilanzierung der Minderung des biotischen Regulationspotentials durch zukünftige Überbauung

Verzeichnis der Abbildungen

Abb. 1: Landschaftliche und biotische Situation mit Austauschprozessen zwischen verschiedenen Nutzungsarealen und Übergangszonen zwischen denselben (a); Zerschneidung und Trennung der Situation von a durch Korrektionen und Zonierungen (aus: EWALD 1987, S. 94) 23

Abb. 2: Übersicht zu wichtigen Instrumenten und zum Ablauf der kantonalen Richtplanung (aus: RINGLI, GATTI-SAUTER & GRASER, 1988, S. 97) 49

Abb. 3: Schematische Darstellung des Landschaftsraumes (aus: Grundlagenbericht zur kantonalen Richtplanung Luzern 1983, S. 19) 52

Abb. 4: Beispiel für einen "Grundsatz" der kantonalen Richtplanung Luzern (aus: Grundlagenbericht zur kantonalen Richtplanung Luzern 1983, S. 24) 53

Abb. 5: Überlagerungsmatrix aller Schutz und Erholungsgebiete sowie der Einzelelemente (aus REGIONALPLAN LANDSCHAFT beider Basel 1976, S. 84a) 58

Abb. 6: Ausgleichsflächen und Stabilisierung durch Nutzungsvielfalt in der Landwirtschaft (aus: KAULE 1978, S. 692) 94

Abb. 7: Schematische Darstellung von Ökosystemtypen der Kulturlandschaft (aus: KAULE 1978, S. 693) 96

Abb. 8: Verfahrensablauf zur Entwicklung von Vorrangkonzeptionen (aus: GEYER 1987, S. 234) 103

Abb. 9: Abhängigkeit der Immigrationsrate (gestrichelt) von der Nähe zum Ursprungsort der Besiedlung (z. B. Festland) und der Extinktionsrate (ausgezogen) von der Grösse der Insel (aus: NIEVERGELT 1984, S. 593) 109

Abb. 10: Empfehlungen über Grösse, Lage und Form von Schutzgebieten (aus: NIEVERGELT 1984, S. 594) 110

Abb. 11: Einfache Veranschaulichung des Fragenkreises, seiner Engpässe und seines Kurzschlusses bei der Problemlösung (aus: DURWEN 1985, S. 90) 119

Abb. 12: Dem Schreibtisch nachgebildete Benutzeroberfläche des Apple MacIntosh 122

Abb. 13: Komponenten eines auf landschaftsplanerische Fragestellungen zugeschnittenen geographischen Informationssystems 127

Abb. 14: Das Konzept des "long thin man" (aus: RASE 1984, S. 313) 129

Abb. 15: Hybridstruktur des geographischen Informationssystems ARC/INFO 136

Abb. 16: Repräsentation der drei grundlegenden Typen räumlicher Strukturen im geographischen Informationssystems ARC/INFO (aus: ARC/INFO Users Manual) 137

Abb. 17: Schematisierter topologischer Netzaufbau (aus: BEHR 1988, S. 36) 138

Abb. 18: Grundmuster des Verfahrensansatzes der Fallstudie "Ökologische Planung Bündner Rheintal" 153

Abb. 19: Zusammenhang zwischen Indikator und Indikandum (aus: KAULE 1980, S.30) 156

Abb. 20: Prinzip der Transformation von Messwerten in eine Wertskala 160

Abb. 21: Beispiel aus einem Entscheidungsbaum für die Verknüpfung dreier Kriterien (A, B, C) mittels logischer "und / oder"-Aussagen 163

Abb. 22: Ausschnitt aus einem Entscheidungsbaum zur Bewertung der Lärmbelastung von Bauzonen. Die Bewertung erfolgt gemäss den Richtwerten der eidgen. Verordnung über den Lärmschutz bei ortsfesten Anlagen (LSV) 164

Abb. 23: Vergleich zweier Varianten der Nationalstrasse N 9 im Wallis (aus: BOVY 1982, S. 74) 166

Abb. 24: Vergleich von verschiedenen Variantenpaaren im Rahmen der Zweckmässigkeitsprüfung der neuen Eisenbahnhaupttransversalen (aus: ARGE GÜLLER/ INFRAS 1983, S. 229) 168

Abb. 25: Objekt-Datenblatt des Inventars schützenswerter und geschützter Landschaften und Naturdenkmäler im Kanton Graubünden 174

Abb. 26: Struktur der Datenbank für das Biotopinventar 178

Abb. 27: Hauptmenü des Biotopinventar-Verwaltungsprogramms 180

Abb. 28: Bildschirmmaske zur Dateneingabe 180

Abb. 29: Bildschirmdialog bei der Objekt-Datenblatt-
Recherche 181

Abb. 30: Druckerausgabe eines gespeicherten Objekt-
Datenblattes 183

Abb. 31: Verteilung der Flächenanteile der BRP-Werte
nach Subregionen 205

Abb. 32: Verteilung der Flächenanteile der BRP-Werte im
"Talraum" 215

Abb. 33: Verteilung der Flächenanteile der BRP-Werte in
den "Hanglagen" 216

Abb. 34: Länge von Wald-, Hecken- und Gebüschrändern in
km / km^2 nach Gemeindeteilen im "Talraum" 226

Abb. 35: Bewertungsmatrix für das Risiko der Belastung
der Biotopfunktion durch Luftverunreini-
gungen 235

Abb. 36: Breite der Abstandszonen in Abhängigkeit vom
Verkehrsaufkommen 241

Abb. 37: Matrix der Bewertung des Beeinflussungsrisikos der Biotopfunktion durch den Strassen-
verkehr 241

Abb. 38: Vergleich der Flächenanteile der Bedeutungskategorien (BRP-Werte) gemäss der neuen
Arealstatistik mit denen gemäss der Vollerhebung Bündner Rheintal 256

Abb. 39: Differenzierung und Interpretation der Ordinalskala für die Bewertung des biotischen
Regulationspotentials 260

Abb. 40: Gegenüberstellung der Bewertungsergebnisse für
Maienfeld aus der regionalen und subregionalen
Analyse 267

Verzeichnis der Tabellen

Tab. 1: Stand der kantonalen Bau- und Planungsgesetzgebung Ende 1987 (aus: SCHWEIZERISCHER BUNDESRAT 1988, Anhang 3) 43

Tab. 2: Zusammenstellung der wichtigsten Veränderungen in den Untersuchungsgebieten (aus: EWALD 1978, S. 201) 74

Tab. 3: Vergleichende Gegenüberstellung von Zahlenmaterial zu Landschaftsveränderungen (überarbeitet nach SCHMUCKI 1988, S. 89) 78

Tab. 4: Übersicht über die Klassierung des menschlichen Einflusses nach verschiedenen Autoren (aus: SUKOPP 1969, S. 362) 104

Tab. 5: Abstufungen verschiedener Landnutzungsformen nach dem Grad des Kultureinflusses auf Ökosysteme (aus: BLUME & SUKOPP 1976) 105

Tab. 6: Flächenverhältnisse, Wohnbevölkerung und Arbeitsplätze im Kanton Graubünden und im Bündner Rheintal 142

Tab. 7: Landbauliche und klimatische Charakterisierung der abgegrenzten Wärmestufen (aus: SCHREIBER 1977) 145

Tab. 8: Codierschlüssel der Landnutzungskartierung Bündner Rheintal 192

Tab. 9: Zuordnung der Kategorien der Landnutzungskartierung zu Hemerobiestufen 195

Tab. 10: Umsetzung der Hemerobiestufen in Werturteile hinsichtlich der Zielgrösse des biotischen Regulationspotentials 195

Tab. 11: Zuordnung der Objekttyp-Kategorien der Biotopkartierung zu Hemerobiestufen 198

Tab. 12: Verteilung der prozentualen Flächenanteile der BRP-Werte nach Gemeinden und Subregionen 204

Tab. 13: Verteilung der prozentualen Flächenanteile der BRP-Werte nach Gemeinden und Subregionen im "Talraum" 213

Tab. 14: Verteilung der prozentualen Flächenanteile der BRP-Werte nach Gemeinden und Subregionen in den "Hanglagen" 214

Tab. 15: Länge von Wald-, Hecken- und Gebüschrändern nach Naturräumen und Gemeinden 225

Tab. 16: Empfindlichkeit verschiedener Biotoptypen gegenüber Störfaktoren 233

Tab. 17: Die Reichweite der Störwirkung von Verkehrsstrassen auf empfindliche Arten der Avifauna in Abhängigkeit vom Verkehrsaufkommen (n. van der ZANDE et al. 1980) 240

Tab. 18: Nutzungskategorien der neuen Arealstatistik, Bewertung hinsichtlich des biotischen Regulationspotentials und Vorkommen im Bündner Rheintal 249

Tab. 19: Flächenbilanz des biotischen Regulationspotentials aufgrund der neuen Arealstatistik 252

Tab. 20: Bewertungsrahmen für die flächendeckende Bewertung des biotischen Regulationspotentials im subregionalen Massstab 261

Tab. 21: Flächenbilanz der Landnutzung in Maienfeld im Hinblick auf eine biotopschutzrelevante Bewertung 265

Tab. 22: Häufigkeit, Fläche und Verteilung der prozentualen Flächenanteile der BRP-Werte in Maienfeld, differenziert in "Talraum" und "Hanglage" 266

Zusammenfassung

Ziel der vorliegenden Studie sollte es sein, vor dem Hintergrund der gegebenen planungsrechtlichen und planungspraktischen Situation in der Schweiz Ansatzpunkte und methodische Vorgehensweisen zu skizzieren, wie ein verbesserter Einbezug ökologischer Determinanten in den Raumplanungsprozess im allgemeinen sowie biotopschutzrelevanter Daten und Gesichtspunkte im besonderen erreicht werden kann. Schwerpunkthaft war gemäss den Zielsetzungen der Fallstudie "Ökologische Planung Bündner Rheintal", in deren Kontext die Arbeit steht, die Ebene der regionalen Richtplanung zu behandeln.

Eine Bestandsaufnahme zu den rechtlichen Grundlagen des Biotopschutzes macht deutlich, dass mittlerweile auf nationaler Ebene die Voraussetzungen für einen umfassenden und problemadäquaten Einbezug von Biotopschutzaspekten durchaus gegeben sind. Allerdings läuft in einer ganzen Reihe von Kantonen die Umsetzung der einschlägigen Bestimmungen des Bundesrechts in kantonales Recht noch ausgesprochen schleppend an; so verfügen einige Kantone nach wie vor über eine Natur- und Heimatschutzgesetzgebung, die aus vergangenen Jahrzehnten stammt und deren Geist nicht von modernen ökologischen Erkenntnissen inspiriert ist.

Was die planungspraktische Seite anbelangt, sind immerhin in etlichen Kantonen positive Ansätze zu verzeichnen, wenn auch die derzeitige Raumplanungspraxis noch ein gutes Stück davon entfernt ist, auch "ökologische Planung" zu sein. Kaum irgendwo wird der Gesamtraum hinsichtlich seiner Biotopfunktion integral planerisch behandelt. Biotopschutz wird vielmehr sehr häufig als ein auf spezielle Reservate abgedrängter "Nutzungsanspruch" gesehen.

Wenn man einer solchen Bilanz Zahlenmaterial gegenüberstellt, welches die tatsächliche Dynamik in der Kulturlandschaft beschreibt hinsichtlich der Verdrängung naturnaher Strukturen durch bauliche Tätigkeit einerseits und Nivellierung der

Standortbedingungen hin zu einem typischen nährstoffreichen, mittelfeuchten Durchschnittsstandort andererseits, so wird deutlich, dass die Zeit drängt, wenn auch nur die geringste Chance bestehen soll, den Artenschwund aufzuhalten oder auch nur zu bremsen.

In diesem Sinne wurde ein methodischer Ansatz entwickelt und getestet, der es ermöglichen sollte, das "biotische Regulationspotential" von Raumausschnitten auf der Basis allgemein verfügbaren Datenmaterials und mit Unterstützung moderner Datenverarbeitungstechniken zu analysieren und zu charakterisieren. Dies geschah duch eine kombinierte Auswertung von Biotopinventardaten und Landnutzungsdaten. Der Ansatz ist vom methodischen Konzept her am Gedankengut der Nutzwertanalyse der 2. Generation sowie weiterer letztlich darauf basierender sog. "weicher" Bewertungsverfahren orientiert. Er bemüht sich zwar um Quantifizierung, ohne dabei jedoch die Bedeutung qualitativer, verbal-argumentativer Interpretation zu vernachlässigen. Damit soll auch die Basis geschaffen werden für die Erarbeitung von Entwicklungszielen für die Landschaft, welche inhaltlich unmittelbar aus der Analyse heraus begründet werden können.

Zur Abrundung des behandelten Themenkreises konnte am Beispiel einer ausgewählten Gemeinde die Problematik dargestellt werden, die damit verbunden ist, wenn zwar der Betrachtungsmassstab vergrössert werden soll, gleichzeitig aber die Vergleichbarkeit der Ergebnisse verschiedener Massstabsebenen angestrebt wird.

Nicht nur diesbezüglich, sondern auch im Zusammenhang mit der abschliessend angerissenen Skizze für die instrumentelle Unterstützung der Naturschutzarbeit im überregionalen Massstab mussten eine Reihe von Fragen unbeantwortet bleiben. Sie werden im Raum stehengelassen in der Hoffnung, nachfolgende Arbeiten mögen den Faden aufnehmen und auf dem Weg der Entwicklung einer "ökologischen Planung" weiterspinnen.

Summary

Against the background of current planning legislation and local practice in Switzerland, this study outlines points of departure and methodical approaches for improved integration of ecological determinants in general, and biotopic data and protection aspects in particular into the planning process. This work has been carried out within the framework of the case study "Ecological planning in the Rhine valley of the Grisons", and in accordance with the objectives defined therein its main emphasis is on regional planning aspects.

Assessment of the present legislative basis for biotope protection clearly shows that at national level the conditions for comprehensive and adequate integration of biotope protection aspects are now fulfilled. In a good many cantons the incorporation of federal legislation into cantonal regulations is proceeding rather slowly, however, so that several cantons are still applying outdated nature protection laws which have little in common with modern ecological know-how.

Nevertheless as far as practical planning is concerned many cantons are making positive progress, although planning as currently practised still has a long way to go before it can be regarded as "ecological planning". Hardly anywhere does regional or local planning cover the entire area concerned from a biotopic function point of view. Instead of this, biotope protection is commonly treated as a special form of "land-use" isolated within some nature reserves.

If this balance is compared with data showing what is actually happening to the landscape - on one hand the supplantation of ecostructures by means of construction activities, on the other hand the reduction of soil and growth conditions to typical agricultural zones of high fertility and medium humidity - it becomes all too clear that immediate action is required if there is to be any hope of stopping or even slowing down the resultant extinction of species.

On this basis a methodical approach has been developed and tested for analyzing and characterizing the "potential of biotic regulation" of spatial entities, based on generally available data and using computerized processing methods. This was done by means of combined evaluation of biotope inventory and land use data. The concept employed is based on 2nd generation goal achievement analysis methods. It focuses on quantification, without however ignoring the significance of qualitative interpretation and verbal argumentation. The intention is to create a basis for working out landscape development targets which are directly derived from the results of analysis.

The study is rounded off by an exemplary large scale evaluation of the "potential of biotic regulation", based on a selected local community. This illustrates the difficulties arising in comparing results on various scales for the same area.

Not only in this connection, but also with regard to the final proposal for instrumental support of nature protection work on a supra-regional level, a great many questions still remain unanswered. These questions are left open for the time being, in the hope that future studies will take up the thread and continue towards the final goal of comprehensive "ecological planning".

1. Zielsetzung und Überblick

Die vorliegende Arbeit entstand im Rahmen der Fallstudie "Ökologische Planung Bündner Rheintal". Diese Fallstudie ist Bestandteil eines längerfristigen Forschungsschwerpunktes am Fachbereich Landschaft des ORL-Instituts mit dem Titel "Grundlagen und Möglichkeiten ökologischer Planung". Ausgangspunkt für die Konzeption dieses Forschungsschwerpunktes war die Erkenntnis, dass im raumplanerischen Entscheidungsprozess ökologische Aspekte, verglichen mit gesellschaftlichen und ökonomischen, noch immer eine untergeordnete Rolle spielen. Sie ist daher im Zusammenhang mit den zahlreichen Projekten der letzten 10 - 15 Jahre zu sehen, die darauf ausgerichtet waren, das bestehende Defizit bei der Berücksichtigung der natürlichen Lebensgrundlagen in der Raumplanung zu vermindern (vgl. hierzu auch TRACHSLER & KIAS 1982).

Die wesentlichen Forschungsfragen können zusammenfassend wie folgt formuliert werden:
- Welche Methoden sind heute verfügbar, um mit einem Aufwand, der für die Planungspraxis tauglich ist, die Umweltsituation sowie die Umweltauswirkungen von geplanten Nutzungen zu ermitteln und zu bewerten ?
- Welche ökologischen Grundlagendaten werden benötigt, um solche Methoden anzuwenden ?
- Wie können diese Daten rationell erhoben und für die Planung aufgearbeitet werden ?
- Welche Rolle kann der Computer als planungsunterstützendes Medium spielen ? Hierbei steht die Einsatzmöglichkeit geographischer Informationssysteme im Zentrum der Überlegungen.
- Wo sind Anknüpfungspunkte für die Integration einer ökologischen Planung im gegenwärtigen Planungssystem ?

Im Vorfeld der Fallstudie wurde eine breite Sichtung und kritische, am Massstab der Praxisverwendbarkeit orientierte Analyse von gut einem Dutzend ausgewählten Fallbeispielen vorgenommen (siehe hierzu GFELLER, KIAS & TRACHSLER 1984). Diese

Studie diente einerseits der wissenschaftlichen Standortbestimmung, andererseits war sie so abgefasst, dass sie sich als Hilfsmittel zur Methodenevaluation und als Nachschlagewerk für den Einsatz in der Planungspraxis eignen sollte. Sie trug wesentlich zur inhaltlichen und methodischen Konzeption der Fallstudie im Bündner Rheintal bei, welche das vorgegebene Instrumentarium weiterentwickeln und auf seine Praxistauglichkeit testen sollte.

Aus dem Kontext der gesamten Fallstudie heraus behandelt die vorliegende Arbeit den Teilbereich "Natur- und Landschaftsschutz", wobei der Schwerpunkt auf den Aspekt eines breiten Biotopschutzes gelegt wird und nicht auf die visuell-ästhetische Komponente des Landschaftschutzes.

Zielsetzung der Arbeit ist die Auseinandersetzung mit der gegebenen Praxis der Raumplanung hinsichtlich der Berücksichtigung biotopschutzrelevanter Daten und Gesichtspunkte. Dazu wird nach einem Überblick über die gegebene Situation des Biotopschutzes in der Schweiz sowie über sachliche und instrumentelle Grundlagen ein **Bewertungsansatz** entwickelt, der es zunächst erlauben soll, die **biotische Qualität eines Raumausschnittes** aus der Sicht eines breiten Biotopschutzes zu beurteilen und anderen Raumausschnitten vergleichend gegenüberzustellen. Darüberhinaus soll mit dieser Bewertung die Basis für die Erarbeitung von Zielvorstellungen der Landschaftsentwicklung geschaffen werden.

Im **2. Kapitel** werden die rechtlichen Grundlagen des Biotopschutzes auf Bundesebene und anhand einiger Beispiele auf Kantonsebene beleuchtet. Das **3. Kapitel** gibt einen Überblick über den Stand der Berücksichtigung der Belange des Biotopschutzes in der Praxis der Raumplanung, differenziert nach den Planungsebenen Richtplanung und Nutzungsplanung. Zusammen mit dem **4. Kapitel**, welches Datenmaterial über Kulturlandverlust und Landschaftsveränderungen in der Schweiz einbezieht, ergibt sich daraus eine Bilanz der gegenwärtigen Situation und des Stellenwertes des Biotopschutzes im Planungsalltag.

Das **5. Kapitel** diskutiert Ansätze zur Operationalisierung ökologischer Theorien und Vorstellungen in der Raumplanung und will damit den Stand des Wissens von der methodischen Seite her aufzeigen. Ebenfalls zu den methodischen Grundlagen zu zählen ist das **6. Kapitel** über Entwicklung und Möglichkeiten des Computereinsatzes zur Verarbeitung raumbezogener Daten. Schwerpunkt dieses Kapitels ist der Einsatz geographischer Informationssysteme für die Bedürfnisse der Raum- und Landschaftsplanung.

Der dann folgende **zweite Teil** der Arbeit beinhaltet die **Entwicklung und Anwendung von Ansätzen zur Aufbereitung biotopschutzrelevanter Daten für die Verwendung in der Raumplanung**, dargestellt am Beispiel des Bündner Rheintales. Das Ziel besteht insbesondere darin, mit dem konsequenten Einsatz von Informatikmitteln einen Beitrag zu Füllung des Methodenpools eines landschaftsplanerischen Informationssystems zu leisten.

Zunächst wird im **7. Kapitel** die Planungsregion "Bündner Rheintal" vorgestellt sowie methodische Grundlagen für das Vorgehen in der Fallstudie "Ökologische Planung Bündner Rheintal" skizziert. Das **8. Kapitel** behandelt die Arbeiten auf regionaler Ebene im Aussagebereich "Natur- und Landschaftsschutz" innerhalb der Fallstudie, einerseits die Erarbeitung eines EDV-gestützten Biotopinformationssystems, andererseits die Entwicklung und Anwendung eines Indikatorkonzeptes für die flächendeckende Analyse des "biotischen Regulationspotentials" sowie für die Beurteilung der Belastungen der Regenerationsfunktion für die Tier- und Pflanzenwelt. Aus diesen Bewertungen heraus werden Zielvorstellungen für die Landschaftsentwicklung aus der Sicht eines breiten Biotopschutzes abgeleitet. Abgerundet wird das Kapitel durch einen Vergleich der Bewertungsergebnisse mit einer Auswertung der Arealstatistik 1985 unter dem Aspekt der Bedeutung von Teilräumen für das biotische Regulationspotential.

Im **9. Kapitel** wird eine Verfeinerung des vorgestellten regionalen Bewertungsansatzes für die Arbeit im subregionalen Massstab entwickelt und getestet sowie in diesem Zusammenhang die Problematik diskutiert, die damit verbunden ist, trotz strikten Bemühens um gleichartige Wertskalen und Werturteile eine Bewertung gleicher Inhalte in unterschiedlichen Massstäben vorzunehmen. Im **10. Kapitel** wird schliesslich ein mögliches Vorgehen für die Erfassung des biotischen Regulationspotentials im überregionalen Massstab skizziert.

Teil I:

Grundlagen und Überlegungen zur Berücksichtigung des Biotopschutzes in der Raumplanung

2. Der Biotopschutz in der Gesetzgebung

Die Rechtsvorstellungen und Vorschriften zur Regelung der Berücksichtigung der Anliegen des Natur- und Landschaftsschutzes befinden sich in den letzten Jahren in einem Umbruchprozess.

Ursprünglich ging die Initiative zur Verbesserung des Schutzes von Natur und Landschaft von kulturell-ethischen Überlegungen aus. Die Erhaltung der Naturschönheiten und des kulturellen Erbes standen im Vordergrund. Folgerichtig wurden die Anliegen des Naturschutzes zusammen mit denen des Heimatschutzes gesetzlich geregelt, was diesen Aspekt noch betont.

Seit einigen Jahren findet eine Akzentverschiebung statt. Der Schutz kulturell-ethischer Werte wird erweitert und ergänzt durch die Vorstellung des Schutzes und der Sicherung der nachhaltigen Leistungsfähigkeit des Naturhaushaltes. Im Vordergrund stehen damit weniger die kulturellen Werte als vielmehr die ökologischen Funktionen bestimmter Landschaftsteile resp. des landschaftlichen Raummusters insgesamt.

Als Beispiele für diese Auffassung sind insbesondere das Raumplanungs- und das Umweltschutzrecht zu nennen, in denen diese Entwicklung früher Niederschlag fand als im eigentlichen Naturschutzrecht. Die Integration ins Naturschutzrecht wurde aber mit den verschiedenen Ergänzungen der letzten Zeit nachgeholt. Im Zuge dieser Entwicklung tritt der Begriff des Biotopschutzes in den Vordergrund, der diesen funktionalen Aspekt besonders betonen will.

Im folgenden soll versucht werden, nach Klärung einiger Begriffe, die Berücksichtigung des Biotopschutzes auf Bundes- und Kantonsebene im Spiegel der rechtlichen Gegebenheiten näher zu beleuchten. Dabei kann es nicht Ziel sein, eine Übersicht mit Anspruch auf Vollständigkeit zu erreichen. Insbesondere hinsichtlich der kantonalen Rechtslage würde dies eine eigene juristische Abhandlung nicht nur rechtfertigen, sondern auch erfordern und wäre selbst dann ein kaum zu bewältigendes Unterfangen, wie dies KELLER (1977, S. 2) bezüglich seiner Arbeit über die Aufgabenverteilung und Aufgabenkoordination im Landschaftsschutz ausführt: "Ich hoffte, durch eine vergleichende Darstellung der verschiedenen kantonalen Rechte und des Bundesrechts aufzeigen zu können, dass der Landschaftsschutz als Sache der Kantone erfüllbar ist. ... Es zeigte sich aber im Laufe der Arbeit, dass die umfassende Behandlung der skizzierten Problemstellung den Rahmen einer Dissertation sprengen würde."

2.1. Begriffe

Einige zentrale Begriffe, die im Kontext der nachfolgenden Ausführungen von besonderer Bedeutung sind, seien bezüglich ihrer Verwendung kurz diskutiert. Dies erscheint nötig, da die verschiedenen Begriffe zum Teil überlagernd verwendet werden, was eine klare und allseits akzeptierte Begriffsverwendung schwierig macht. Dabei soll aber nicht der Versuch unternommen werden, abermals eine Auseinandersetzung mit dem Begriff der "Landschaft" zu leisten. Diesbezüglich wird auf die zahlreiche Literatur zu diesem Thema verwiesen (so z. B. HARD 1970; HARD 1982; TESDORPF 1984).

Naturschutz: Dieser zentrale Terminus ist in seiner Verwendung sehr vielschichtig und damit in der Handhabbarkeit nicht unproblematisch.

Zum einen steht er für die Gesamtheit der Bemühungen zum Schutz natürlicher und naturnaher Landschaften und Landschaftsteile einschliesslich schutzwürdiger Oberflächenformen und Einzelschöpfungen der Natur und ist damit ein Oberbegriff. Häufig wird sogar eine ästhetische Komponente ins Spiel gebracht, etwa von WILDERMUTH (1980, S. 290), der auch die Erhaltung des Erlebnisreichtums der Landschaft unter die

Bestrebungen des Naturschutzes fasst.

In der Gesetzgebung ist der Begriff "Naturschutz" eng mit dem des Heimatschutzes verknüpft, was den Aspekt des kulturell - ethischen Wertes hineinbringt. Nicht ganz glücklich zeigt sich EWALD (1984, S. 80) mit der Begriffsverbindung Natur- und Heimatschutz, wenn er ausführt: "Identität besteht wohl in der Absicht des Schützens von Natur und Kultur, aber die Methoden und Massnahmen von Erhalten und Unterhalten von Naturgut und Kulturgut stehen sich diametral gegenüber, da ersteres dynamische Systeme, letzteres zu konservierende Statik darstellt."

Zum anderen steht "Naturschutz" neben der Verwendung als Oberbegriff auch für einen ganz bestimmten Typ von Schutzziel und die damit assoziierten Massnahmen. Es ist dies die integrale Erhaltung eines meist kleineren Raumausschnittes im Sinne eines Reservats. Dies bedeutet, dass zur Erreichung des Schutzziels für ein solches Gebiet entweder keine überlagernde Nutzung zugelassen ist oder aber bestimmte Massnahmen nicht nur zugelassen sind, sondern notwendigerweise durchgeführt werden müssen.

Naturschutzgebiete ohne eigentliche Nutzung können auch als Naturreservate bezeichnet werden. Dies sind in Mitteleuropa unterhalb der Waldgrenze lediglich Wälder, Gewässer einschliesslich begleitender Vegetationsstrukturen, Moore, Sümpfe, Felspartien etc. Gebiete, die zu ihrer Erhaltung notwendigerweise genutzt werden müssen, also vom Menschen geschaffene Ökosysteme, kann man folglich als Kulturreservate bezeichnen.

Landschaftsschutz: Dieser Begriff wird von MUNZ (1986, S. 2) als der umfassendere verwendet, währenddem er den Begriff des Naturschutzes zusammen mit dem "Heimatschutz" als auf den Gegenstand des so bezeichneten Gesetzes beschränkt betrachtet.

Der Schwerpunkt der Begriffsverwendung wird aber auch häufig auf die visuell - ästhetische Komponente des Landschaftsbildschutzes gelegt. Auch Begriffe wie "Landschaftscharakter" werden in diesem Zusammenhang gebraucht. Allerdings setzt sich mehr und mehr auch die Auffassung durch, dass Landschaftsschutz neben dem Schutz der als Gesamtheit wahrgenommenen Eigenart und Gestalt einer Landschaft auch deren Funktionsfähigkeit aus ökologischer Sicht beinhalten muss.

EWALD (1987, S. 80) betont dies, indem er die Aufteilung in Naturschutz und Landschaftsschutz als aus heutiger Sicht bereits historisch bedingt bezeichnet. Er hält fest, dass eine Trennung in Natur und Landschaft und des jeweiligen Schutzes aus geo- und bioökologischer Sicht unmöglich und daher grundsätzlich nicht praktikabel ist. So richtig diese Auffassung auch ist gibt sie doch aus rechtssystematischer Sicht Probleme auf, da sie zu Kollisionen mit der Kompetenzverteilung zwischen Bund und Kantonen auf diesen Gebieten führen kann.

HUNZIKER (1982, S. 4) differenziert zwischen einem "umfassenden Landschaftsschutz" und einem "Landschaftsschutz im engeren Sinne". Unter dem "umfassenden Landschaftsschutz" versteht er "alle Bestebungen ..., die auf den nachhaltigen, raum- wie objektbezogenen Schutz der natürlichen und kulturellen Bestandteile der Landschaft ausgerichtet sind." Der "Landschaftsschutz im engeren Sinne" ist auf die Bestrebungen reduziert, die sich mit dem "Schutz der spezifischen landschaftlichen Eigenart eines Gebietes" befassen.

Dies erfolgt durch Ausweisung von Landschaftsschutzgebieten, deren Ziel der Schutz eines Landschaftsausschnittes um seiner typischen Beschaffenheit willen ist. Die Nutzung eines solchen Gebietes durch den Menschen wird dabei in der Regel nicht oder zumindest nicht wesentlich beschränkt. Dies macht eine Kontrolle der Schutzzielerreichung entsprechend problematisch, da im Einzelfall geringfügige Veränderungen an Landschaftsbild und -struktur für sich allein genommen das Schutzziel noch nicht in Frage stellen, viele Massnahmen zusammengenommen dies aber letztendlich doch tun.

Heimatschutz: Obwohl der Heimatschutz an sich nicht Gegenstand dieser Arbeit ist, soll er hier kurz angesprochen werden, da er in der schweizerischen Gesetzgebung zusammen mit dem Naturschutz geregelt wird.

Unter Heimatschutz werden alle Bestrebungen verstanden, die dem Schutz von Ortsbildern, Kulturdenkmälern und geschichtlichen Stätten dienen. Darüberhinaus kann auch der Schutz von Kulturlandschaften neben der naturschützerischen eine heimatschützerische Bedeutung haben, sofern es sich beispielsweise um den Erhalt früherer Wirtschaftsformen handelt.

Biotopschutz: Im gängigen Sprachgebrauch hat sich die Verwendung des Begriffes "Biotop" für die Bezeichnung besonders schützenswerter, wertvoller Raumausschnitte eingebürgert. Demgemäss wird unter "Biotopschutz" die Sicherung von Flora und Fauna, insbesondere von Arten mit einem sehr spezifischen Spektrum an Standortansprüchen, auf und mit dafür geeigneten Standorten verstanden. Gesichtspunkte wie Seltenheit, Gefährdung und Repräsentanz spielen bei der Einschätzung der Bedeutung solcher Flächen eine wichtige Rolle. Da sich diese Begriffsverwendung meist auf relativ kleine Flächenanteile bezieht, sollte besser von "spezifischem Biotopschutz" gesprochen werden.

Ohne die Notwendigkeit eines spezifischen Biotopschutzes in Frage zu stellen, drängt es sich jedoch auf, den Biotopbegriff nicht eingeengt auf solche speziell schutzwürdigen Standorte zu verwenden. Der Begriff "Biotop" bezeichnet den Lebensraum einer Biozönose, einer Lebensgemeinschaft einschliesslich der für sie erforderlichen Lebensbedingungen. Demnach besitzt jeder Raumausschnitt grundsätzlich Biotopfunktion, wenn auch diese je nach Gegebenheiten von unterschiedlicher Qualität ist.

Einen solchermassen umfassenden Biotopbegriff zugrundelegend ist der Betrachtungsgegenstand des Biotopschutzes nicht nur das einzelne als wertvoll und schutzwürdig erachtete Biotop, sondern das kulturlandschaftliche Nutzungsmuster insgesamt. Es ist heute unumstritten, dass zur Sicherung des bestehenden Artenspektrums nicht nur die Erhaltung von einzelnen verstreuten Reservaten genügt, sondern dass vielmehr Möglichkeiten einer weitläufigen biologischen Kommunikation von Pflanzen und Tieren geschaffen werden müssen.

In Abgrenzung zum eingangs dargestellten "Biotopschutzbegriff" könnte dies als "breiter oder allgemeiner Biotopschutz" bezeichnet werden. **Im Kontext der vorliegenden Arbeit soll der Schwerpunkt auf diesen letztgenannten Aspekt gelegt werden, also auf ein Verständnis des Biotopschutzes als Oberbegriff für Massnahmen zur Sicherung der Raumfunktion "Regeneration der Tier- und Pflanzenwelt".**

2.2. Der Biotopschutz im Bundesrecht

Explizit kommt der Begriff des Biotopschutzes in der Bundesverfassung nicht vor. Jedoch hat der Inhalt einer Reihe von Verfassungsartikeln direkten oder indirekten Bezug zum Biotopschutz.

Als zentrale Verfassungsgrundlage für die Anliegen des Biotopschutzes wird gemeinhin der 1962 beschlossene **Art. 24sexies BV**, der "Natur- und Heimatschutzartikel", angesehen. Dieser lautet:

<blockquote>
1. Der Natur- und Heimatschutz ist Sache der Kantone.
2. Der Bund hat in Erfüllung seiner Aufgaben das heimatliche Landschafts- und Ortsbild, geschichtliche Stätten sowie Natur- und Kulturdenkmäler zu schonen und, wo das allgemeine Interesse überwiegt, ungeschmälert zu erhalten.
3. Der Bund kann Bestrebungen des Natur- und Heimatschutzes durch Beiträge unterstützen sowie Naturreservate, geschichtliche Stätten und Kulturdenkmäler von nationaler Bedeutung vertraglich oder auf dem Weg der Enteignung erwerben oder sichern.
4. Er ist befugt, Bestimmungen zum Schutze der Tier- und Pflanzenwelt zu erlassen.
</blockquote>

Der Natur- und Heimatschutzartikel ist zwar sehr einschränkend, was die gesetzgeberische Kompetenzzuweisung an den Bund anbelangt. Er verpflichtet aber den Bund in Ausübung seiner Tätigkeiten auf die Belange des Natur- und Heimatschutzes Rücksicht zu nehmen. Darüberhinaus gibt er dem Bund in Abs. 3 die Möglichkeit, zumindest bei Objekten von nationaler Bedeutung direkt einzugreifen und diese auf dem Wege von Verträgen oder sogar der Enteignung zu sichern.

Insbesondere der Abs. 4, der dem Bund eine direkte Gesetzgebungskompetenz für das Gebiet des Tier- und Pflanzenschutzes einräumt, hat unmittelbaren Bezug zu Fragen des Biotopschutzes, da ein Schutz von Arten letztlich ohne den Schutz der von diesen besiedelten Lebensräume nicht denkbar ist. Dies war dem Verfassungsgesetzgeber von Anfang an bewusst. "Ein Antrag, welcher den Schutz des Biotops ausdrücklich in der Verfassung verankern wollte, ist auf den Hinweis, dass im Ausdruck Tierwelt der Lebensraum der Tiere mit erfasst sei, zurückgezogen worden." (IMHOLZ 1975, S. 121f).

Ergänzt wurde der Art. 24sexies BV aufgrund der Volksinitiative zum Schutz der Moore ("Rothenthurm-Initiative",

Abstimmung vom 6. Dezember 1987) durch einen 5. Absatz, welcher lautet:

> 5. Moore und Moorlandschaften von besonderer Schönheit und von nationaler Bedeutung sind Schutzobjekte. Es dürfen darin weder Anlagen gebaut noch Bodenveränderungen irgendwelcher Art vorgenommen werden. Ausgenommen sind Einrichtungen, die der Aufrechterhaltung des Schutzzweckes und der bisherigen landwirtschaftlichen Nutzung dienen.

Die erst neunte Initiative in der rund hundertjährigen Geschichte des Initiativrechts, welche von Volk und Ständen angenommen wurde, belegt mit 58 % Ja-Stimmen den deutlichen Wandel in der Werthaltung gegenüber Natur und Umwelt. Eine nach der Abstimmung durchgeführte Befragung von rund 1000 Stimmberechtigten, zitiert im Tagesanzeiger vom 12. 3. 1988, macht zudem deutlich, dass sich in dem Ergebnis der Abstimmung ein Altersgradient der Zustimmung wiederspiegelt. Danach recht die Zustimmung von rund 85 % bei den 20 - 30 - jährigen bis ca. 60 % bei den über 65 - jährigen.

Konkretisiert werden die Bestimmungen des Art. 24sexies BV durch das **Bundesgesetz über den Natur- und Heimatschutz (NHG)**. Wie bereits eingangs des Kap. 2 erwähnt hat dieses 1966 in Kraft getretene Gesetz im Laufe der letzten 20 Jahre eine Reihe von Änderungen und Ergänzungen erfahren. Sie zeichnen eine Akzentverschiebung im Geiste dieses Gesetzes nach, welche von der ursprünglich starken Verpflichtung gegenüber dem Schutz von Naturschönheiten und kulturellen Werten hin zu einer heutigen stärkeren Schwerpunktsetzung im Biotopschutz tendiert.

Das NHG schafft und regelt zusammen mit Art. 24sexies BV vier Rechts-Institute (MUNZ 1986, S. 6):

> "a) Pflicht des Bundes, bei der Erfüllung aller seiner Aufgaben Überlegungen des Natur- und Heimatschutzes miteinzubeziehen (Rücksichtspflicht) (Art. 24sexies Abs. 2 BV, Art. 2ff. NHG),
> b) Möglichkeit des Bundes, finanzielle Beiträge zu leisten (Bundessubventionen) (Art. 24sexies Abs. 3 BV, Art. 13ff. NHG),
> c) Befugnis, unter gewissen Voraussetzungen Objekte unter den Schutz des Bundes zu stellen (direkte Schutzmassnahmen) (Art. 24sexies Abs. 3 BV, Art. 15 und 16 NHG),
> d) Gesetzgebung auf dem Gebiet des botanischen und zoologischen Naturschutzes (Art. 24sexies Abs. 4 BV, Art. 18ff. NHG)."

Aufgrund der Kompetenzzuweisung von Art. 24sexies BV verpflichtet das NHG im wesentlichen den Bund bei der Erfüllung seiner eigenen Aufgaben. Bei der Rücksichtspflicht geht es nicht nur um den eigentlichen Biotopschutz, sondern um die Schonung des "heimatlichen Landschafts- und Ortsbildes, der geschichtlichen Stätten sowie der Natur- und Kulturdenkmäler" (Art. 1 NHG).

In einer sehr engen Auslegung hat IMHOLZ (1975, S. 55) den Begriff des heimatlichen Landschaftsbildes auf rein visuell - ästhetische Aspekte bezogen. Diese Einschätzung muss aus heutiger Sicht bereits als sachlich überholt betrachtet werden (vgl. dazu auch EWALD 1987, S. 80). Eine Schonung des Landschaftsbildes unter Ausklammerung der mit dieser Landschaft verbundenen ökologischen Funktionen ist, sofern überhaupt möglich, sicher nicht sinnvoll. Auch das Bundesgericht folgt dieser Interpretation, indem es bezüglich des Landschaftsbildes auch auf das RPG abstellt, das einen weiter gefassten Landschaftsbegriff verwendet. Gerade die Elemente, welche eine naturnahe Landschaft ausmachen, sind auch aus biotopschützerischer Sicht als wertvoll einzustufen.

Der Biotopschutz als solcher ist insbesondere mit dem von MUNZ letztgenannten Institut angesprochen.

Bereits in seiner ursprünglichen Fassung enthält das NHG im 3. Abschnitt (Schutz der einheimischen Tier und Pflanzenwelt) einen Artikel, der besagt, dass dem Aussterben einheimischer Tier- und Pflanzenarten durch die Erhaltung genügend grosser Lebensräume (Biotope) entgegengewirkt werden soll (Art. 18 Abs. 1 NHG). Damit wird der Tatsache Rechnung getragen, dass die Erhaltung der Tier- und Pflanzenwelt neben Bestimmungen wie dem Verbot des Fangens, Pflückens, Ausgrabens, Ausreissens etc. (Art. 20 NHG) unbedingt die Sicherung der jeweiligen Standorte mit ihren spezifischen Standortbedingungen erfordert, ohne die Bestrebungen des Artenschutzes ins Leere greifen.

MUNZ (1986, S. 14) hält fest, dass "unter der Erhaltung genügend grosser Lebensräume im Sinne heutiger Erfahrungen nicht nur der strenge Schutz biologisch besonders reicher Flächen, sondern die Schonung der gesamten Landschaft in ihrer Funktion als Träger der Pflanzen- und Tierwelt gemeint ist."

Die Vollziehungsverordnung zum NHG (NHG-VVO) präzisiert entsprechend im Art. 25:

> Um dem Aussterben geschützter Pflanzen und Tiere entgegenzuwirken, sind auch die ihnen als Nahrungsquellen, Brut- und Nistgelegenheiten dienenden Biotope wie Tümpel, Sumpfgebiete, Riede, Hecken und Feldgehölze nach Möglichkeit zu erhalten. Die Kantone können, soweit es der Schutz einzelner Pflanzen und Tiere erfordert, ergänzende Vorschriften erlassen.

Ergänzt durch Art. 23 und 24 NHG-VVO, welche die geschützten Pflanzen- und Tierarten bezeichnen, könnte damit theoretisch ein umfassender Schutz gegeben sein. So sind beispielsweise alle Amphibien und Reptilien diesen Bestimmungen unterworfen. Aufgrund der Formulierung "nach Möglichkeit" ist dies aber nicht zwingend, sondern darin steckt eine Anweisung an Bund und Kantone, bei der Erfüllung ihrer Aufgaben auf die Biotope geschützter Tier- und Pflanzenarten Rücksicht zu nehmen. Dies geschieht in der Praxis durch eine Interessenabwägung (IMHOLZ 1975, S. 127).

Dennoch hat in den letzten Jahren (oder besser Jahrzehnten) ein alarmierender Rückgang der nach diesen Bestimmungen zu schonenden Lebensräume stattgefunden, wie vielfach belegt ist (vgl. z.B. EWALD 1978). Auf ein erschreckendes Vollzugsdefizit nach 20 Jahren Natur- und Heimatschutzgesetz weist ROHNER (1987) hin. Er führt aus, dass von vielen Kantonen die Verfassungsbestimmung, der Natur- und Heimatschutz sei Sache der Kantone, nicht als verpflichtender Auftrag zum Handeln, sondern als schlichte Kompetenzabgrenzung verstanden wurde. Hinweise auf Vollzugsdefizite bis hin zu "Vollzugsnotstand" sind regelmässig Inhalt der Zeitschriften der schweizerischen Umweltorganisationen (vgl. hierzu die Ausführungen von SCHNEIDER 1986, S. 81).

In diesem Lichte müssen die Änderungen und Ergänzungen des NHG gesehen werden, welche eine Verbesserung und Präzisierung der Bestimmungen zum Biotopschutz beinhalten. Dahinter steht die Erkenntnis, "dass mit einzelnen verstreuten Reservaten nicht auszukommen, sondern die Möglichkeit einer weiträumigen biologischen Kommunikation für Pflanzen und Tiere anzustreben ist. Es braucht also biologische Brücken zwischen den verschiedenen Entfaltungsräumen. Je kleiner und je isolierter der einzelne Lebensraum ist, um so geringer wird die Zahl der dort vorhandenen Arten (Verinselungseffekt)." (MUNZ 1986, S. 13).

Eine solche Ergänzung erfolgte durch das Bundesgesetz über den Umweltschutz (USG) vom 7. 10. 1983, welches im Art. 66 (Änderung von Bundesgesetzen) zwei neue Absätze in den Art. 18 NHG aufnimmt, nämlich Art. 18 Abs. 1bis und 1ter:

<blockquote>
1bis Besonders zu schützen sind Uferbereiche, Riedgebiete und Moore, seltene Waldgesellschaften, Hecken, Feldgehölze, Trockenrasen und weitere Standorte, die eine ausgleichende Funktion im Naturhaushalt erfüllen oder besonders günstige Voraussetzungen für Lebensgemeinschaften aufweisen.

1ter Lässt sich eine Beeinträchtigung schutzwürdiger Lebensräume durch technische Eingriffe unter Abwägung aller Interessen nicht vermeiden, so hat der Verursacher für besondere Massnahmen zu deren bestmöglichem Schutz, für Wiederherstellung oder ansonst für angemessenen Ersatz zu sorgen.
</blockquote>

Mit der expliziten Erwähnung der "ausgleichenden Funktion im Naturhaushalt", die von den genannten Biotopen übernommen wird, finden zeitgemässe ökologische Erkenntnisse Eingang in das NHG, welche die langfristige Sicherung eines funktionsfähigen Naturhaushaltes und insbesondere die langfristige Sicherung des Artenspektrums zum Ziel haben.

Auch die Eingriffsregelung des Art. 18 Abs. 1ter NHG trägt solchen Grundsätzen Rechung, indem dieser nicht nur auf den Schutz resp. die Schonung schutzwürdiger Lebensräume bei technischen Eingriffen abzielt, welche bei der notwendigen Abwägung aller Interessen nicht immer zu realisieren ist. Vielmehr wird der Verursacher von unvermeidbaren Beeinträchtigungen auf eine Wiederherstellung oder einen sonstigen angemessenen Ersatz verpflichtet.

In dieser Verpflichtung steckt bei konsequenter Durchsetzung ein immenses Potential für den Biotopschutz. Es steckt darin allerdings auch die Gefahr, den Ersatz von Biotopen für allzu einfach technisch machbar zu halten. Viele Biotope sind aber nach ihrer Schädigung unwiderbringlich verloren und lassen sich nicht beliebig an einem anderen Ort wieder neu anlegen.

Auch der Art. 21 NHG wurde durch das USG präzisiert:

<blockquote>
Die Ufervegetation (Schilf- und Binsenbestände, Auenvegetation sowie andere natürliche Pflanzengesellschaften im Uferbereich) darf weder gerodet noch überschüttet noch auf andere Weise zum Absterben gebracht werden.
</blockquote>

Eine Verbesserung aus der Sicht des Biotopschutzes erfolgte im weiteren durch die Änderung des NHG vom 19. 6. 1987, welche als indirekter Gegenvorschlag zur "Rothenturm-Initiative" gedacht war. Diese Änderung konkretisiert und erweitert die Bestimmungen zum Biotopschutz insbesondere, indem neu die Art. 18a - 18d aufgenommen werden.

Art. 18a NHG betrifft die Biotope von nationaler Bedeutung, deren Abgrenzung und Schutzzielfestsetzung dem Bund obliegt. Den Kantonen ist die Durchführung der zum Schutz und Unterhalt notwendigen Massnahmen übertragen, wobei dem Bund ein Interventionsrecht bei Nichterfüllung der Aufgaben durch die Kantone zufällt:

1 Der Bundesrat bezeichnet nach Anhören der Kantone die Biotope von nationaler Bedeutung. Er bestimmt die Lage dieser Biotope und legt die Schutzziele fest.

2 Die Kantone ordnen den Schutz und den Unterhalt der Biotope von nationaler Bedeutung. Sie treffen rechtzeitig die zweckmässigen Massnahmen und sorgen für ihre Durchführung.

3 Der Bundesrat kann nach Anhören der Kantone Fristen für die Anordnung der Schutzmassnahmen bestimmen. Ordnet ein Kanton die Schutzmassnahmen trotz Mahnung nicht rechtzeitig an, so kann das Eidgenössische Departement des Innern die nötigen Massnahmen treffen und dem Kanton einen angemessenen Teil der Kosten auferlegen.

Mit Art. 18b NHG, der Biotope von regionaler und lokaler Bedeutung behandelt, macht der Bund deutlicher als vorher von der ihm durch Art. 24sexies BV übertragenen Kompetenz Gebrauch, auch für die Kantone geltende Vorschriften zum Schutz der Tier- und Pflanzenwelt zu erlassen:

1 Die Kantone sorgen für Schutz und Unterhalt der Biotope von regionaler und lokaler Bedeutung.

2 In intensiv genutzten Gebieten inner- und ausserhalb von Siedlungen sorgen die Kantone für ökologischen Ausgleich mit Feldgehölzen, Hecken, Uferbestockungen oder mit anderer naturnaher und standortgemässer Vegetation. Dabei sind die Interessen der landwirtschaftlichen Nutzung zu berücksichtigen.

Art. 18c NHG regelt die Möglichkeit der Ausrichtung von Bewirtschaftungsbeiträgen an Grundeigentümer und Bewirtschafter für die auf die Erreichung eines Schutzzieles zugeschnittene Nutzung, sofern damit eine wirtschaftliche Ertragseinbusse verbunden ist:

1 Schutz und Unterhalt der Biotope sollen wenn möglich aufgrund von Vereinbarungen mit den Grundeigentümern und Bewirtschaftern sowie durch angepasste landwirtschaftliche Nutzung erreicht werden.

2 Grundeigentümer oder Bewirtschafter haben Anspruch auf angemessene Abgeltung, wenn sie im Interesse des Schutzzieles die bisherige Nutzung einschränken oder eine Leistung ohne entsprechenden wirtschaftlichen Ertrag erbringen.

3 Unterlässt ein Grundeigentümer die für das Erreichen des Schutzzieles notwendige Nutzung, so muss er die behördlich angeordnete Nutzung durch Dritte dulden.

...

Art. 18d NHG beinhaltet die Finanzierung von Massnahmen, welche auf den Bestimmungen der Art. 18a und 18b basieren. Die restlichen mit der Änderung des NHG zusammenhängenden Artikel behandeln Strafbestimmungen, deren Ausgestaltung selbstverständlich erheblichen Einfluss auf die Durchsetzungskraft des Gesetzes hat. Während im alten Art. 24 NHG lediglich festgestellt wurde, dass Zuwiderhandlungen gegen Vorschriften und Verbote aufgrund des NHG mit Haft oder Busse bestraft werden, nennen die neu eingefügten Artikel Strafmasse für Vergehen und Übertretungen (Art. 24 und 24a NHG) und regeln auch die Pflicht zur Wiederherstellung des rechtmässigen Zustandes, also die Beseitigung von widerrechtlichen Schädigungen (Art. 24e NHG), dies auch unabhängig von einem Strafverfahren. Die Strafbestimmungen setzen aber eine vorgängige ausdrückliche Anordnung voraus (Bedingung, Auflage, Verbot, Bewilligungspflicht etc.). Sie dienen vor allem der Durchsetzung erst noch zu erlassender kantonaler Bestimmungen.

Ein zweiter Artikel der Bundesverfassung, der Bedeutung für die Belange des Biotopschutzes hat, ist der **Art. 22quarter BV** ("Raumplanungsartikel"), welcher 1969 von Volk und Ständen angenommen wurde:

<small>1. Der Bund stellt auf dem Wege der Gesetzgebung Grundsätze auf für eine durch die Kantone zu schaffende, der zweckmässigen Nutzung des Bodens und der geordneten Besiedlung des Landes dienende Raumplanung.
2. Er fördert und koordiniert die Bestrebungen der Kantone und arbeitet mit ihnen zusammen.
3. Er berücksichtigt in Erfüllung seiner Aufgaben die Erfordernisse der Landes-, Regional- und Ortsplanung.</small>

Er gibt dem Bund die Kompetenz für eine Grundsatzgesetzgebung, während die eigentlichen Träger der Raumplanung Kantone und Gemeinden sind. Die biotopschützerische Relevanz leitet sich aus der dem Bund übertragenen Aufgabe ab, Grundsätze für eine zweckmässige Nutzung des Bodens und eine geordnete Besiedlung des Landes aufzustellen.

Der Artikel definiert zwar nicht, was darunter im einzelnen zu verstehen ist und ist von daher kein Garant für eine angemessene Berücksichtigung der Belange des Biotopschutzes. Insofern aber, als dieser Artikel die Grundlage bildet für raumplanerische Massnahmen wie z. B. die Verhinderung einer ungeordneten Zersiedlung, liegt seine biotopschützerische Bedeutung auf der Hand.

Seine Konkretisierung und Ausgestaltung findet der Art. 22quater BV im **Bundesgesetz über die Raumplanung (RPG)** vom 22. Juni 1979. Die Bedeutung der Raumplanung für den Biotopschutz ist um so höher einzuschätzen, als in der Schweiz keine eigenständige, institutionalisierte Landschaftsplanung existiert, sondern vielmehr deren Aufgaben von der Raumplanung wahrgenommen werden.

Bereits im Art. 1 Abs. 2 RPG, der die Ziele des Gesetzes definiert, sind die natürlichen Lebensgrundlagen angesprochen, deren Schutz mit Massnahmen der Raumplanung sichergestellt werden soll:

> Sie unterstützen mit Massnahmen der Raumplanung insbesondere die Bestrebungen,
> a. die natürlichen Lebensgrundlagen wie Boden, Luft, Wasser, Wald und die Landschaft zu schützen;
> b. ...

Unter dem Begriff der Landschaft versteht der Gesetzgeber in diesem Zusammenhang "zunächst das volkstümliche Landschaftsbild (also den Raum, der kraft bestimmter Eigenarten als Einheit in Erscheinung tritt); darüberhinaus aber auch den Landschaftshaushalt (also die ökologischen Zusammenhänge zwischen den Nutzungen und deren Grundlagen" (EJPD / BRP 1981, S.85). Die Sicherung eines nachhaltig funktionsfähigen Landschaftshaushaltes ist ein wesentliches Ziel, welches auch der Biotopschutz im Auge hat.

Das RPG ist aufgrund des Verfassungsauftrages gemäss Art. 22quater BV ein Rahmengesetz, mit dem der Bund lediglich "Grundsätze" festlegen kann, während die Regelung von Detailfragen Sache der Kantone ist. Gleichwohl verpflichtet es diese zur Planungsdurchführung und zur Koordination (Art. 2 RPG).

In Art. 3 RPG sind die Planungsgrundsätze, auf die das Gesetz verpflichtet, behandelt:

> 1 Die mit Planungsaufgaben betrauten Behörden achten auf die nachstehenden Grundsätze:
> 2 Die Landschaft ist zu schonen. Insbesondere sollen
> a. der Landwirtschaft genügende Flächen geeigneten Kulturlandes erhalten bleiben;
> b. Siedlungen, Bauten und Anlagen sich in die Landschaft einordnen;

c. See- und Flussufer freigehalten und öffentlicher Zugang und Begehung erleichtert werden;
d. naturnahe Landschaften und Erholungsräume erhalten bleiben;
e. die Wälder ihre Funktionen erfüllen können.

3 Die Siedlungen ...

4 Für die öffentlichen oder im öffentlichen Interesse stehenden Bauten und Anlagen sind sachgerechte Standorte zu bestimmen. Insbesondere sollen
   a. ...
   b. ...
   c. nachteilige Auswirkungen auf die natürlichen Lebensgrundlagen, die Bevölkerung und die Wirtschaft vermieden oder gesamthaft gering gehalten werden.

Wenn von der Schonung naturnaher Landschaft die Rede ist, so bedarf dies einer näheren Erläuterung. Nach EJPD / BRP (1981, S. 105f) ist die Frage, ob eine Landschaft naturnah sei, durch den "örtlich herrschenden Stand der Landschaftsbeschädigung" bestimmt. Damit wird gesagt, dass die Rücksichtspflicht nicht auf solche Landschaften und Landschaftsteile beschränkt ist, welche sich durch eine besonders ausgeprägte Naturnähe auszeichnen. Vielmehr deckt dieser Planungsgrundsatz in entsprechender Umgebung auch die Anliegen eines breiten Biotopschutzes ab, zumal die Landschaftsteile, die für den Biotopschutz von Bedeutung sind, sich mit den Elementen decken, welche eine naturnahe Landschaft ausmachen.

Der Art. 3 Abs. 4 RPG konkretisiert im weiteren die allgemeine Rücksichtspflicht gegenüber der Landschaft dahingehend, dass Standorte für öffentliche oder im öffentlichen Interesse liegende Bauten und Anlagen sachgerecht gewählt werden müssen und deren nachteilige Auswirkungen auf die natürlichen Lebensgrundlagen minimiert werden sollen. Dies bedeutet nicht nur, dass zum Beispiel eine Kehrichtverbrennungsanlage eher in eine Industrie- als in eine Wohnzone gehört, sondern es verlangt im Sinne einer umfassenden Interessenabwägung auch die Berücksichtigung der Belange des Biotopschutzes.

Hinsichtlich der Massnahmen der Raumplanung sieht das RPG eine dreifache Gliederung vor:
 - Richtpläne der Kantone (Art. 6 - 12 RPG)
 - Konzepte und Sachpläne des Bundes (Art. 13 RPG)
 - Nutzungspläne der Gemeinden (Art. 14 - 27 RPG)

Im folgenden sollen die für die Anliegen des Biotopschutzes

relevanten Regelungen dieser Massnahmen kurz beleuchtet werden.

Art. 6 RPG verpflichtet die Kantone, im Rahmen ihrer Richtplanung die Grundzüge zu bestimmen, gemäss denen sich ihr Gebiet räumlich entwickeln soll. Dazu bedarf es der Erarbeitung von sachgerechten Grundlagen, wie sie in Art. 6 Abs. 2 RPG näher bezeichnet werden:

> Sie (die Kantone, Anm. des Verf.) stellen fest, welche Gebiete
> a. ...
> b. besonders schön, wertvoll, für die Erholung oder als natürliche Lebensgrundlage bedeutsam sind;
> c. ...

In EJPD / BRP (1981, S. 145) wird dies präzisiert: "Mit Gebieten, die als natürliche Lebensgrundlage bedeutsam sind, meint das Gesetz alle ökologisch wertvollen Gegenden, wie Grundwassergebiete, Lebensräume für schutzwürdige Tiere und Pflanzen und Immissionsschutzgürtel." Versteht man dies umfassend, so können damit nicht nur die bereits unter Schutz stehenden Biotope gemeint sein, vielmehr muss dies auch im Sinne der jüngsten Revision des NHG alle wertvollen Biotope einschliessen.

Kernpunkt des Richtplanverständnisses nach RPG ist die Planungs- und Koordinationspflicht. Der Richtplanprozess ist also ein Interessenabwägungsprozess oder besser, da mit ihm ja noch keine grundeigentümerverbindliche Nutzungsfestlegung erfolgt, ein Interessenbekundungs- und Interessenkoordinationsprozess. Art. 6 Abs. 4 RPG legt fest, dass die Kantone bei der Erarbeitung von Grundlagen die Konzepte und Sachpläne des Bundes, die Richtpläne der Nachbarkantone sowie regionale Entwicklungskonzepte und Pläne zu berücksichtigen haben.

Die Konzepte und Sachpläne des Bundes werden in Art. 13 RPG näher beschrieben. Es ist verschiedentlich kritisiert worden (vgl. z. B. SCHNEIDER 1986, S. 96), dass der Bund sich selber bei der Erarbeitung von Sachplänen zu viel Zeit lässt. Die Diskussion um die Ausscheidung von Fruchtfolgeflächen gemäss Art. 11 - 14 der Verordnung über die Raumplanung vom 26. März 1986 hat dies sehr deutlich gemacht, insofern als die Kantone nicht ohne weiteres die von ihnen geforderten Flächengrössen zu sichern bereit sind, ohne dass der Bund in einem Sachplan klar den Nachweis führt, warum er von einem Kanton nur eine bestimmte Fläche erwartet, von einem anderen dagegen eine viel grössere, welche dieser als im Vergleich ungerechtfertigt hoch ansieht.

Es zeigt sich hier, und dies betrifft ebenso den Biotopschutz wie viele andere Bereiche, dass es im Hinblick auf eine Operationalisierung der Koordinationspflicht der Sachplanung des Bundes bedarf, sofern dieser seine Vorstellungen bei der kantonalen Richtplanung wirksam einbringen will.

Ein Sachplan "Biotopschutz" des Bundes liegt bisher nicht vor. Ein solcher war gemäss dem Entwurf für die letzte Revision des NHG im Art. 18a Abs. 1 vorgesehen: "Ein Sachplan (Sachplan Biotopschutz) im Sinne des Bundesgesetzes über die Raumplanung (RPG) hält die Lage dieser Biotope (von nationaler Bedeutung, Anm. des Verf.) und die Schutzziele fest." (Botschaft des Bundesrates vom 11. 9. 1985).

Aufgrund der Beratungen im Parlament wurde diese Formulierung aber dahingehend abgeschwächt, dass der Begriff "Sachplan" nicht mehr erscheint. Damit ist bedauerlicherweise dieser eindeutige Querbezug zwischen RPG und NHG weggefallen. Gleichwohl ist der Inhalt von Art. 18a NHG als Konzept im Sinne von Art. 13 RPG aufzufassen und damit auch ohne das Vorliegen eines eigentlichen Sachplans bei der kantonalen Richtplanung zu berücksichtigen.

Während die Richtplanung die Grundzüge der räumlichen Entwicklung umfasst und lediglich behördenverbindlich ist, soll mit der Nutzungsplanung eine grundeigentümerverbindliche Ordnung der zweckmässigen Nutzung des Bodens erreicht werden. Wesentliches Instrument ist dabei die Einteilung des Raumes in Nutzungszonen (Minimalforderung des RPG):
- Bauzonen
- Landwirtschaftszonen

- Schutzzonen

Das kantonale Recht kann nach Art. 18 RPG weitere Nutzungszonen vorsehen. Eine Waldzone ist nicht vorgesehen, da das Waldareal bereits durch die Forstgesetzgebung umschrieben und gesichert ist. Für die Belange des Biotopschutzes wesentlich sind die in Art. 17 RPG geregelten Schutzzonen:

1 Schutzzonen umfassen
   a. Bäche, Flüsse, Seen und ihre Ufer;
   b. besonders schöne sowie naturkundlich oder kulturgeschichtlich wertvolle Landschaften;
   c. bedeutende Ortsbilder, geschichtliche Stätten sowie Natur- und Kulturdenkmäler;
   d. Lebensräume für schutzwürdige Tiere und Pflanzen.

2 Statt Schutzzonen festzulegen, kann das kantonale Recht andere geeignete Massnahmen vorsehen.

In EJPD / BRP (1981, S. 223ff) wird präzisiert, wie dies zu verstehen ist. Als "naturkundlich wertvoll" werden Gebiete bezeichnet, "welche geologische oder biologische Erscheinungen in beispielhafter Weise veranschaulichen, wie: Gebiete mit geologischen Aufschlüssen, Fossilienfundstellen, Moorlandschaften, Standorte mit Urvegetation, Trocken- und Nassbiotope" (EJPD /BRP 1981, S. 229). Als schutzwürdige Tiere und Pflanzen müssen mindestens jene aufgefasst werden, die das Natur- und Heimatschutzrecht nennt.

Der Art. 17 RPG bietet den Kantonen die Möglichkeit, andere geeignete Massnahmen als die Ausweisung von Schutzzonen festzulegen. Besonders wichtig ist in diesem Zusammenhang das Wort "geeignet". Gemäss EJPD / BRP (1981, S. 231) ist damit "jeder Zweifel ausgeräumt, dass Abs. 2 bequeme Ausweichpfade offenhält."

Es ist sicher richtig, dass die Zonierung der Landschaft positive Auswirkungen hinsichtlich der Belange des Biotopschutzes haben kann, nämlich insofern als die Verhinderung einer ungeordneten Zersiedlung zur Sicherung von naturnahen Landschaftselementen beiträgt. Andererseits muss auch auf die Gefahr hingewiesen werden, dass eine Nutzungszonierung die Tatsache ignoriert, "dass in der landschaftlichen Wirklichkeit scharfe Grenzen nur ausnahmsweise vorkommen und dass eine landschaftsgerechte Planung den systemaren Verhältnissen Rechnung tragen muss" (EWALD 1987, S. 94). Dazu ist die reine

Zonierung der Landschaft kein besonders adäquates Mittel (vgl. auch GÜNTHER 1987, S. 12). EWALD illustriert diese Problematik wie in Abb. 1 dargestellt. Die Aussage von MUNZ (1986, S. 8), nach der die Planungsinstrumente des RPG sich im wesentlichen auch für Ziele des Landschaftsschutzes eignen, muss zwar nicht verneint, aber mit entsprechenden Vorbehalten versehen werden.

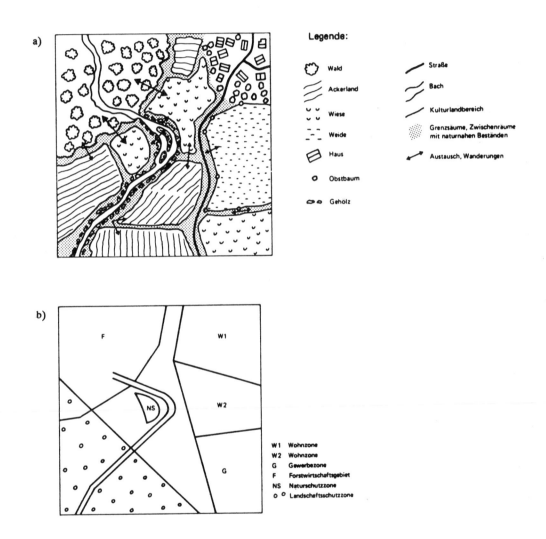

Abb. 1: Landschaftliche und biotische Situation mit Austauschprozessen zwischen verschiedenen Nutzungsarealen und Übergangszonen zwischen denselben (a); Zerschneidung und Trennung der Situation von a durch Korrektionen und Zonierungen (b) (aus: EWALD 1987, S. 94)

Als dritter Verfassungsartikel mit Relevanz hinsichtlich der Belange des Biotopschutzes ist der **Art. 24septies BV** ("Umweltschutzartikel") zu nennen. Er wurde 1971 in die Bundesverfassung aufgenommen und lautet wie folgt:

1. Der Bund erlässt Vorschriften über den Schutz des Menschen und seiner natürlichen Umwelt gegen schädliche oder lästige Einwirkungen. Er bekämpft insbesondere die Luftverunreinigung und den Lärm.
2. Der Vollzug der Vorschriften wird, soweit das Gesetz ihn nicht dem Bunde vorbehält, den Kantonen übertragen.

LENDI (1973, S. 228) weist darauf hin, dass die Versuchung, das Umweltschutzrecht auszuweiten, gross ist, da der Bund für den Bereich des Umweltschutzes eine umfassende und abschliessende Gesetzgebungskompetenz erhalten hat. Er macht im folgenden deutlich, dass der Umweltschutz als verfassungsrechtlicher Begriff eine weite Auslegung im Sinne des umgangssprachlichen nicht erlaubt. Dieses würde mit der verfassungsrechtlichen Kompetenzausscheidung zwischen Bund und Kantonen, wie sie in den Art. 22quater und 24sexies BV enthalten sind, kollidieren.

Dessen ungeachtet kann dem Umweltschutzartikel eine biotopschützerische Relevanz unterstellt werden (vgl. z.B. KALT 1977, S. 124), da er ausdrücklich nicht nur den Schutz des Menschen vor schädlichen oder lästigen Einwirkungen beinhaltet, sondern ebenso den Schutz der natürlichen Umwelt. Diese ist, wie IMHOLZ (1975, S. 149) anlässlich der Definition des Schutzobjektes von Art. 24septies BV ausführt, die Grundlage des menschlichen Lebens, konstituierendes Element für die Existenz des Menschen. Auch LENDI & HÜBNER (1986, S. 63) betonen, dass der Umweltschutzartikel zwar in erster Linie den Schutz des Menschen im Auge hat, insgesamt aber "beim Umweltschutz gemäss Art. 24septies BV der ökologische Gesichtspunkt, nämlich die Erhaltung eines vielfältigen und gesunden Lebensraumes, im Vordergrund steht."

Die gesetzliche Konkretisierung des Art. 24septies BV stellt das **Bundesgesetz über den Umweltschutz (USG)** vom 7. Oktober 1983 dar. Die z. T. vertretene Ansicht, beim USG handele es sich um ein Immissionsschutzgesetz, welches lediglich die Vermeidung resp. Minderung der Belastung des Menschen durch Lärm, Luftverunreinigungen, Erschütterungen und Strahlen

beinhaltet, muss als zu kurz gegriffen zurückgewiesen werden
(siehe dazu RAUSCH 1987, Note 8 zu Art. 1 USG).

Der Zweckartikel des USG lautet:

1 Dieses Gesetz soll Menschen, Tiere und Pflanzen, ihre Lebensgemeinschaften und Lebensräume gegen schädliche oder lästige Einwirkungen schützen und die Fruchtbarkeit des Bodens erhalten.

2 Im Sinne der Vorsorge sind Einwirkungen, die schädlich oder lästig werden könnten, frühzeitig zu begrenzen.

RAUSCH (1987, Note 8 zu Art. 1 USG) betont, dass mit den Formulierungen "Lebensgemeinschaften" und "Lebensräume" die spezifisch ökologische Betrachtungsweise dieses Gesetzes artikuliert ist, welche sich auch in der Botschaft des Bundesrates zum USG (S. 775) findet: "Menschen, Tiere und Pflanzen bilden ein Ganzes, d.h. eine Gemeinschaft, in der die einzelnen Lebewesen voneinander abhängig sind. Diese Gemeinschaft lebt in einer bestimmten Umgebung, in einem Lebensraum."

Das Umweltschutzgesetz stellt zwar keine Instrumente zur Verfügung, die direkt zu Verbesserungen beim Schutz von Biotopen eingesetzt werden können. Es bezieht sich vielmehr auf Einwirkungen, welche freilebende Tiere und in der Natur vorkommende Pflanzen unmittelbar oder durch Schädigung ihrer Lebensgrundlagen beeinträchtigen, weiterhin auch auf bauliche und andere technische Eingriffe in ihre Lebensräume (RAUSCH 1987, Note 8 zu Art. 1 USG). Wenn von Einwirkungen die Rede ist, so sind damit solche gemeint, die auf einer schädlichen Veränderung der Beschaffenheit von Luft, Wasser und Boden basieren, nicht aber z.B. das Pflücken von Pflanzen.

Die Problematik des Gesetzes hinsichtlich der Tier- und Pflanzenwelt liegt darin, dass noch kaum abgesicherte Erkenntnisse über die Empfindlichkeit gegenüber bestimmten Einwirkungen vorliegen. Es wäre derzeit beispielsweise kaum begründet möglich, auf dem Verordnungswege Immissionsgrenzwerte, geschweige denn differenziert in Planungs- und Alarmwerte bezüglich der Lärm- und Luftschadstoffexposition von Tieren zu erlassen.

Ein wichtiges mit dem USG eingeführtes Instrument, dass auch für den Biotopschutz von grosser Bedeutung ist, stellt die Umweltverträglichkeitsprüfung gemäss Art. 9 USG dar. Im Rahmen eines bestehenden Bewilligungs-, Genehmigungs- oder Konzessionsverfahrens soll damit für bestimmte vom Bundesrat zu bezeichnende geplante oder umzubauende Anlagen deren Konformität mit den rechtlichen Bestimmungen zum Schutze der Umwelt geprüft werden. Art. 3 der Verordnung über die UVP vom 19. Oktober 1988 konkretisiert, dass nicht nur die Bestimmungen des USG, sondern sämtliche bundesrechtlichen Vorschriften über den Schutz der Umwelt, insbesondere in den Bereichen Natur- und Heimatschutz, Gewässerschutz, Walderhaltung und Fischerei Gegenstand der Prüfung sind. Mit der Interpretation der überwiegend qualitativ formulierten Rechtsnormen aus dem Bereich des Naturschutzrechts hinsichtlich des Einbezugs in der UVP beschäftigt sich ausführlich NEUENSCHWANDER (1989).

Gesamthaft hält RAUSCH (1987, Note 8 zu Art. 1 USG) fest: "Die Anwendung des USG muss sich mithin wie der ihm zugrundeliegende Verfassungsartikel von der Erkenntnis leiten lassen, dass die Erhaltung der natürlichen Lebensgrundlagen längerfristig entweder integral gelingen oder scheitern wird."

Auch die Tatsache, dass mit dem USG Ergänzungen des NHG vorgenommen wurden, welche den Biotopschutz stärken (Art. 66 USG), muss als eindeutiges Indiz dafür gewertet werden, dass der Geist dieses Gesetzes über eine reine Immissionsschutzgesetzgebung hinausgeht.

Von Relevanz für den Biotopschutz ist auch das Jagd- und Fischereirecht, welches auf dem **Art. 25 BV** basiert. Er lautet wie folgt:

Der Bund ist befugt, gesetzliche Bestimmungen über die Ausübung der Fischerei und Jagd, namentlich zur Erhaltung des Hochwildes, sowie zum Schutze der für die Land- und Forstwirtschaft nützlichen Vögel zu treffen.

Hinsichtlich der hier behandelten Fragestellung führt dieser Artikel jedoch nicht über den Inhalt des Art. 24sexies BV hinaus, da auch dort die Kompetenz des Bundes, Bestimmungen zum Schutze der Tier- und Pflanzenwelt zu erlassen, verankert ist.

Fragen der Jagd regelt das **Bundesgesetz über die Jagd und den Schutz wildlebender Säugetiere und Vögel (Jagdgesetz)** vom 20. Juni 1986. Wie MUNZ (1986, S. 13) betont, betrieb das Jagdrecht durch Schaffung von Jagdbanngebieten seit je Biotopschutz. Das Jagdgesetz ist aus der erst jüngst erfolgten Revision stärker an zeitgemässen ökologischen Erkenntnissen angepasst herausgekommen. Damit wird "Jagd und Vogelschutz nicht mehr isoliert, sondern in den Rahmen des umfassenden Naturhaushaltes eingefügt betrachtet." (MUNZ 1986, S. 7)

Im Zweckartikel des Jagdgesetzes (Art. 1) rangiert die Erhaltung der Artenvielfalt und der Lebensräume der einheimischen und ziehenden wildlebenden Säugetiere und Vögel sowie sonstiger bedrohter Tierarten sogar vor der Jagd selbst. Der 3. Abschnitt des Jagdgesetzes ist dem Schutz gewidmet. Art. 7 Abs. 1 bestimmt, dass alle Tiere gemäss Art. 2, nämlich Vögel, Raubtiere, Paarhufer, Hasenartige, Biber, Murmeltier und Eichhörnchen, soweit sie nicht einer jagdbaren Art angehören, geschützt sind. Art. 7 Abs. 4 legt fest, dass die Kantone für einen ausreichenden Schutz der wildlebenden Säugetiere und Vögel zu sorgen haben.

Als Schutzinstrumente sieht Art. 11 die Ausscheidung von Schutzgebieten vor, differenziert nach internationaler und nationaler Bedeutung, wobei den Kantonen anheim gestellt ist, zusätzliche Gebiete von kantonaler Bedeutung zu bezeichnen. Man kann kaum behaupten, das Jagdgesetz sei ein starkes Instrument in der Hand des Biotopschutzes, dennoch spiegeln sich eine Reihe zeitgemässer ökologischer Erkenntnisse im revidierten Geist dieses Gesetzes wieder.

Das **Bundesgesetz über die Fischerei (Fischereigesetz)** vom 14. Dezember 1973 hat gemäss Art. 2 das Ziel, die Fischgewässer zu erhalten, zu verbessern und nach Möglichkeit wiederherzustellen sowie sie vor schädlichen Einwirkungen zu schützen. Wenn auch in erster Linie ausgerichtet auf die Fischerei hat auch dieses Gesetz klare Bedeutung für die Belange des

Biotopschutzes, dem ebenfalls am möglichst unbeeinflussten Erhalt der Gewässer gelegen ist. Art. 22 konkretisiert in diesem Zusammenhang, dass die als Laichstätten oder Aufzuchtgebiete dienenden Naturufer und Pflanzenbestände, insbesondere die Schilfgebiete zu erhalten seien. Art. 24 schliesslich regelt die Bewilligungspflicht für technische Eingriffe in die Gewässer.

Als weiteres Gesetz mit Bedeutung für den Biotopschutz ist das **Bundesgesetz betreffend die eidgenössische Oberaufsicht über die Forstpolizei (Forstpolizeigesetz)** vom 11. Oktober 1902 zu nennen. Es ist insbesondere das Rodungsverbot nach Art. 31, welches der quantitativen Walderhaltung Nachachtung verschafft hat und in diesem Sinne als bahnbrechend bezeichnet werden kann.

Was diesen quantitativen Aspekt angeht, kann es auch den Interessen des Biotopschutzes dienen. Daneben ist allerdings zu bedenken, dass für den Biotopschutz auch die Qualität des Waldes eine Rolle spielt. Die Erhaltung eines Waldes in seiner spezifischen Ausprägung bedarf zusätzlicher Massnahmen aufgrund des NHG. Auch ist es aus Biotopschutzsicht nicht in jedem Falle erwünscht, dass eine einwachsende Fläche plötzlich gemäss Gesetz als Wald in Erscheinung tritt, weil damit die Chance entfällt, einen vorherigen schutzwürdigen Zustand wiederherzustellen.

Von biotopschützerischer Relevanz ist auch der **Art. 24bis BV**, welcher Nutzung und Schutz der Wasservorkommen behandelt und u. a. den Bund anweist, Bestimmungen über die Sicherung angemessener Restwassermengen zu erlassen, sowie das auf diesem Verfassungsartikel basierende **Bundesgesetz über den Schutz der Gewässer gegen Verunreinigung (Gewässerschutzgesetz)** vom 8. Oktober 1971. Ähnlich wie beim bereits genannten Fischereigesetz stehen andere als biotopschützerische Interessen an der Reinhaltung der Gewässer im Vordergrund, vor allem die menschliche Gesundheit und die Sicherstellung der Trink- und Brauchwasserversorgung, jedoch wird im Zweckartikel (Art. 2) auch der Natur- und Landschaftsschutz als Interessenträger genannt.

Schliesslich ist **Art. 36ter BV** ("Treibstoffzollartikel") zu nennen, der nach einer 1983 angenommenen Revision in einer Ziffer ebenfalls einen biotopschutzrelevanten Inhalt aufweist:

> Der Bund verwendet die Hälfte des Reinertrages des Treibstoffzolls und den gesamten Ertrag eines Zollzuschlages wie folgt für die Aufgaben im Zusammenhang mit dem Strassenverkehr:
> ...
> d. für Beiträge an Umweltschutz- und Landschaftsschutzmassnahmen, die durch den motorisierten Strassenverkehr nötig werden, ...
> ...

Damit ist dem Bund die Möglichkeit gegeben, direkt Biotopschutzmassnahmen durchzuführen und zu finanzieren, welche als Ausgleichsmassnahmen im Zusammenhang mit Strassenbauvorhaben stehen können. Wie allerdings aus einem Artikel des Tages - Anzeigers (TA vom 11. 12. 1987, S. 5) hervorgeht, mangelt es aber noch an ausführungsreifen Projekten in diese Richtung, sodass von daher die Schwierigkeit auftritt, überhaupt in grösserem Masse Geld ausgeben zu können. Für das Budget 1986 wurden vom Nationalrat nur 1.7 % von den 2 Millarden Franken Treibstoffzolleinnahmen (das sind 34 Millionen Franken) für umwelt- und landschaftsschützerische Zwecke bewilligt.

Eine Reihe weiterer Gesetze enthält einzelne Aspekte, die z.T. im Zusammenhang mit den Belangen des Biotopschutzes stehen. Es wird hier auf die einschlägige juristische Literatur verwiesen.

2.3. Der Biotopschutz im kantonalen Recht am Beispiel einiger Kantone

Eine vollständige Übersicht über die rechtliche Situation hinsichtlich des Biotopschutzes in allen Kantonen würde den Rahmen dieser Arbeit sprengen. Dies muss eher einer juristischen Abhandlung vorbehalten bleiben. Es wird vielmehr das Ziel verfolgt, mit einigen "Spotlights" das Spektrum der kantonalen Rechtslage zu beleuchten.

Ein Blick auf die derzeitigen kantonalen Gesetze und Verordnungen zum Natur- und Heimatschutz lässt sozusagen die Geschichte der Rechtsentwicklung und die sich wandelnde Auffassung über den behandelten Gegenstand im Laufe der letzten Jahrzehnte nachzuvollziehen. Dies insofern, als in einigen Kantonen eine bereits mehrere Jahrzehnte alte Rechtslage nach wie vor gültig ist. Diese ist geprägt von einem Verständnis des Natur- und Heimatschutzes, das die ethisch-kulturelle Komponente des Schutzes von Naturobjekten und Landschaften um ihrer Schönheit und Eigenart willen in den Vordergrund stellt.

Auch der Artenschutz beschränkte sich über lange Zeiträume darauf, Pflück- und Fangverbote für bestimmte Pflanzen- und Tierarten zu erlassen, in der Meinung, dass dies genügen würde, den schon früh erkannten Artenschwund zu stoppen. Es kann nicht behauptet werden, dass diese schwache und aus heutiger Sicht ziemlich wirkungslose Gesetzgebung immer gegen das bessere Wissen der Naturschützer in Kraft gesetzt wurde, wie BROCKMANN (1987) mit Blick auf einen der besten Kenner der Ökologie europäischer Schmetterlinge (BERGMANN 1955) nachweist. Bergmann ging davon aus, "dass die Veränderungen in der Landschaft durch Flurbereinigungsmassnahmen, Aufforstung und Entwässerung zwar zu einem fühlbaren Rückgang in der Arten- und Stückzahl führen, Lebensräume aus zweiter Hand (Steinbrüche, Wegraine, Uferbefestigungen) und eine moderne Forstwirtschaft aber zu einem Rückgang der Gefährdung führen würde, sodass der gegenwärtige Bestand (1955 !) erhalten bleiben würde." (BROCKMANN 1987, S. 42).

Erst langsam setzte sich das Bewusstsein durch, dass wirksamer Artenschutz letztlich nur durch Biotopschutz zu erreichen ist. Diese Erkenntnis spiegelt sich in der Rechtslage jener Kantone wider, die erst kürzlich ihre Gesetze resp. Verordnungen revidiert oder neugefasst haben.

Die Berücksichtigung der Anliegen des Biotopschutzes findet im wesentlichen auf zwei Schienen Eingang in die Praxis, nämlich über
- das Raumplanungs- und Baurecht;
- das Natur- und Heimatschutzrecht.

Auch bezüglich der Ausgestaltung dieser beiden Schienen und deren Zusammenspiel zeigt sich beim Vergleich der kantonalen Rechtslage das ganze Spektrum der Möglichkeiten. Einige Kantone verfügen über eine im Zuge der Anpassung an das eidgenössische Raumplanungsgesetz weitgefasste Raumplanungsgesetzgebung, die auch die biotopschutzrelevanten Aspekte des RPG einbezieht und deren Berücksichtigung in den Planungsprozess einbettet. In anderen Kantonen ist das Planungsrecht stark auf Bau- und Infrastrukturfragen ausgerichtet, während Naturschutzanliegen lediglich am Rande gestreift und häufig nur bezogen auf das Landschaftsbild berücksichtigt werden.

Ähnliche Unterschiede finden sich, wie bereits angedeutet, auch in der Natur- und Heimatschutzgesetzgebung, die erst in wenigen Kantonen moderne ökologische Erkenntnisse des Biotopschutzes umsetzt und so weit gefasst ist, wie dies in den jüngsten Revisionen des eidgenössischen Natur- und Heimatschutzgesetzes vorgegeben wird. In der Kombination und graduellen Ausprägung dieser Aspekte (Verankerung des Biotopschutzes in der Raumplanungs- und Naturschutzgesetzgebung) finden sich praktisch alle denkbaren Varianten.

Als spezielles Erschwernis für den kantonalen Vergleich kommt eine absolut uneinheitliche Begriffsverwendung hinzu. Anders als etwa in der BRD, wo bereits im Bundesnaturschutzgesetz, welches ein Rahmengesetz darstellt, die Begriffe Naturschutzgebiet, Landschaftsschutzgebiet, Naturdenkmal und geschützter Landschaftsbestandteil definiert und deren Schutzzweck generell festgeschrieben wird, ist dies in der kantonalen Gesetzgebung sehr heterogen. In einigen Kantonen finden sich derartige Begriffsunterscheidungen von Schutzgebietstypen, die aus der Begriffsverwendung Rückschlüsse auf das Schutzziel und die zur Schutzzielerreichung generell nötigen Massnahmen ziehen lassen.

In anderen Beispielen aber wird ohne Differenzierung nur von "Schutzgebiet" gesprochen, wobei die Details den jeweiligen Schutzverordnungen vorbehalten bleiben. Es soll nicht bestritten werden, dass auch ohne einheitliche Terminologie wirksame Schutzmassnahmen ergriffen werden können, für interkantonale Vergleiche und Übersichten und damit auch für kantonsübergreifende Schutzbemühungen wirkt diese Tatsache aber zumindest erschwerend.

Im folgenden soll anhand einiger Beispiele das Gesagte belegt und illustriert werden. Als **grundsätzliche Typen hinsichtlich der kantonalen Rechtslage zum Biotopschutz** lassen sich unterscheiden:
  - Kantone, die Regelungen hinsichtlich eines wirksamen Biotopschutzes sowohl in der Planungsgesetzgebung als auch im Natur- und Heimatschutzrecht verankert haben;
  - Kantone, deren Planungsrecht biotopschutzrelevante Inhalte und Regelungen aufweist, deren Natur- und Heimatschutzgesetzgebung aber alter Prägung ist;
  - Kantone mit einem Natur- und Heimatschutzrecht moderner Prägung, das Regelungen für einen wirksamen Biotopschutz vorsieht, währenddem das Planungsrecht biotopschutzrelevante Inhalte vermissen lässt;
  - Kantone, in denen weder das Planungs- noch das Natur- und Heimatschutzrecht auf heutige ökologische Erkenntnisse hinsichtlich eines wirksamen Biotopschutzes ausgerichtet ist.

Zwischen diesen Grundtypen sind die Übergänge naturgemäss fliessend, sodass eine zwingende Zuordnung der einzelnen Kantone Schwierigkeiten bereiten dürfte. Insbesondere die Frage, wann eine biotopschutzrelevante Regelung wirksam ist, hängt nicht allein von dieser selbst, sondern auch von der Bereitschaft aller Beteiligten ab, den Notwendigkeiten eines breit angelegten Biotopschutzes Nachachtung zu verschaffen.

Als Beispiel für die Gruppe der Kantone, bei denen sowohl die Planungs- als auch die Natur- und Heimatschutzgesetzgebung biotopschutzrelevante Regelungen beinhalten, kann der **Kanton Zürich** genannt werden. Dessen Planungs- und Baugesetz (PBG) von 1975 mit Änderungen von 1984 behandelt in gut einem Dutzend Paragraphen den Natur- und Heimatschutz (III. Titel).

§ 203 nennt eine ausführliche Liste von Schutzobjekten und § 204 bestimmt die generelle Pflicht des Gemeinwesens zur Schonung und Erhaltung der Schutzobjekte, auch ohne förmliche Unterschutzstellung. In der VO über den Natur- und Heimatschutz und über kommunale Erholungsflächen von 1977 wird dieser Gedanke im Zweckartikel aufgegriffen und präzisiert, für welche Tätigkeiten er insbesondere gilt, nämlich neben der Errichtung und Änderung von Bauten und Anlagen u. a. auch für die Richt- und Nutzungsplanung. § 205 des PBG legt fest, dass der Schutz in erster Linie durch Massnahmen des Planungsrechts erfolgen soll (z.B. Teilrichtplan Landschaft, Freihaltezonen in der Nutzungsplanung), während für grössere Gebiete der Schutz durch spezielle Verordnungen sichergestellt werden soll (§ 206 PBG).

Wie bereits angedeutet ist in der Zürcher Gesetzgebung mit expliziten Querverweisen zwischen Planungs- und Natur- und Heimatschutzrecht deren Zusammenhang dokumentiert, was aus landschaftsplanerischer Sicht als günstige Voraussetzung für einen wirksamen Biotopschutz gewertet werden kann. Die genannte VO über den Natur- und Heimatschutz und über kommunale Erholungsflächen dient der Präzisierung und Detaillierung der

Regelungen des III. Titels des PBG. Sie geht auf den Inhalt der zu erstellenden Inventare schutzwürdiger Objekte ein und differenziert und definiert Naturschutz und Landschaftsschutz.

Daneben ist noch die VO über den Pflanzenschutz (1964) zu nennen, die allerdings eine reine Artenschutzverordnung klassischer Prägung darstellt und zudem noch eine Vorbehaltsklausel zugunsten der Landwirtschaft enthält, womit sie für den Biotopschutz praktisch unwirksam ist. Erst die VO zum Schutz der einheimischen Tier- und Pflanzenwelt (1969) bringt Biotopschutzaspekte, indem sie die Notwendigkeit einer Bewilligung der Baudirektion für die Veränderung und Beseitigung der Biotope geschützter Pflanzen und Tiere vorschreibt.

Ein weiteres Beispiel für einen Kanton mit relativ weitgehenden Regelungen hinsichtlich der Bedürfnisse des Biotopschutzes sowohl im Planungs- wie im Natur- und Heimatschutzrecht stellt der **Kanton St. Gallen** dar.

Die Verordnung über den Schutz wildwachsender Pflanzen und freilebender Tiere (Naturschutzverordnung) von 1975 postuliert im Art. 2 die Erhaltung der Lebensräume geschützter Tiere und Pflanzen und schliesst explizit den Schutz eines "angemessenen Umkreises" ein. Art. 3 regelt die Bewilligungspflicht für Massnahmen, welche diese Lebensräume vermindern, beseitigen oder verschlechtern, wobei eine solche Bewilligung, wenn sie erteilt wird, mit der Verpflichtung zum Realersatz oder zur finanziellen Abgeltung an Institutionen, welche diesen Ersatz bewerkstelligen, verbunden werden kann.

Art. 12 behandelt Schutzgebiete und bestimmt, dass solche einzurichten sind, wenn die allgemeinen Schutzbestimmungen der VO nicht genügen, um der Gefährdung von geschützten Pflanzen und Tieren wirksam entgegenzutreten. Die Bezeichnung "Naturschutzgebiet" wird gemäss der Terminologie der VO für Gebiete verwendet, in denen sowohl Pflanzen- wie Tierschutz erreicht werden soll. Im Gegensatz zu der Begriffsverwendung in verschiedenen anderen Kantonen, die in Pflanzenschutzgebieten nur das Ausreissen, Pflücken etc. verbieten, sieht die VO einen Schutz vor, der in Richtung Biotopschutz geht, mit Regelung der zulässigen Nutzung und Verbot von Bioziden, Düngern etc.

Fragen des Landschaftsschutzes werden durch die VO nicht geregelt. Nur an Rande sei bemerkt, dass die VO als einzige in der Schweiz das kontrollierte Brennen vorsieht, sofern es als Pflegemassnahme für schutzwürdige Biotope gezielt von kompetenter Hand durchgeführt wird (Art. 4), was nicht zu verwechseln ist mit dem verbreiteten Flämmen (vgl. hierzu z. B. die Arbeiten von SCHREIBER (1981), der jahrelang feuerökologische Untersuchungen durchgeführt hat).

Das Planungsrecht des Kantons St. Gallen (Gesetz über die Raumplanung und das öffentliche Baurecht von 1972 mit Nachtragsgesetz von 1983) beinhaltet im 4. Teil eine Reihe von Artikeln zum Natur- und Heimatschutz. Ein expliziter Querbezug zum eidgenössischen NHG wird hergestellt. Die ersten Artikel dieses Teils behandeln das Verunstaltungsverbot und sind ausgerichtet auf den Schutz des Landschaftsbildes.

Anschliessend folgen einige Artikel zum "besonderen Schutz". Art. 98 nennt eine ausführliche Liste der Schutzgegenstände und bestimmt, dass deren Beseitigung oder Beeinträchtigung nur bewilligt werden darf, sofern sich ein gewichtiges, das Interesse an der Erhaltung überwiegendes Bedürfnis nachweisen lässt. Jedoch ist in einem solchen Fall für Lebensräume schutzwürdiger Tiere und Pflanzen in der Regel Realersatz zu leisten. Art. 99 regelt die zu treffenden Schutzmassnahmen, die unterschiedlicher Art sein können:
- Vereinbarungen mit dem Eigentümer;
- öffentlich-rechtliche Eigentumsbeschränkung mit Grundbucheintrag;
- Zuordnung zur Grünzone gemäss Art. 17;
- Verordnung über Schutzmassnahmen für grössere zusammenhängende Gebiete.

Art. 17, der die Grünzone definiert, lautet folgendermassen:

> Grünzonen umfassen Gebiete, die nicht überbaut werden dürfen. Sie dienen der Gliederung des Siedlungsgebietes, der Erhaltung und der Schaffung von Sport-, Park- und Erholungsanlagen sowie von Schutzgegenständen nach Art. 98 dieses Gesetzes.
> Bauten und Anlagen sind zulässig, soweit der Zweck der Zone sie erfordert.
> Eingriffe in das Gelände und den Naturhaushalt sind nicht zulässig, wenn sie den Zweck der Zone beeinträchtigen.
> Wo der Zweck der Zone es erfordert, sind weitergehende Schutzmassnahmen nach Art. 99 Abs. 3 dieses Gesetzes zu erlassen.

Es wird also explizit auch auf den Naturhaushalt abgestellt, dessen Beeinträchtigung in Grünzonen unzulässig ist.

In Art. 5 schliesslich ist der kommunale Richtplan behandelt, zu dem ein "Teilrichtplan Landschaft" gehört. Dieser soll aufgrund des Bestehenden und des Voraussehbaren Aufschluss geben über die Erholungsräume, die zu schützenden Landschaften, Natur- und Kulturobjekte. Die Regionalplanung beinhaltet "Grünflächen, Erholungs- und Schutzgebiete" (Art. 38) und der kantonale Gesamtplan schliesslich "grössere schützenswerte Landschaften und Erholungsgebiete" (Art. 42), wobei die Frage offenbleibt, warum Grösse mit Bedeutung gleichgesetzt werden kann. Die im Vergleich zu verschiedenen anderen Kantonen starke Stellung der Regionalplanung zeigt sich im Art. 40, wo es heisst: "Die Regionalpläne sind für die kantonale Planung und die Ortsplanung wegleitend.

Auch im **Kanton Solothurn** sind Planungs- und Natur- und Heimatschutzrecht derart aufeinander abgestimmt, dass der Einbezug des Biotopschutzes in den Planungsprozess gewährleistet werden kann.

Der 5. Abschnitt des Baugesetzes von 1978 widmet sich dem Natur- und Heimatschutz im Sinne von Rahmenregelungen, die in der VO über den Natur- und Heimatschutz von 1980 weiter ausgeführt werden. § 119 des Baugesetzes nennt die Biotoptypen, die vom Grundsatz her geschützt werden sollen.

In § 3 der VO über den Natur- und Heimatschutz wird neben der Aufzählung verschiedener anderer Schutzobjekte explizit auch der Schutz "ökologischer Ausgleichsflächen" genannt und durch § 4 sind alle Amtsstellen des Kantons angewiesen, bei der

Erfüllung ihrer Aufgaben die Gesichtpunkte des Natur- und Heimatschutzes zu beachten. Der Schutz wertvoller Gebiete soll durch die Festlegung von Schutzgebieten in Richt- und Nutzungsplänen sowie den Erlass von Schutzverordnungen erreicht werden (§§ 6 und 7). Es wird keine begriffliche Schutzgebietsdifferenzierung in Naturschutzgebiet, Landschaftsschutzgebiet etc. vorgenommen.

Der 2. Abschnitt der VO behandelt allgemeine Schutzbestimmungen und ist erfreulich weitgehend formuliert. So ist die Regelung der Interessenabwägung bei der Erteilung von Bewilligungen zur Vernichtung wertvoller Biotope so gehalten, dass solche Ausnahmen nur möglich sind, wenn übergeordnete öffentliche Interessen dies "unbedingt erfordern" (§ 17). Auch ist dies in der Regel mit der Verpflichtung zur Schaffung von geeignetem Ersatz verbunden. § 20 schützt generell "Hecken und andere Lebensräume von bedrohten Tier- und Pflanzenarten", die weder entfernt noch vermindert werden dürfen.

In die gleiche Kategorie wie die genannten Kantone ist auch **Basel-Landschaft** einzuordnen. Dessen einschlägige Rechtsgrundlagen stammen zwar im wesentlichen noch aus den sechziger Jahren (Baugesetz von 1967, VO betreffend den Natur- und Heimatschutz von 1964) und enthalten grösstenteils weniger ausführliche Formulierungen als diejenigen aus den letzten Jahren.

Gemessen an dem Alter muss die Rechtslage von Basel-Landschaft aber als durchaus fortschrittlich angesehen werden. Immerhin sieht das Baugesetz in den §§ 35 und 41 Regionalpläne, darunter einen Regionalplan Landschaft vor, welcher mit der VO über den Regionalplan Landschaft (1980) in Kraft trat. Damit sind die Gemeinden zur Durchführung einer kommunalen Landschaftsplanung verpflichtet, die mindestens den Inhalt des Regionalplans berücksichtigen muss.

Der **Kanton Bern** kennt in diesem Sinne zwar keine kommunale Landschaftsplanung, jedoch ist das erst junge Baugesetz

(1985) klar auf die biotopschutzrelevanten Inhalte des eidgenössischen RPG ausgerichtet. Die Naturschutzverordnung von 1972 fordert zwar die Erhaltung der Lebensräume einheimischer Tier- und Pflanzenarten, ist aber mit Formulierungen wie "nach Möglichkeit" nicht gerade schlagkräftig für den Interessenabwägungsprozess ausgestaltet.

Als Beispiele für Kantone, deren Planungsrecht biotopschutzrelevante Inhalte aufweist, die aber eine Natur- und Heimatschutzgesetzgebung alter Prägung aufweisen, können die Kantone Appenzell Ausserrhoden und Thurgau genannt werden.

Zunächst zum **Kanton Appenzell Ausserrhoden**. Dessen VO über den Naturschutz von 1959 ist eine Artenschutzverordnung alter Prägung, die kaum Ansatzpunkte für einen wirksamen Biotopschutz bietet. Die Anpassung der Planungsgesetzgebung an das eidgenössische RPG (Gesetz über die Einführung des Bundesgesetzes über die Raumplanung von 1985) erfolgte zwar spät, aber dafür mit einem 99 Artikel umfassenden Gesetz ausführlich. Dieses bezieht im Gegensatz zu etlichen anderen Kantonen die biotopschutzrelevanten Inhalte des RPG mit ein und füllt sie aus.

Im Art. 1 (Ziele) ist u. a. die Rede vom Schutz der Landschaften und natürlichen Lebensgrundlagen vor Beeinträchtigung. Der die Grundsätze behandelnde Art. 2 präzisiert dies, indem er schwerpunkthaft Biotoptypen nennt, auf die sich der Schutz beziehen soll. Art. 71 verpflichtet darüber hinaus Kanton und Gemeinden generell zur Wahrung der Interessen des Natur- und Heimatschutzes. Die kantonale Schutzzonenplanung ist in den Art. 12 - 18 geregelt, wobei auch eine begriffliche Differenzierung des Schutzes in Landschaftsschutzzonen, Naturschutzzonen und Naturobjekte erfolgt.

Ähnlich sieht die Situation im **Kanton Thurgau** aus. Die VO des Regierungsrates über den Pflanzen- und Tierschutz (1969) enthält neben dem klassischen Artenschutz nur sehr zurückhaltend schwache Formulierungen in Richtung Biotopschutz (§ 3), welche durch die Land- und Forstwirtschaftsklausel im § 6 nochmals in ihrer Wirksamkeit eingeschränkt werden.

Das Baugesetz von 1977 geht da in der Formulierung bereits weiter, wenn es im Zweckartikel (§ 1) u. a. die "angemessene Nutzung des Bodens nach den Erfordernissen des Landschafts-, Natur- und Heimatschutzes" beabsichtigt, wofür der Staat gemäss § 2 die notwendigen Grundlagen bereitstellt. Als in der Ortsplanung auszuweisende Schutzgebiete sieht das Baugesetz Freihaltezonen (§ 23) und Naturschutzzonen (§ 24) vor, erstere eher für Landschaftsschutzanliegen, die zweiten für die Bedürfnisse des Arten- und Biotopschutzes. Auf der kantonalen Ebene enthält ein Teilrichtplan die angestrebte Gebietsdifferenzieruung, die u. a. auch Schutzgebiete beinhaltet.

Eine weitere Gruppe von Kantonen sind solche, deren Natur- und Heimatschutzrecht moderner Prägung ist und Regelungen für einen wirksamen Biotopschutz vorsieht, währenddem das Planungsrecht biotopschutzrelevante Inhalte vermissen lässt.

Als Beispiel für einen solchen Kanton ist der **Aargau** zu nennen. Dessen Baugesetz von 1971 ist noch nicht im Sinn und Geist des eidgenössischen RPG gestaltet. Weder im Zweckartikel noch in Einzelbestimmungen finden sich biotopschutzrelevante Gesichtspunkte. Vielmehr wird im § 159 dieses Problem an den Grossen Rat verwiesen, der "Vorschriften zum Schutz der Landschaft" erlassen soll.

Das ziemlich junge Dekret über den Natur- und Landschaftsschutz (1985) macht dieses Defizit in ausgesprochen positiver Weise wett. Es kann als eigentliches Biotopschutzdekret angesehen werden. Bereits im § 1 und weiter im § 7 werden die Begriffe Natur- und Landschaftsschutz sowie Naturobjekte definitorisch behandelt und im § 2 das Gemeinwesen auf die Ziele des Dekretes verpflichtet, womit der Querbezug auch zur Raumplanung gezogen wird. Im § 4 postuliert das Dekret den allgemeinen Schutz der naturnahen Elemente, was im wesentlichen über die Nutzungsplanung sichergestellt werden soll. Eine

Abweichung von diesem allgemeinen Schutzgebot ist nur bei Vorliegen übergeordneter Interessen möglich und auch dann nur, wenn keine andere Lösung möglich ist. In einem solchen Fall ist aber in der Regel für Ersatz zu sorgen.

Die Erfassung des schutzwürdigen Potentials soll mittels der Erstellung von Inventaren erfolgen (§ 6). Darüberhinaus regelt das Dekret die Erhaltung und Förderung von Streuwiesen und Trockenstandorten gemäss dem "Gesamtplan Kulturland". Dies soll über die Ausrichtung von Bewirtschaftungsbeiträgen erfolgen (§§ 14 - 17).

Eine kantonale Kommission erhält schliesslich mit § 20 u. a. die Aufgabe der Vorbereitung von Konzepten des Natur- und Landschaftsschutzes.

In die gleiche Gruppe wie der Kanton Aargau können auch **eine Reihe weiterer Kantone** eingereiht werden. Es sind dies die Kantone Glarus, Luzern, Schaffhausen, Zug und Uri, allerdings mit unterschiedlichen Nuancierungen. Gesamthaft gesehen dürfte aber der Kanton Aargau in dieser Gruppe das Beispiel mit den weitestgehenden Biotopschutzregelungen darstellen.

Stellvertretend für die Gruppe der Kantone mit grossen Defiziten hinsichtlich biotopschutzrelevanter Inhalte sowohl in der Natur- und Heimatschutz- wie in der Planungsgesetzgebung soll der **Kanton Graubünden** herausgegriffen werden, natürlich auch im Hinblick darauf, dass das Projektgebiet der noch zu behandelnden Fallstudie (Kap. 7ff.) dort liegt. Damit soll jedoch nicht behauptet werden, die Rechtslage im Kanton Graubünden sei ein besonders extremes Beispiel in dieser Gruppe der "Defizitkantone". Als solches müsste eher der Kanton Wallis zitiert werden.

Das Bündner Raumplanungsgesetz von 1973 weist in 3 Artikeln Bezüge zum Biotopschutz auf. Durch Art. 8 ist es verboten, mittels Bauten und Anlagen das Landschafts-, Orts- und Strassenbild sowie geschichtliche Stätten und Natur- und

Kulturdenkmäler zu verunstalten oder erheblich zu beeinträchtigen. Diese Formulierung zielt einerseits auf die Wahrung visuell - ästhetischer Werte (Landschaftsbild), andererseits steckt darin eine kulturell - ethische Komponente (geschichtliche Stätten, Natur- und Kulturdenkmäler). Der Biotopschutz ist nur implizit eingeschlossen, da Naturdenkmäler auch häufig wertvolle Biotope darstellen.

Art. 15 behandelt die Richtpläne der Gemeinden, in denen Schutzgebiete bezeichnet werden. Art. 29 präzisiert im Zusammenhang mit dem Zonenplan, dass Schutzzonen insbesondere umfassen:
- Landschaften und Landschaftsteile von besonderer Schönheit und Eigenart, wie Seeufer, Flussufer, Aussichtslagen und Baumbestände;
- Gebiete, die wegen ihrer Pflanzen- und Tierwelt eines besonderen Schutzes bedürfen.

In Art. 47 schliesslich ist die kantonale Planung angesprochen, deren Nutzungs- und Erschliessungsplan regionale Schutzzonen enthält. Die Verordnung über die kantonale Richtplanung (1981), die eine Anpassung an das eidgenössische RPG darstellt, bringt keine zusätzlichen biotopschutzrelevanten Inhalte. Der Zweck des Richtplans geht gemäss der VO nicht über das Ziel hinaus, Widersprüche zwischen den Planungstätigkeiten der verschiedenen Planungsträger zu vermeiden.

Die rechtlichen Grundlagen des Natur- und Heimatschutzes im Kanton Graubünden sind verhältnismässig alt. Die Verordnung über den Natur- und Heimatschutz stammt aus dem Jahre 1946. Bezüglich des Geistes der VO kann das bereits im Zusammenhang mit dem Art. 8 des Raumplanungsgesetzes Gesagte wiederholt werden, nämlich dass der Schwerpunkt der VO weniger auf dem ökologischen Aspekt eines modernen Biotopschutzes liegt als vielmehr auf dem Schutz des kulturellen Erbes, zu dem auch Naturschöpfungen gerechnet werden. Dies wird besonders deutlich im Art. 15, der in einem Zuge von "Natur- und Denkmalschutz" spricht, unter den wertvolle Objekte gestellt werden sollen.

In ähnliche Richtung zielt das spätere Gesetz über die Förderung des Natur- und Heimatschutzes und des kulturellen und wissenschaftlichen Schaffens im Kanton Graubünden (Kulturförderungsgesetz) von 1965. Auch die Ausführungsbestimmungen zur VO über den Natur- und Heimatschutz (1985) sowie das Reglement über die Ausrichtung von Beiträgen an Massnahmen des Natur- und Heimatschutzes (1985) bringen nichts inhaltlich Neues, sondern regeln lediglich einige Details zur Unterschutzstellung und zur Aufsicht über die geschützten Objekte.

2.4. Resümee

Die Zusammenstellung der Übersicht über die rechtlichen Grundlagen des Biotopschutzes bei Bund und Kantonen hat gezeigt, dass das Spektrum enorm weit ist, vorab was die Begriffsverwendung angeht, aber auch, und dies ist wichtiger, was die Stellung des Biotopschutzes im Interessenabwägungsprozess betrifft.

In fast allen Kantonen gibt es Ansatzpunkte für biotopschützerische Massnahmen und dies war aufgrund der vorgegebenen Rechtsgrundlagen des Bundes auch nicht anders zu erwarten. Wie aus dem Raumplanungsbericht 1987 (SCHWEIZERISCHER BUNDESRAT 1988, Anhang 3) hervorgeht, sind überdies in etlichen Kantonen Revisionen des Planungsrechts im Gange resp. stehen zur Diskussion (siehe dazu Tab. 1), was zur Hoffnung auf positive Impulse Anlass gibt. Gleichermassen muss jedoch darauf hingewiesen werden, dass praktisch nirgend den Anliegen des Biotopschutzes rein aufgrund der Rechtslage zum Durchbruch verholfen wird. Nur wo eine entsprechende Interessenvertretung sich dieser annimmt und in oft mühsamer Überzeugungsarbeit deren Bedeutung den politischen Entscheidungsträgern nahebringt, kann ein wirksamer Biotopschutz auch Realität werden.

Tab. 1: Stand der kantonalen Bau- und Planungsgesetzgebung Ende 1987 (aus: SCHWEIZERISCHER BUNDESRAT 1988, Anhang 3)

Zürich	Gesetz über die Raumplanung und das öffentliche Baurecht vom 7. September 1975/20. Mai 1984 [1];
Bern	Baugesetz vom 9. Juni 1985;
Luzern	Baugesetz des Kantons Luzern vom 15. September 1970 [1], Vollzugsverordnung zum Bundesgesetz über die Raumplanung vom 14. Januar 1980;
Uri	Baugesetz des Kantons Uri vom 10. Mai 1970/5. April 1981;
Schwyz	Baugesetz vom 30. April 1970, Planungs- und Baugesetz vom 14. Mai 1987 (angenommen: 6. Dezember 1987), Verordnung über vorläufige Regelungen der Raumplanung vom 12. Juni 1987;
Obwalden	Baugesetz vom 4. Juni 1972 [1], Ausführungsbestimmungen zum Bundesgesetz über die Raumplanung (Übergangsrecht) vom 11. Dezember 1979 [1];
Nidwalden	Baugesetz vom 30. April 1961 [1], Einführungsverordnung zum Bundesgesetz über die Raumplanung (Einführungsverordnung) vom 17. Dezember 1979;
Glarus	Baugesetz des Kantons Glarus vom 4. Mai 1952 [1], Raumplanungsverordnung vom 18. Dezember 1979 [1];
Zug	Baugesetz des Kantons Zug vom 18. Mai 1967 [1];
Freiburg	Raumplanungs- und Baugesetz vom 9. Mai 1983;
Solothurn	Baugesetz vom 3. Dezember 1978 [2], Verordnung über den Erlass des kantonalen Richtplans vom 3. April 1984;
Basel-Stadt	Hochbautengesetz des Kantons Basel-Stadt vom 11. Mai 1939, Verordnung betreffend die Einführung des Bundesgesetzes über die Raumplanung vom 22. Juni 1979/22. Dezember 1981;
Basel-Landschaft	Baugesetz vom 15. Juni 1967 [2], Regierungsratsverordnung über einführende Massnahmen über die Raumplanung vom 18. Dezember 1979;
Schaffhausen	Baugesetz des Kantons Schaffhausen vom 9. November 1964 [1], Verordnung des Regierungsrates des Kantons Schaffhausen zum Bundesgesetz über die Raumplanung vom 22. Juni 1979 (Raumplanungsverordnung) vom 14. Dezember 1982;
Appenzell-Ausserrhoden	Gesetz über die Einführung des Bundesgesetzes über die Raumplanung (EG zum RPG) vom 28. April 1985;

[1] Wird zurzeit revidiert.
[2] Revision steht zur Diskussion.

Tab. 1 (Fortsetzung)

Appenzell-Innerrhoden	Baugesetz vom 28. April 1985;
St. Gallen	Gesetz über die Raumplanung und das öffentliche Baurecht vom 6. Juni 1972/6. Januar 1983;
Graubünden	Raumplanungsgesetz des Kantons Graubünden vom 20. Mai 1973 [1], Verordnung über die kantonale Richtplanung (RIPVO) vom 12. März 1981;
Aargau	Baugesetz des Kantons Aargau vom 2. Februar 1971 [1];
Thurgau	Baugesetz vom 28. April 1977, Verordnung des Regierungsrates zur Einführung des Baugesetzes über die Raumplanung vom 14. April 1987;
Tessin	Legge edilizia cantonale del 19 febbraio 1973, Legge sulla pianificazione cantonale del 10 dicembre 1980, Decreto esecutivo sull'ordinamento provvisorio in materia di pianificazione del territorio del 29 gennaio 1980, Entwurf für ein Raumplanungsgesetz (in parlamentarischer Beratung);
Waadt	Loi sur l'aménagement du territoire et les constructions du 4 décembre 1985, Décret sur le plan directeur cantonal du 22 février 1984, Règlement d'application de la loi sur l'aménagement du territoire et les constructions du 19 septembre 1986;
Wallis	Gesetz vom 14. Juni 1987 zur Ausführung des Bundesgesetzes über die Raumplanung (RPG) vom 22. Juni 1979 (in Kraft: 1. Januar 1988), Verordnung vom 7. Februar 1980 zur vorläufigen Regelung der Einführung des Bundesgesetzes über die Raumplanung;
Neuenburg	Loi sur les constructions du 12 février 1957/24 juin 1986, Loi cantonale sur l'aménagement du territoire du 24 juin 1986, Règlement d'exécution de la loi cantonale sur l'aménagement du territoire du 15 avril 1987;
Genf	Loi sur les constructions et les installations diverses du 25 mars 1961/1er août 1987, Loi du 4 juin 1987 d'application de la loi fédérale sur l'aménagement du territoire;
Jura	Loi sur les constructions et l'aménagement du territoire du 25 juin 1987, Arrêté instituant des mesures provisionnelles en vertu de la loi fédérale du 22 juin 1979 sur l'aménagement du territoire du 18 décembre 1979.

[1] Wird zurzeit revidiert.
[2] Revision steht zur Diskussion.

3. Der Biotopschutz in der Praxis der Raumplanung

Im Kapitel 2 wurde der Versuch unternommen, einen Überblick über die rechtliche Situation des Biotopschutzes in der Schweiz zu geben. Es wurde deutlich, dass neben die direkten Massnahmen, die sich auf die Natur- und Landschaftsschutzgesetzgebung stützen und deren Ziel es ist, ein bestimmtes einzelnes Objekt zu erhalten und zu gestalten/pflegen, auch indirekte Massnahmen treten. Damit ist insbesondere die Raumplanung angesprochen, deren gesetzlicher Auftrag als Querschnittsplanung darin besteht, zu koordinieren und abzuwägen. Es kommt ihr also eine besondere Aufgabe auch zur Berücksichtung der Belange eines breiten Biotopschutzes zu.

In seinem Raumplanungsbericht 1987 führt der Bundesrat aus: "Am augenfälligsten sind die Veränderungen der Landschaft, vor allem der Verlust an Naturnähe. Es sind - auch heute noch - vorab 'schleichende Veränderungen', die Summe vieler geringfügiger Schritte, die einzeln kaum wahrgenommen werden, in ihrer gesamten Wirkung jedoch die Landschaft deutlich verändern und stark beeinträchtigen." (SCHWEIZERISCHER BUNDESRAT 1988, S. 900). Und weiter heisst es im Kapitel über den Vollzug der Raumplanung in den Kantonen: "Das schwächste Glied in der Kette der zentralen Anliegen der Richtplanung ist der Schutz der Landschaft und der natürlichen Lebensgrundlagen. ... Diese Anliegen sind - weil keine starken wirtschaftlichen Interessen dahinterstehen - im Wettbewerb um den Boden gegenüber Siedlung und Landwirtschaft gewöhnlich benachteiligt. Über die Richtpläne versuchen die Kantone teilweise gegenzusteuern." (SCHWEIZERISCHER BUNDESRAT 1988, S. 934).

Im folgenden gilt es, an einigen ausgewählten Beispielen sowohl für die Ebene der Kantonalplanung wie der kommunalen Nutzungsplanung nachzuzeichnen, inwieweit die Raumplanung in der Praxis diesen an sie gestellten Aufgaben gerecht geworden ist.

3.1. Der Biotopschutz in der Richtplanung

In seiner Dokumentation zum Stand der Landschaftsplanung in der Schweiz zu Beginn der achtziger Jahre schreibt SCHUBERT (1982, S. 13): "Wie der Stand der Gesetzgebung ist auch der Stand der kantonalen Landschaftsplanung in der Praxis sehr unterschiedlich, wobei jedoch nicht in jedem Falle Parallelität besteht." Diese Aussage bezieht sich auf die Zeit vor der "Richtplanung neuen Typs" gemäss RPG, sie kann trotzdem auch heute noch als gültig angesehen werden.

Dies gilt ebenfalls für die Ausführungen SCHUBERT's (1982, S. 14) zum Verständnis der Landschaftsplanung, das er bezogen auf die kantonale Gesetzgebung wie auf die Planungspraxis als eng bezeichnet. Insbesondere kritisiert er das Fehlen der querschnittsorientierten Aufgaben einer Landschaftsplanung, nämlich der Erfassung und Bewertung der natürlichen Gegebenheiten (Naturpotentiale) als Grundlage für die Gesamtplanung.

Die vorliegende Arbeit will sich nicht mit der Landschaftsplanung insgesamt, also einschliesslich der Aspekte Urproduktion und Erholungsplanung, sondern nur mit dem Teilaspekt der Schutzplanung befassen, und auch bei diesem eingeschränkt auf den Aspekt der Sicherung der Lebensräume für die Tier- und Pflanzenwelt, also den Biotopschutz. Unter dieser Einschränkung müssen die verhalten positiven Einschätzungen der Bilanz von SCHUBERT nochmals in einem anderen, gedämpfteren Licht erscheinen, wenn er bei vielen Kantonen formuliert: "Die Landschaftsplanung als Teil der kantonalen Richtplanung wird im Planungsrecht nicht speziell genannt, ist jedoch materiell integriert."

STOCKER (1987) ist einige Jahre später der Frage nach dem Stellenwert der Landschaftsplanung als Grundlage der Raumplanung am Beispiel der Richtplanwerke von 4 Kantonen (Aargau, Schwyz, Zug und Zürich) nachgegangen. Er hat diese Frage in folgende Teilaspekte zerlegt (STOCKER 1987, S. 23):
"a) Kann sie ihre Haltung bezüglich der Erhaltung unseres

Lebensraumes und der natürlichen Lebensgrundlagen im Planungsprozess durchsetzen ?
b) Erarbeitet sie grundlegendes Wissen über unseren Lebensraum ?
c) Macht sie sich Vorstellungen über dessen räumliche Entwicklung und bringt diese von Beginn an in den Planungsprozess ein ?"

Das Ergebnis der Studie kann zusammenfassend dahingehend umschrieben werden, dass sich konkrete Ansatzpunkte für einen verbesserten Einbezug auch der Belange des Biotopschutzes in den Raumplanungsprozess nachweisen lassen. Insbesondere wird immer mehr Wissen über unseren Lebensraum gesammelt. Allerdings findet dieses Wissen noch selten einen sichtbaren Niederschlag in der Erarbeitung konzeptioneller Vorstellungen zur gesamträumlichen Entwicklung.

Eine Begründung ist darin zu suchen, dass landschaftsplanerische Daten häufig nur bei konkreten Problemsituationen und Konflikten erhoben werden. Obwohl dies auf das jeweilige Problem bezogen sicher vernünftig ist, da ein solches Vorgehen, wenn frühzeitig und umfassend durchgeführt, zu problemadäquaten Daten führt, so setzt doch die konzeptionelle Arbeit auch das Vorliegen gesamträumlicher Übersichten voraus. Damit ist nicht gemeint, sozusagen auf Vorrat, alles und jedes zu erheben, was an Daten denkbar wäre. Die Problematik zu gross und breit angelegter Datenbanken ist spätestens seit den siebziger Jahren bekannt (siehe hierzu auch KIAS 1987, S. 4).

Breiter angelegt als STOCKER (1987) untersuchten RINGLI, GATTI-SAUTER & GRASER (1988) die kantonale Richtplanung in der Schweiz, allerdings nicht mit speziellem Blick auf die Berücksichtigung landschaftsplanerischer Inhalte. Sie kommen zum Schluss, dass die Spanne der Richtplanauffassung und damit der Ausgestaltung der Richtpläne in den verschiedenen Kantonen sehr weit gefasst ist. Auf der einen Seite finden sich Beispiele für die Minimalvariante eines Planes, der im wesentlichen nur die zwischen Bund und Kanton zu koordinierenden Geschäfte enthält, wie dies etwa im Kanton Graubünden der Fall ist. Auf der anderen Seite des Spektrums stehen Kantone, die den Auftrag des RPG sehr weit ausgelegt haben und deren sehr umfangreiche Pläne von konzeptionellen Vorstellungen getragen werden und auch zahlreiche Grundlagenarbeiten einbeziehen. Als Beispiele können die Kantone Luzern und Thurgau genannt werden. Dies betrifft nicht den Biotopschutz im speziellen, sondern bezieht sich auf den Richtplaninhalt insgesamt.

Als Idealvorstellung der Richtplanung nach RPG, die die zentrale Schaltstelle der Raumplanung in der Schweiz zwischen Bundesebene und Gemeindeebene wie zwischen Sachplanungen und Nutzungsplanungen bildet, sehen RINGLI et al. ein Konzept gemäss Abb. 2 an.

Danach besteht die Richtplanung aus einem Arbeits- und einem Vermittlungsteil. Das nach aussen, also gegenüber der breiten Öffentlichkeit sichtbare Instrument ist der zum Vermittlungsteil gehörende Richtplan in Bericht und Karte sowie ein Grundlagenbericht. Diese entstehen aufgrund einer "Triage", d. h. einem Filterungsprozess, bei dem aus der Vielzahl vorliegender Informationen im Arbeitsteil diejenigen ausgewählt werden, deren Behandlung im kantonalen Richtplan notwendig erscheint. Der "neue Richtplan" ist also ein Beschlussprotokoll zu einem bestimmten Zeitpunkt (RINGLI et al. 1988, S. 6) und soll nicht nur Festsetzungen, sondern auch ungelöste Probleme und Konflikte enthalten. Dies ist offenkundig nicht ein rein sachlicher, sondern ein zutiefst politischer Entscheidungsprozess.

Im Arbeitsteil der Richtplanung werden die notwendigen Grundlagen in dreierlei Hinsicht erhoben und verarbeitet (RINGLI et al. 1988, S. 80):
- Objektgrundlagen zu Vorhaben und Konflikten, also relativ eng umgrenzte Aufgabenbereiche;
- Gesamträumliche Übersichten, im wesentlichen deskriptiv, z. T. prospektiv; Schaffung einer gesamträumlichen

Bezugsbasis;
- Konzeptionelle Vorstellungen zur räumlichen Entwicklung, welche eine "Leitplankenfunktion" für nachgeordnete Planungsträger übernehmen.

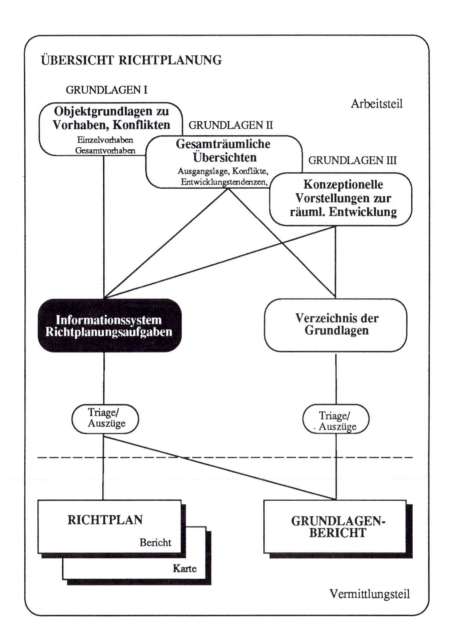

Abb. 2: Übersicht zu wichtigen Instrumenten und zum Ablauf der kantonalen Richtplanung (aus: RINGLI, GATTI-SAUTER & GRASER 1988, S.97)

Die Grundlagen dienen insgesamt zur Ermittlung der anfallenden räumlichen Richtplanungsaufgaben und zu deren Begründung und Lösung. In den meisten Kantonen beziehen sich die Grundlagenarbeiten von biotopschützerischer Relevanz auf die beiden ersten Typen. Eine Richtplanung, die den Anspruch stellen will, auch "ökologische Planung" zu sein, müsste darüberhinausgehen und auch den dritten Aspekt umfassend behandeln. Meist gehen konzeptionelle Vorstellungen noch nicht über allgemein formulierte und damit mehr oder weniger in die Unverbindlichkeit verbannte Zielvorstellungen und Leitsätze hinaus.

Der **Kanton Aargau** fällt in dieser Hinsicht eher positiv auf. Wenn sich beispielsweise im Grundlagenteil zum Aargauer Richtplan Formulierungen finden wie "Natur- und Landschaftsschutz sind zwei umfassende und alles durchdringende Aufgaben innerhalb der Raumplanung" (S. 49) oder "Der Schutz der Natur im umfassenden Sinne steht im Kulturland in Zukunft an erster Stelle" (S. 116), so muss das schon für sich allein genommen grundsätzlich positiv gewertet werden. Denn dies stellt die konsequente Übernahme der entsprechenden Planungsgrundsätze des RPG dar, was noch längst nicht in allen Kantonen selbstverständlich ist.

Der Aargauer Plan lässt es jedoch nicht mit solchen Grundsatzerklärungen bewenden. Es wird klar die Bedeutung und Zielrichtung von Naturschutz und Landschaftschutz herausgearbeitet (S. 49):
- Naturschutz betrifft in der Regel eng begrenzte Flächen, die der Sicherung der Lebensräume von Tieren und Pflanzen im Sinne von Reservaten dienen, was eine wirtschaftliche Nutzung ausschliesst. Dies kann als spezifischer Biotopschutz bezeichnet werden.
- Landschaftschutz fasst alle Bestrebungen zusammen, die auf die nachhaltige Bewahrung der natürlichen und kulturellen Bestandteile der Landschaft ausgerichtet sind. Damit sind neben ästhetischen Komponenten der Schönheit und Eigenart der Landschaft auch ökologische Aspekte im Sinne

eines breiten oder allgemeinen Biotopschutzes angesprochen.

Basierend auf dem "Gesamtplan Kulturland" (genehmigt durch den Grossen Rat im September 1987), der seinerseits verschiedene landschaftplanerische Teilaspekte und Vorarbeiten integriert, werden die darin fixierten Anliegen des Biotopschutzes als Richtplangeschäfte formuliert. Zwei davon (Objektblätter B3/2 und B3/3) behandeln die Sicherung der Interessengebiete für Naturschutz und Landschaftsschutz durch grundeigentümerverbindliche Schutzzonen im Rahmen der Nutzungsplanung resp. durch spezielle Dekrete.

Überhaupt werden in rund einem Drittel der Richtplangeschäfte Problemlösungen unter Berücksichtigung von Natur und Landschaft angestrebt (vgl. STOCKER 1987, S. 42). Damit ist zwar noch nicht sichergestellt, dass die oben zitierten, als "Leitplanken" gedachten Maximen auch konkrete Wirkung zeitigen. Die Bemühung der Richtplanung, dazu beizutragen, ist jedoch offensichtlich.

Auch im **Kanton Luzern** sind die Grundlagenarbeiten für die kantonale Richtplanung aus breiter Sicht angefasst worden und zwar hinsichtlich aller drei Typen von Grundlagen gemäss Abb. 2. Sowohl im Grundlagenbericht wie im Richtplan selber rangiert der "Landschaftsraum" an erster Stelle und innerhalb dieses Teils wird das Kapitel "Natur- und Landschaftsschutz" als erstes behandelt. Allein für sich genommen können daraus zwar noch keine inhaltlichen Schlüsse gezogen werden, es fällt jedoch auf, da noch vor wenigen Jahren eine solche Gliederung recht unüblich gewesen wäre.

Bei genauer Betrachtung bestätigt sich der bereits auf den ersten Blick entstehende Eindruck, dass die kantonale Richtplanung Luzern die Belange des Natur- und Landschaftsschutzes und insbesondere auch des Biotopschutzes ernst nimmt und es nicht bei allgemeingehaltenen Formulierungen bewenden lässt. Dabei fällt vor allem die begriffliche Klarheit auf, mit der die Problematik des Natur- und Landschaftsschutzes angegangen wird. Unterstützt wird dies auch durch eine schematische Darstellung, welche die Bezüge im Landschaftsraum illustrieren soll (Abb. 3).

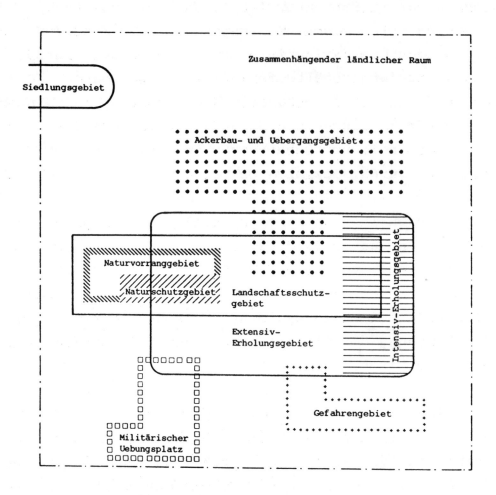

Abb. 3: Schematische Darstellung des Landschaftsraumes (aus: Grundlagenbericht zur kantonalen Richtplanung Luzern 1983, S. 19)

Der Grundlagenbericht ist nicht einfach eine Sammlung von Rohmaterial, vielmehr wird aus dem vorliegenden Material eine zielgerichtete Umsetzung in den eigentlichen Richtplan angestrebt. Dies erfolgt durch eine Formulierung von "Grundsätzen", welche auch mittels Grundlagenkarte konkretisiert werden. Einer dieser Grundsätze über "Naturvorranggebiete", die eine Zwischenstellung zwischen den grossräumigen Landschaftsschutzgebieten und den restriktiven Naturschutzgebieten einnehmen, ist in Abb. 4 wiedergegeben.

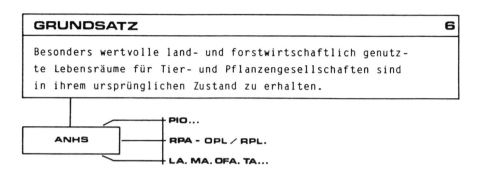

betrifft:

Jagdbanngebiet Tannhorn mit dem neuen Naturschutzgebiet Salwiden (Flühli), daran anschliessend die Schrattenfluh mit dem neuen Naturschutzgebiet Stächeleggmoos (Flühli, KLN - Gebiet); das KLN-Gebiet Hagleren—Fürstei (Flühli, Schüpfheim, Entlebuch) mit den neuen Naturschutzgebieten Hagleren und Ruechifluch, das gesamte BLN - Gebiet Pilatus (Hasle, Entlebuch, Malters, Schwarzenberg, Kriens, Luzern, Horw) mit den bestehenden Naturschutzgebieten (Eigenthal, Kriens) sowie dem neuen Naturschutzgebiet Brust (Horw); das KLN-Gebiet Napf (Escholzmatt, Schüpfheim,

Beilagen 1 (Inventare Natur- und Landschaftsschutz sowie Naturgefahren) und 3 (Landschaftskonzept)

Naturvorranggebiete: Verbindungsräume, meist durchsetzt mit Naturschutzgebieten, in denen ökologische Wechselbeziehungen bestehen.

Naturvorranggebiete
→ in kantonalen Richtplan aufnehmen.

<u>Abb. 4:</u> Beispiel für einen "Grundsatz" der kantonalen Richtplanung Luzern (aus: Grundlagenbericht zur kantonalen Richtplanung Luzern 1983, S. 24)

In übersichtlicher und klarer Weise wird eine Definition der "Naturvorranggebiete" gegeben, sowie auf kartographische Beilagen verwiesen. Auch die Zuständigkeiten werden deutlich gemacht. Dabei bedeuten:

```
ANHS:    Amtsstelle für Natur und Heimatschutz
PIO:     Private Interessengruppen und Organisationen
RPA:     Raumplanungsamt
OPL/RPL: Orts- Und Regionalplanungen
LA:      Landwirtschaftsamt
MA:      Meliorationsamt
OFA:     Oberforstamt
TA:      Tiefbauamt
```

Daran anschliessend folgt eine Bezeichnung der von diesem Grundsatz betroffenen Gebiete sowie der Hinweis, diese in den kantonalen Richtplan aufzunehmen. Zum Schluss wird die Definition der "Naturvorranggebiete" inhaltlich konkretisiert (Grundlagenbericht zur kantonalen Richtplanung Luzern 1983, S. 25):

"- Einzonungen von Baugebieten sind nicht zugelassen (bestehende Einzonungen sind soweit möglich rückgängig zu machen).

- Die land- und forstwirtschaftliche Nutzung ist gewährleistet; allfällige Einschränkungen sind nur in Bezeichnung von Naturschutzgebieten auf dem Verordnungsweg möglich.

- Zonenkonforme (Land- und Forstwirtschaft sowie gewerblicher Gartenbau) und standortgebundene Bauten dürfen die zu schonenden Lebensgemeinschaften nicht gefährden.

- Unumgängliche Meliorationen, Bachkorrektionen und dergleichen haben die landschaftlichen Strukturen (Bachläufe, Uferbereiche, Hecken, Waldränder, Feucht- und Trockengebiete usw.) zu erhalten.

- Die Extensiverholung (wandern und dergleichen) ist möglich, die Intensiverholung aber ist ausgeschlossen. Der Bestand bestehender Anlagen der Intensiverholung ist nicht in Frage gestellt; ebenso ist deren Erweiterung möglich, insofern keine übergeordneten Interessen entgegensprechen.

- Nach Möglichkeit sind keine stark belastenden Durchgangsstrassen zu realisieren. Die Infrastruktur ist möglichst auf den örtlichen Bedarf auszurichten.

- Vorbehalten sind spezielle Regelungen für die in Naturvorranggebieten eingeschlossenen Naturschutzgebiete."

Wie RINGLI et al. (1988, S. 57) hervorheben, wird mit dem Vorgehen der Luzerner Richtplanung durch die Grundlagenbearbeitung der Inhalt des kantonalen Richtplanes weitgehend vorweggenommen und Beschlüsse zum Thema vorbereitet. Entsprechend redet auch der Erläuterungsbericht zum Richtplan (1986, S. 8) eine deutliche Sprache, indem er z.B. die Bedeutung "ökologischer Ausgleichsräume" für die Tier- und Pflanzenwelt ausführlich herausstellt:

"Tiere und Pflanzen stehen zueinander und mit ihrem Lebensraum in einer engen Wechselbeziehung. Sie sind ein integrierter Bestandteil eines komplizierten biologisch-chemisch-physikalischen Naturgeschehens. In natürlichen und naturnahen, von Organismen bevölkerten Lebensräumen (Oekosystemen) herrscht biologisches Gleichgewicht. Diese vielfältigen naturnahen Oekosysteme sind dadurch weniger störungsanfällig als naturferne monotone Gebiete, in denen nur wenige verschiedene Arten und Lebewesen vorkommen, denn sie vermögen schädliche Einwirkungen besser auszugleichen, ohne dass das gesamte System leidet. Aus diesem Grunde braucht es als Ausgleich zu den städtischen Ballungsräumen und den monotonen Landschaften ein Netz von zusammenhängenden, genügend grossen und vielfältigen Räumen mit naturnahen Wäldern, Seen, Mooren, Ufergehölzen, Hecken usw."

Wenn auch in diesen Ausführungen die ganze Diversitäts-Stabilitäts-Problematik aus naturwissenschaftlicher Sicht sehr verkürzt und etwas zu vereinfacht dargestellt wird (vgl. hierzu die ausführlichen Darlegungen bei GIGON 1981), so ist doch grundsätzlich zu begrüssen, dass sich ein Richtplan dieser Problematik annimmt und versucht, einer "ökologischen Orientierung" der Raumplanung näherzukommen.

In einer Reihe von Richtplangeschäften wird dies konkretisiert, unter anderem im Richtplangeschäft A1.02, welches mit kurzfristiger Dringlichkeit bezeichnet ist: "Das Justizdepartement erarbeitet ein Naturschutzkonzept, das zeigt, wie, auf welchem Weg und mit welchen Mitteln Naturschutz im Kanton Luzern verwirklicht werden kann. Parallel dazu schafft es einen Entwurf zu einem Naturschutzgesetz."

Mit Verweis auf die Nutzungsplanung und Querbezug zu den

verschiedenen naturschutzbezogenen Richtplangeschäften wird im Erläuterungsbericht zum Richtplan (1986, S. 10) ausgeführt: "Bei der Ausscheidung von Landwirtschaftszonen und bei künftigen Revisionen von Ortsplanungen gilt es zu verhindern, dass die Naturschutzgebiete einer Zone zugewiesen werden, welche eine Nutzung zulassen würde, die den Schutzzielen zuwiderläuft. Dies bedeutet, dass die Naturschutzinteressen künftig in den kommunalen Nutzungplanungen berücksichtigt werden müssen."

Der Richtplan des Kantons **Basel-Landschaft** wird explizit als Koordinationsplan bezeichnet und publiziert. Diese auch in einigen anderen Kantonen übliche Praxis will deutlich machen, dass der Plan gemäss RPG als Instrument aufzufassen ist, welches neben den bereits existierenden kantonalen Planwerken steht und diese nicht ersetzt, sondern ergänzt und zusammenfasst.

Im Grundlagenbericht (1987, S. 19) wird die bereits lange bestehende Planungstradition deutlich herausgestellt und betont, dass "im Unterschied zu vielen anderen Kantonen, die nun aufgrund des RPG die kantonale Richtplanung erst einführen mussten, eine besondere Situation vorlag". Es ist dies die 1967 mit dem Baugesetz eingeführte "Regionalplanung", welche im Unterschied zur üblichen Sprachregelung in der Basler Lesart eine kantonsübergreifende Planung darstellt, in Zusammenarbeit mit dem Kanton Basel-Stadt.

Landschaftsplanerische Fragestellungen waren Inhalt des "Regionalplans Landschaft beider Basel", mit dessen Erarbeitung bereits 1971 begonnen wurde. Er wurde 1980 durch Beschluss des Landrats des Kantons BL als rechtskräftiger "Regionalplan Landschaft" genehmigt, auf welchen auch der Koordinationsplan (Richtplan) in seinen Aussagen zurückgreift.

Mit Hinweis auf den Regionalplan Landschaft sind die Ausführungen zum Thema Natur- und Landschaftsschutz im Grundlagenbericht zur kantonalen Richtplanung BL ausgesprochen knapp gehalten, sie umfassen gerade 2 Seiten. Diese knappe Behandlung kann jedoch nicht als Indiz dafür aufgefasst werden, dass der Natur- und Landschaftsschutz in der Richtplanung des Kantons Basel-Landschaft einen geringen Stellenwert einnehmen würde. So behandelt etwa eines der Richtplangeschäfte (Koordinationsblatt L.6) die Erarbeitung eines Natur- und Landschaftsschutzkonzeptes, welches im Auftrag der Bau- und Landwirtschaftsdirektion vom Amt für Naturschutz und Denkmalpflege in Angriff genommen wird. Es heisst dort:

> "Neben der laufenden raumplanerischen Sicherung von Natur- und Landschaftsschutzgebieten wird zur Zeit ein umfassendes Konzept für diesen Sachbereich erarbeitet. Dabei soll der gesamte Problemkreis dargestellt und daraus ein detailliertes Massnahmenprogramm (Mehrjahresprogramm) abgeleitet werden. Dazu gehört ein Konzept zur "Landschaftsreparatur". Ziel ist ein weitergehender Vollzug der Natur- und Landschaftsschutzgesetzgebung."

Wesentliche Grundlage für die Beurteilung im Rahmen der vorliegenden Arbeit ist also gegenwärtig der Regionalplan Landschaft, welcher aufgrund der §§ 35 und 41 des Baugesetzes BL erarbeitet wurde. Positiv muss zunächst vermerkt werden, dass der Kanton Basel-Landschaft einer der ganz wenigen Kantone ist, die über einen rechtskräftigen separaten Landschaftsrichtplan verfügen (vgl. auch SCHUBERT 1982, S. 13). Als Werk der siebziger Jahre ist diesem Planwerk dabei durchaus ein avantgardistischer Zug zuzusprechen.

Aus heutiger Sicht genügt der Regionalplan Landschaft nicht mehr ganz den Ansprüchen, die an einen Landschaftsrichtplan resp. an landschaftsplanerische Grundlagenarbeiten im Rahmen der Richtplanung zu stellen sind. Dies ist von den zuständigen Instanzen durchaus erkannt, wie auch das Richtplangeschäft L.2 (Überprüfung des Regionalplans Landschaft) dokumentiert. Das als Vororientierung deklarierte Geschäft soll nächstens in Angriff genommen werden und sich vor allem auf das inzwischen erarbeitete Natur- und Landschaftsschutzkonzept abstützen.

Aus heutiger Anschauung zu kritisieren ist die mangelnde Ausrichtung des Regionalplans Landschaft auf jüngere Erkenntnisse bezüglich der Belange des Biotopschutzes. So vermisst man etwa unter der Rubrik "Ziele 'Raumordnung' Sachbereich Landschaft" (S. 8) eine Zielformulierung in Richtung "Erhaltung der Lebensräume und Förderung der Lebensbedingungen der Tier- und Pflanzenwelt". Erst unter "Massnahmen 'Raumplanung' Sachbereich Landschaft" (S. 9/10) liest man: "Festlegung von aufeinander abgestimmten Schutzgebieten mit entsprechenden Einschränkungen für Naturschutz, Landschaftsschutz, teilweise mit Umgebungsschutz für erhaltenswerte Ortsbilder, Landschaftsschonung."

"Landschaftsschonung" ist dabei als eine sehr unverbindliche Kategorie definiert, deren Inhalt für Biotopschutzanliegen ohne Bedeutung ist: "Das Landschaftsschongebiet umfasst alle land- und forstwirtschaftlich genutzten Flächen ausserhalb des Baugebietes, welche infolge ihres geringeren Wertes weder dem Naturschutz- noch dem Landschaftsschutzgebiet zugeteilt wurden." (Regionalplan Landschaft beider Basel 1976, S. 55)

Sehr positiv zu vermerken ist, dass sich der Regionalplan Landschaft ausführlich mit den Kompatibilitäten von Nutzung und Schutz der Landschaft auseinandersetzt und dies in Form von Matrizen zusammenfassend darstellt. Eine solche Matrix ist in Abb. 5 wiedergegeben.

Die Bedeutung des Regionalplans Landschaft liegt u. a. in der Verpflichtung der Gemeinden, gemäss § 9 der Verordnung über den Regionalplan Landschaft (1980) im Rahmen der Ortsplanung kommunale Landschaftspläne zu erarbeiten. In diesen Plänen sind mindestens die Inhalte des Regionalplans zu berücksichtigen und damit in grundeigentümerverbindlichen Aussagen zu konkretisieren. Details zu diesem Prozess und dessen bisheriger Effizienz werden im anschliessenden Kapitel 3.3 diskutiert.

	Naturschutzgebiet/-objekt	Landschaftsschutzgebiet	KLN-Objekt	Landschaftsschongebiet	Erholungszone	Gebiet für Intensiverholung	Ausflugsziel im Jura	Hauptgebiet für Extensiverholung	Hauptgebiet für Naherholung	Wochenendhauszone	Wochenendhausgebiet	Botanische Einzelobjekte	Denkmalschutz	Archäologische Schutzzone	Archäologisches Schutzgebiet	Archäologische Einzelobjekte	Denkmalschutz & arch. Einzelobjekt	Aussichtspunkt	Ausbeutungsgebiet	Aushubdeponie	Kehrichtdeponie	Sammelparkplatz	Aufforstungszone	Aufforstungsgebiet
Naturschutzgebiet/-objekt	■	○	□+	○	□-(+)	-	--	□+(-)	□+(-)	-	-	○	□+(-)	-(+)	□+(-)	□+(-)	□+(-)	□-(+)	□-(+)	□-	□-	□-(+)	-(+)	□-(+)
Landschaftsschutzgebiet	○	■	□+	○	□-(+)	-	□+(-)	□+•	□+(-)	□-	-	□+	□+	+(-)	□+(-)	□+	□+	□+(-)	□[-(+)]	□[-(+)]	□-	□+(-)	□+(-)	□+(-)
KLN-Objekt	□+	□+	■	□+	□+(-)	-(+)	□+(-)	□+	□+(-)	□-(+)	□-(+)	□+	□+	+	+	□+	□+	□+(-)	□[-(+)]	□[-(+)]	□-	□+(-)	□+(-)	□+(-)
Landschaftsschongebiet	○	○	□+	■	□+	□+(-)	□+	□+	□+	□+	□+(-)	□+	□+	□+	□+	□+	+	□+	□[+(-)]	□[+(-)]	□[+(-)]	□+	□+	□+
Erholungszone	□-(+)	□-(+)	□+(-)	□+	■	○	○	○	□+	○	○	□-(+)	□-(+)	○	□-(+)	□-(+)	-(+)	□+(-)	-	-	-	□+	○	-
Gebiet für Intensiverholung	-	-	-(+)	□+(-)	○	■	○	○	□+	○	○	□-(+)	-(+)	-	-	□-(+)	-(+)	□+	[-]	□[-]	[-]	□+	-	-
Ausflugsziel im Jura	-	□+(-)	□+(-)	□+	○	○	■	□+	○	○	○	+(-)	□+(-)	-	-	+(-)	+(-)	□+	[-]	[-]	[-]	□+	-	-
Hauptgebiet für Extensiverholung	□+(-)	□+	□+	□+	○	○	□+	■	□+	○	□+	□+(-)	□+(-)	+(-)	□+(-)	□+(-)	□+(-)	□+	□[-]	□[-]	□[-]	□+	□+(-)	□+(-)
Hauptgebiet für Naherholung	□+(-)	□+(-)	□+(-)	□+	□+	□+	○	□+	■	○	○	□+(-)	□+(-)	□+(-)	□+(-)	□+(-)	□+(-)	□+	□[-]	□[-]	[-]	□+	□+(-)	□+(-)
Wochenendhauszone	-	□-	-(+)	□+	○	○	○	○	○	■	○	-(+)	-	○	-	-	-	-	-	-	-	+	○	-
Wochenendhausgebiet	-	-	-(+)	□+/-	○	○	○	□+	○	○	■	-(+)	-	-	-	-	-	-(+)	[-]	[-]	[-]	□+	-	-
Botanische Einzelobjekte	○	□+	□+	□+	□-(+)	□-(+)	+(-)	□+(-)	□+(-)	-(+)	-(+)	■	□+	-(+)	□+(-)	□-(+)	□-(+)	□+(-)	-(+)	-(+)	□-(+)	-	-(+)	-(+)
Denkmalschutz	□+(-)	□+	□+	□+	□-(+)	-(+)	□+(-)	□+(-)	□+(-)	-	-	□+	■	+(-)	□+(-)	□+(-)	○	□+(-)	-	-	-	-	-	-
Archäologische Schutzzone	-(-)	+(-)	+	□+	○	-	-	+(-)	□+(-)	○	≂	-(+)	+(-)	■	□+	○	○	-(+)	-	-	-	-(+)	○	-
Archäologisches Schutzgebiet	□+(-)	□+(-)	+	□+	□-(+)	-	-	□+(-)	□+(-)	-	-	□+(-)	□+(-)	□+	■	□+	+	-(+)	-	□-	-	□-(+)	□-(+)	-(+)
Archäologische Einzelobjekte	□+(-)	□+	□+	□+	□-(+)	□-(+)	+(-)	□+(-)	□+(-)	-	-	□-(+)	□+(-)	○	□+	■	○	□-(+)	-	-	-	-	-	-
Denkmalschutz & arch. Einzelobjekt	□+(-)	□+	□+	+	-(+)	-(+)	+(-)	□+(-)	□+(-)	-	-	□-(+)	○	○	+	○	■	□-(+)	-	-	-	-	-	-
Aussichtspunkt	□-(+)	□+(-)	□+(-)	□+	□+(-)	□+	□+	□+	□+	-	-(+)	□+(-)	□+(-)	-(+)	-(+)	□-(+)	□-(+)	■	-(+)	-(+)	-(+)	-	-	-
Ausbeutungsgebiet	□-/+	□[-(+)]	□[-(+)]	□[+(-)]	-	[-]	[-]	□[-]	□[-]	-	[-]	-(+)	-	-	-	-	-	-(+)	■	□[-]	[-]	-	[-]	[-]
Aushubdeponie	□-	□[-(+)]	□[-(+)]	□[+(-)]	-	□[-]	[-]	□[-]	□[-]	-	[-]	-(+)	-	-	□-	-	-	-(+)	□[-]	■	□+(-)	-	□[-]	□[-]
Kehrichtdeponie	□-	□-	□-	□[+(-)]	-	[-]	[-]	□[-]	□[-]	-	[-]	□-(+)	-	-	-	-	-	-(+)	[-]	□+(-)	■	-	[-]	□[-]
Sammelparkplatz	□-(+)	□+(-)	□+(-)	□+	□+	□+	□+	□+	□+	+	□+	-	-	-(+)	□-(+)	-	-	-	-	-	-	■	-	-
Aufforstungszone	-(+)	□+(-)	□+(-)	□+	○	-	-	□+(-)	□+(-)	○	-	-(+)	-	○	□-(+)	-	-	-	[-]	□[-]	[-]	-	■	○
Aufforstungsgebiet	□-(+)	□+(-)	□+(-)	□+	-	-	-	□+(-)	□+(-)	-	-	-(+)	-	-	-(+)	-	-	-	[-]	□[-]	□[-]	-	○	■

LEGENDE: (Details siehe Erläuterungsbericht)

-	absoluter Flächenkonflikt
-(+)	vorwiegend struktureller Konflikt, Uebereinstimmung möglich
+(-)	vorwiegend Uebereinstimmung, struktureller Konflikt möglich
+	Uebereinstimmung
○	Ueberlagerung unlogisch, nicht möglich
[ ]	zeitlich begrenzter Konflikt
□	Ueberlagerung im Regionalplan Landschaft vorhanden

Abb. 5: Überlagerungsmatrix aller Schutz- und Erholungsgebiete sowie der Einzelelemente (aus: Regionalplan Landschaft beider Basel 1976, S. 84a)

Wie oben schon angedeutet, stellt der Richtplan des **Kantons Graubünden** ein Beispiel für die Minimalvariante eines Planes dar, der sich auf die Koordinationsaufgaben zwischen Bund und Kanton beschränkt. Bereits die Richtplankarte ist in einer Grösse angelegt, die auf einem DIN A3 Blatt Platz findet. Sie dient so, zumal mit nur angedeutetem topographischem Bezug, lediglich als Inhaltsverzeichnis der Objektblattsammlung der Richtplangeschäfte, deren Zahl, wie RINGLI et al. (1988, S. 21) betonen, für einen so grossen Kanton erstaunlich klein ausgefallen und wohl nur damit zu erklären ist, dass hier ein politischer Filter gewirkt haben muss. Insbesondere fehlen wichtige Vorhaben wie beispielsweise die Flusskraftwerke am Alpenrhein, deren Behandlung als Richtplangeschäft auch unter Biotopschutzgesichtspunkten wünschenswert wäre.

Mit speziellem Blick auf die Bündner Richtplanung heisst es bei RINGLI et al. (1988, S. 21): "Die politische Diskussion wird immer Einfluss auf die Richtplanung nehmen. Es ist daher ausserordentlich wichtig, dass Konflikte und Probleme offensichtlich werden. Auch heisse Eisen müssen angepackt werden, soll die Koordination und Zusammenarbeit in Gang kommen."

Im wesentlichen stellt der Bündner Richtplan einen Verkehrsrichtplan dar. Kein einziges Richtplangeschäft ist direkt den Belangen des Natur- und Landschaftsschutzes gewidmet, allerdings spielen diese natürlich bei einer Reihe von Richtplangeschäften hinein. Der Bündner Richtplan kann damit aber ganz sicher nicht in Anspruch nehmen, landschaftsplanerische Inhalte in die Raumplanung zu integrieren, wie dies in den oben dargestellten Beispielen Luzern und Basel-Landschaft der Fall ist. Er delegiert dies ganz eindeutig an die Kompetenz der Gemeinden, die ja nach dem Bündner Planungsrecht eine weitgehende Autonomie besitzen.

Auch im Grundlagenbericht zum Richtplan ("Dokumentation") wird man auf der Suche nach biotopschutzbezogenen Inhalten kaum fündig. Zwar muss eingeräumt werden und dies betonen auch RINGLI et al. (1988, S. 72), dass die Bündner Richtplanung reichlich Grundlagenarbeit geleistet hat, dies betrifft jedoch den Biotopschutz resp. den Natur- und Landschaftsschutz im ganzen nicht. Eine Akzentsetzung wird auch im Abschnitt "Natur- und Landschaft" des Teilberichtes "Kantonale Übersicht" in der Dokumentation zur kantonalen Richtplanung Graubünden (1983) deutlich, wenn dort noch vor allen anderen Aspekten ausgeführt wird: "Landschaft und Natur sind eine wichtige Grundlage für die Wirtschaft im Kanton Graubünden." In einen Gesamtzusammenhang gestellt ist dies natürlich richtig und es wäre zu begrüssen, wenn sich auf breiterer Front die Erkenntnis durchsetzen würde, dass der konsequente Einbezug ökologischer Gesichtspunkte in die Planung längerfristig auch wirtschaftlich positive Auswirkungen hat.

An zusammenfassenden Grundlagen zum Natur- und Landschaftsschutz existiert lediglich ein Inventar der schützenswerten und geschützten Landschaften und Naturdenkmäler. Dieses ist aber bereits über 15 Jahre alt und, wie Überprüfungsarbeiten im Rahmen der Fallstudie "Ökologische Planung Bündner Rheintal" bewiesen haben (JENNY & MUTZNER 1985), aus heutiger Anschauung nicht mehr brauchbar. Eine Neubearbeitung ist erfreulicherweise kürzlich in Angriff genommen worden. Das Inventar hat aber nur informativen Charakter und ist rechtlich unverbindlich, sofern die Gemeinden nicht von sich aus seine Inhalte in der Ortsplanung aufgreifen und in grundeigentumsverbindliche Regelungen überführen.

Es bleibt anzumerken - dies ist dem Verfasser aus eigener langjähriger Arbeit im Kanton Graubünden bekannt -, dass es nicht die mangelnde Bereitschaft der mit Naturschutz und Raumplanung befassten Behörden ist, die zu der dargestellten mageren Bilanz der Integration des Biotopschutzes in die Raumplanung führt. Als Hinweis sei hier SAUTER (1987) erwähnt, der im Zusammenhang mit der Raumbeobachtung im Kanton Graubünden Notwendigkeiten in diese Richtung sehr wohl thematisiert und eine vermehrte gesamtheitliche Betrachtungsweise der Raumplanung sowie adressiert an die Landschaftsforschung die Entwicklung praxisverwendbarer Methoden zur Erfassung landschaftlicher und ökologischer Veränderungen fordert.

Der **Kanton Tessin** hat das Schwergewicht der Richtplanung zunächst auf die Erarbeitung von Grundlagen gelegt. Er hat dies problemorientiert, dabei umfassend und handlungsbezogen durchgeführt. Von einem politischen Filter ist in der Phase der Grundlagenerarbeitung nichts zu spüren, dieser kommt aber zwangläufig später, da der Tessiner Richtplan dem fakultativen Referendum unterstellt ist.

Auch was den Bereich "Natur- und Landschaftsschutz" angeht, wurden mit umfassenden Inventarisierungen fundierte Grundlagen geschaffen, die es erlauben dürften, bei entsprechendem Willen eine Positivplanung für die Landschaft in die Wege zu leiten. Mit ungefilterter Kriterienwahl und deren unvoreingenommener Anwendung wurden schützenswerte Gebiete nicht nur in Bereichen inventarisiert, wo diese ohnehin nicht stören, sondern auch unmittelbar am Rande der bestehenden Siedlung. Man hat sich also nicht gescheut, im Rahmen der Richtplanung Konfliktsituationen mit dem Natur- und Landschaftsschutz offenzulegen und damit einer planerischen Behandlung zugänglich zu machen.

Eine Integration des Naturschutzes in die Richtplanung findet sich auch im **Kanton St. Gallen**. Dies ist, wie im Kap. 2.5 gezeigt wurde, durch die St. Galler Rechtssituation entsprechend vorgezeichnet. Auch St. Gallen besitzt bereits eine längere Planungstradition, wodurch der Richtplan neben bereits bestehende Planwerke tritt. In der für das Vernehmlassungsverfahren bestimmten Publikation "Kantonale Gesamtpläne und Richtplan 1987" heisst es mit Hinweis auf die unterschiedlichen Aufgaben dieser beiden Plantypen (S. 8): "Die Erfordernisse der Raumplanung werden in Gesamtplänen zielgerichtet, im Richtplan handlungsgerichtet umschrieben. Zielvorstellungen können Entscheidungen nicht vorwegnehmen, sie sollen aber in die Entscheidfindung einbezogen werden."

Als ein Plan, der die erwünschte Raumordnung in den Grundzügen festlegen soll, fungiert der kantonale Gesamtplan Natur- und Heimatschutz, dessen wegleitender Inhalt im Sinne des RPG als Grundlage aufzufassen ist. Er enthält die nach Art. 98 des Baugesetzes zu erhaltenden Schutzgegenstände von kantonaler Bedeutung und umschreibt deren Schutzwürdigkeit und Schutzziele. Zur Begründung wird im Kapitel Natur- und Heimatschutz der Vernehmlassungspublikation "Kantonale Gesamtpläne und Richtplan 1987" ausgeführt (S. 27): "Man würde diesen Aufgaben (des Natur- und Heimatschutzes, Erg. des Verf.) in keiner Weise gerecht, sähe man in Schutzmassnahmen lediglich Bemühungen um eine möglichst intakte Form, um die äussere Gestalt. Es geht vor allem auch um den Schutz der natürlichen Lebensgrundlagen und die Erhaltung eines vielfältigen Lebensraumes. Dies bedingt unter anderem die Beachtung der ökologischen Zusammenhänge in der Natur."

Bedauerlicherweise findet sich der Natur- und Landschaftsschutz ausser in ein paar allgemeinen Sätzen nicht im Raumordnungskonzept 1983 des Kantons St. Gallen. Neben den Teilkonzepten Siedlung, Industrie, Versorgung etc. hätte man eigentlich ein Teilkonzept Landschaft erwarten können.

Die vorgestellten Beispiele sollen genügen, um einen Eindruck von der derzeitig gegebenen Situation in der Praxis der Richtplanung zu vermitteln. Sie sind, was die Berücksichtigung biotopschutzrelevanter Inhalte angeht, mit Ausnahme des Kantons Graubünden eher auf der "Positivseite" des Spektrums der Richtpläne angesiedelt.

Mit Blick auf die durchschnittliche Situation der Richtplanung insgesamt lässt sich zusammenfassend feststellen, dass immerhin die meisten Kantone den Gegenstand "Natur- und Landschaftsschutz" als Richtplanungsaufgabe verstehen. In den Grundlagenberichten sind fast überall Ausführungen zur Bedeutung dieses Aufgabenbereiches enthalten, wenn auch z. T. nur in sehr allgemeiner Form.

Was den aktuellen Stand der inhaltlichen Implementation angeht, so sind jedoch ebenso häufig noch Defizite zu vermerken. Die Behandlung geht oftmals nicht über die nachrichtliche Wiedergabe von geschützten Gebieten hinaus. Gleichzeitig werden aber Richtplangeschäfte formuliert, die in Richtung "Naturschutzkonzept" o. ä. zielen. Es entsteht der Eindruck einer Umbruchsituation, d. h. verschiedene Ansätze nähren die Hoffnung, dass eine nächste Generation der Richtplanung in etlichen Kantonen erheblich mehr auch zum Thema Biotopschutz liefern könnte. Der grundsätzliche Wille dazu scheint, wie auch STOCKER (1987) bezüglich der von ihm untersuchten Kantone findet, an vielen Orten vorhanden zu sein. Es bleibt abzuwarten, ob hier der Wunsch der Vater des Gedankens ist oder ob die Kantone in der Lage sind, die derzeitigen positiv zu wertenden Anknüpfungspunkte weiterzuentwickeln.

Eine gleichartige Einschätzung gilt auch für die in einer Reihe von Kantonen institutionalisierte Regionalplanung. Dies ist aber, wie SCHUBERT (1982, S. 15) betont, nur bei weniger als der Hälfte der Kantone der Fall. Zwar haben viele Regionen, namentlich im Berggebiet im Zusammenhang mit der Berggebietsförderung gemäss dem Bundesgesetz über Investitionshilfe im Berggebiet (IHG) regionale Entwicklungskonzepte erarbeitet. Dies ist jedoch dem Ziel des Gesetzes entsprechend mit anderer Motivation geschehen als der, naturschützerische Probleme planerisch zu behandeln. Mit dem IHG will der Bund die Existenzbedingungen im Berggebiet verbessern, indem er für Infrastrukturvorhaben und für den Erwerb von Land zu Industrie- und Gewerbezwecken gezielte Investitionshilfe gewährt. Es wird sicher noch einige Jahre dauern, bis in allfälligen Nachführungen von Regionalplänen eine Neuorientierung sichtbar sein wird.

Es gibt aber bereits positive Beispiele, die als Wegweiser für andere dienen und zeigen könnten, in welche Richtung die Entwicklung der Regionalplanung gehen sollte. Zu denken ist z. B. an die in der St. Galler Regionalplanung durchgeführten Studien zur Ausscheidung von Lebensräumen bedrohter und seltener Tierarten, wobei eine aus Biotopschutzsicht integrale Betrachtung des landschaftlichen Nutzungsmusters angestrebt wurde (siehe dazu SCHWARZE, STEIGER & ZINGG 1984).

Auch greifen jüngere Regionalplanungen die Philosophie des RPG auf, wonach die Richtplanung handlungsorientiert sein soll und nicht nur Festsetzungen, sondern auch Zwischenergebnisse und Vororientierungen enthalten soll (z. B. Landschaftsrichtplan Region Thun 1984). Allerdings heisst es dort auch mit Blick auf die Akzeptanz der Regionalplanung (S. 11): "Von der Gesamtgesellschaft wird der regionale Richtplan für die Landschaft nicht unbedingt gewünscht, da das Bedürfnis hierfür zuwenig augenfällig ist. Es wird erst manifest, wenn ungeschützte Bauten, Bäume oder Landschaften verschwinden oder beeinträchtigt werden." Diese Einschätzung scheint durchaus noch verbreitet zu sein.

3.2. Der Biotopschutz in der Nutzungsplanung

Die Situation zu Beginn der achtziger Jahre wurde von SCHUBERT (1982) ausführlich dokumentiert. Etwa die Hälfte der Kantone kennt eine kommunale Richtplanung, wobei landschaftsplanerische Arbeiten entweder explizit in einen Landschaftsrichtplan münden oder sonst materiell in die Richtplanerarbeitung integriert sind.

Was den Biotopschutz angeht ist es jedoch noch kaum üblich, eine flächendeckende Analyse des Gemeindegebietes hinsichtlich der Biotopbedeutung durchzuführen. Statt dessen ist die Regel, speziell schutzwürdige Bereiche zu bezeichnen oder sogar nur die bereits unter Schutz stehenden Gebiete nachrichtlich zu übernehmen. Erst in den letzten Jahren beginnt sich zaghaft eine Tendenz abzuzeichnen, den Gesamtraum hinsichtlich seiner Bedeutung für die Biotopvernetzung zu betrachten. Seitens der zuständigen Behörden wird dies durchaus unterstützt, wie etwa durch die vorbildliche Wegleitung der Bundesämter für Raumplanung sowie Forstwesen und Landschaftsschutz (BRP / BFL 1984). Auch die Verbände engagieren sich in diesem Zusammenhang (siehe z. B. ORTIS 1982).

Eine eigentliche Landschaftsplanung auf der Ebene der Nutzungsplanung kennt lediglich der Kanton Basel-Landschaft (kommunaler Zonenplan Landschaft). Üblicherweise besteht jedoch auch ohne eigenen Landschaftsplan in den meisten Kantonen die Möglichkeit der Ausscheidung von Schutzzonen (z.T. auch Grünzonen o.ä. genannt), um schutzwürdige Bereiche planerisch zu sichern, wie dies auch das RPG als Regelfall vorgibt. Es braucht nicht speziell betont zu werden, dass solche Zonenausweisungen bis heute häufig nicht das Ergebnis einer konzeptionellen Auseinandersetzung mit den aus Biotopschutzsicht angezeigten Notwendigkeiten sind, sondern oft eher davon abhängen, inwieweit argumentationsstarke Naturschutzkreise gerade am Ort sind, die ihre Vorstellungen durchsetzen können.

Wie SCHUBERT (1982, S. 19) feststellt, ist auch die Durchführung detaillierter Planungen für einzelne Gebiete als Grundlage für Schutzverordnungen etc. eher noch die Ausnahme.

Eine umfassende kritische Auseinandersetzung mit der kommunalen Landschaftsplanung im Kanton Basel-Landschaft findet sich bei EWALD (1987). Dabei tritt zutage, dass sich die Gemeinden ausgesprochen schwertun, innerhalb der ihnen gesetzten Frist von immerhin etlichen Jahren diese Planung auf die Beine zu stellen und dies obwohl seitens des kantonalen Amtes für Orts- und Regionalplanung (früher: Kantonales Planungsamt) einiges unternommen wurde, um den Gemeinden bei der Erarbeitung Hilfe anzubieten, wie:

- Zonenreglements-Normalien Landschaft (KANTONALES PLANUNGSAMT BL 1978)
- Wegleitung für die Gemeinden (KANTONALES PLANUNGSAMT BL 1980a)
- Pflichtenheft für den Planer (KANTONALES PLANUNGSAMT BL 1980b)

Zur Zeit ist eine neue Loseblattsammlung über die Grundlagen zur Landschaftsplanung in Bearbeitung. Das "Normalreglement Landschaft", welches die Zonenreglements-Normalien Landschaft ablösen soll, ist bereits fertiggestellt (AMT FÜR ORTS- UND REGIONALPLANUNG BL 1987). Daneben stehen den Gemeinden und den Planern weitere Hilfsmittel zur Verfügung, wie:

- Naturschutzhandreichung (KOMMISSION N+H BL 1981)
- Leitfaden zur Inventarisierung schützenswerter Naturobjekte (GERBER 1981)

Bis Herbst 1986 verfügten nur 11 der 73 Gemeinden bereits über einen rechtskräftigen Landschaftsplan, 13 weitere befanden sich im Vorprüfungs- bzw. Genehmigungsverfahren. Bis Anfang 1989 hat sich die Zahl auf 15 rechtskräftige Landschaftspläne und 40 im Vorprüfungs- bzw. Genehmigungsverfahren befindliche erhöht. Dies ist immer noch wenig, wenn man bedenkt, dass die bereits erstreckte Frist zur Erarbeitung auf Ende 1987 angesetzt war.

Kernpunkt aus der Sicht des Biotopschutzes ist die Frage, inwieweit es gelingt, mit dem Instrument der Landschaftsplanung einem effizienten Schutz der Lebensräume freilebender Tiere und freiwachsender Pflanzen näherzukommen. Die Grundlage dazu bildet eine Bestandsaufnahme des bestehenden biotopschutzrelevanten Potentials. Dies geschieht mittels lokaler Naturschutz-Inventare, die, wie der Regierungsrat anlässlich einer Interpellation vom 30. 4. 1984 (EWALD 1987, S. 84) feststellt, zu den notwendigen Grundlagen der Landschaftsplanung gehören.

Dies ist offenbar in der Praxis von den Gemeinden nach wie vor nicht in der vollen Bedeutung und Tragweite erkannt worden, wie die Analyse von EWALD (1987) belegt. Zwar war bis zum Zeitpunkt seiner Erhebung (Herbst 1986) in 30 Gemeinden die Erarbeitung eines Naturschutz-Inventars abgeschlossen, von diesen taxiert EWALD (1987, S. 85) aber nur 10 als aus fachlicher Sicht genügend, 14 als ungenügend und 6 gar als unbrauchbar. Wenn dann sogar in einigen Gemeinden das Inventar erst nach der eigentlichen Landschaftsplanung erarbeitet wurde, so ist die relativ düstere Bilanz vorgezeichnet, was einen effizienten Biotopschutz auf der Ebene der Nutzungsplanung angeht.

Resümierend kommt EWALD (1987, S. 88) zu der Feststellung, dass "in der Landschaftsplanung von Baselland die Hauptanteile der Nutzungen - Siedlung, Landwirtschaft, Forstwirtschaft - nach 'territorialer' Tradition aufgeteilt und fixiert werden, ohne nach Landschaftspotentialen, Nutzungsintensitäten usw. und deren Auswirkungen auf Nachbarnutzungen, auf biotische Systeme, auf Haushaltliches u. ä. zu fragen. Damit bleiben aber verschiedene Ziele und Probleme, insbesondere des Naturschutzes, nach wie vor ungelöst."

Als grundsätzliches Problem bei der planerischen Behandlung des Biotopschutzes im Rahmen der Nutzungsplanung sieht EWALD (1987, S. 94/95) die praktische Unmöglichkeit, den dynamischen Prozessen, die im landschaftlichen Ökosystem ablaufen, mit den Instrumenten der Zonierung gerecht zu werden. Davon ausgehend postuliert er ein grundsätzliches Umdenken in der Planung, welche neben der Parzellenschärfe auch Grenzsäume und Übergangsbereiche kennen muss. Als Beispiel dafür, dass solche Forderungen bereits praktisch an die Hand genommen werden, sei der von der Fachstelle für Naturschutz im Amt für Raumplanung des Kantons Zürich in Auftrag gegebene "Schlüssel zur Festlegung der Breite und Ausdehnung von Pufferzonen bei Naturschutzgebieten" erwähnt (KRÜSI 1986).

In anderen Kantonen ist die Situation keineswegs grundsätzlich besser als im Kanton Basel-Landschaft. Die folgenden Ausführungen beziehen sich auf das Beispiel des Kantons Graubünden, auf dessen Gebiet die Fallstudie "Ökologische Planung Bündner Rheintal", die den Rahmen der vorliegenden Arbeit bildet, durchgeführt wird.

Die Gemeinden besitzen eine weitgehende Autonomie in Planungsbelangen und eine eigentliche Landschaftsplanung ist nicht institutionalisiert. Auch finden sie im Richtplan keine Inhalte, die biotopschutzrelevante Vorgaben für die Nutzungsplanung liefern könnten (vgl. dazu die Ausführungen im Kap. 3.1). Dies bedeutet allerdings nicht, dass seitens des kantonalen Amtes für Raumplanung keine Anstrengungen unternommen würden, um den Gemeinden Unterstützung bei der Integration des Natur- und Landschaftsschutzes in die Nutzungsplanung anzubieten.

Vor allem zu erwähnen ist in diesem Zusammenhang die "Richtlinie zur Ortsplanung Nr. 7" (AMT FÜR RAUMPLANUNG GR 1986), die die Ausscheidung von Natur- und Landschaftsschutzzonen zum Thema hat. Erklärtes Ziel dieser Richtlinie ist es, den Gemeinden Hinweise zu geben, wie der entsprechende Auftrag des Bundesgesetzes über die Raumplanung erfüllt werden kann. Es wird darauf hingewiesen, dass die Aufgabe, Schutzzonen auszuscheiden, gleichwertig neben der Aufgabe steht, Bau- und Landwirtschaftszonen auszuscheiden.

Ausführlich, dabei aber in einfacher und allgemein verständlicher Form werden Aspekte wie Schutzwürdigkeit und -bedürftigkeit, das Vorgehen bei der Erstellung von lokalen Inventaren sowie mögliche Schutzmassnahmen behandelt. Im weiteren enthält die Richtlinie Musterformulierungen für Schutzzonenbestimmungen und Hinweise auf weitere Literatur, wobei man allerdings die bereits erwähnte Publikation der Bundesämter für Raumplanung sowie Forstwesen und Landschaftsschutz (BRP / BFL 1984), die dieses Thema ausführlich und plastisch behandelt, vermisst.

Von der Richtlinie zur Praxis ist jedoch offenbar ein weiter Weg. Dies wird deutlich, wenn man die Zahlen spechen lässt. So steht lediglich 0.1 % der Fläche im Bündner Rheintal unter Naturschutz, also ein verschwindend geringer Anteil. Die Widerstände gegen diese restriktive Art von Schutz sind enorm und meist nur dort zu überwinden, wo ohnehin keine wirtschaftlichen Interessen auf dem Spiel stehen. Dies ist jedoch in einem intensiv genutzten Raum wie dem Bündner Rheintal kaum irgendwo der Fall. Was den Landschaftsschutz angeht, sieht die Bilanz etwas besser aus. Etwa 5 % des Talraumes unterliegen dieser Kategorie des Schutzes, welche jedoch für den Biotopschutz nur mittelbare Bedeutung hat.

Eine Inventarisierung im Rahmen der bereits erwähnten Fallstudie "Ökologische Planung Bündner Rheintal" (näheres siehe Kap. 7 und 8) brachte zutage, dass mindestens 20 % des Talraumes als besonderes Interessengebiet des Natur- und Landschaftsschutzes anzusprechen sind, davon etwa 4 % im Sinne des Naturschutzes. Dabei wurden im wesentlichen die Gebiete von regionaler und überregionaler Bedeutung erfasst und nur z. T. auch solche von lokaler Bedeutung.

3.3. Resümee

Die dargestellten Beispiele haben gezeigt, dass zwar sowohl in der Richt- wie in der Nutzungsplanung an verschiedenen Orten positive Ansatzpunkte und Entwicklungen zu finden sind, jedoch ist die derzeitige Praxis der Raumplanung noch ein gutes Stück davon entfernt, auch "ökologische Planung" zu sein (siehe dazu auch TRACHSLER & KIAS 1982). Dies würde bezogen auf den Biotopschutz eine stärker integrale, gesamträumliche und konzeptionelle Betrachtungsweise voraussetzen. Auch wenn, wie NIEVERGELT (1986, S. 11) dies ausdrückt, Konzepte "das etwas zweifelhafte Ansehen gutgemeinter Sandkastenübungen" haben, so sind sie doch "heute als nützliche bis notwendige Planungshilfe anerkannt".

Die derzeitige Planungspraxis, insbesondere der Nutzungsplanung, beschränkt sich grossenteils auf die reine Zonierung der Landschaft, die der ökosystemaren Dynamik und den Bedürfnissen des Biotopschutzes im besonderen nicht gerecht wird. Auch hat sie sich bislang noch zu wenig in der Lage gezeigt, die theoretisch erkannten Notwendigkeiten hinsichtlich eines effizienten Artenschutzes und damit Biotopschutzes den jeweiligen politischen Entscheidungsträgern so überzeugend und zwingend nahezubringen, dass diese auch in genügendem Masse in rechtsverbindlicher Form fixiert werden.

Alle Gebiete, die wildwachsenden Pflanzen und wildlebenden Tieren einen Lebensraum bieten können, sind schutzwürdig, unabhängig vom Grad ihrer Gefährdung. Daraus resultiert die Forderung der gesamtheitlichen Erfassung und Darstellung des Raumes hinsichtlich seiner Biotopbedeutung. Denn Arten- und Biotopschutz darf nicht nur die seltenen und gefährdeten Arten und Biotope umfassen. Vielmehr muss das Ziel verfolgt werden, durch vorbeugende Sicherung des gesamten Spektrums möglicher Lebensräume in all ihren Variationen zu verhindern, dass mehr und mehr Arten auf "Roten Listen" geführt werden müssen.

Die Ausführungen sind nicht im Widerspruch zu der Tatsache gemeint, dass es selbstverständlich unterschiedliche Dringlichkeiten und Prioritäten geben muss, wenn es beispielsweise darum geht, das letzte Vorkommen eines Biotoptyps in einem bestimmten Raumausschnitt zu sichern. Über solche Feuerwehrmassnahmen sollte aber nicht vergessen werden, dass mancher Biotop einmal der letzte seines Typs werden kann, wenn man die Bemühungen nicht frühzeitig in Richtung eines breiten Biotopschutzes ausweitet.

Die Bemühungen der Raumplanung müssen dahingehend verstärkt werden, den Biotopschutz als vollwertigen Nutzungsanspruch des Menschen an den Raum anzuerkennen und damit die Aktivitäten des Biotopschutzes als raumwirksame Tätigkeit aufzufassen. Dies ist die Voraussetzung dafür, den Biotopschutz von der defensiven Rolle des Verhinderns in die aktive Rolle des Entwickelns konzeptioneller Vorstellungen zu bringen. Das Ergebnis dieser Bemühungen wäre eine Stärkung des Biotopschutzes als aktiver Partner bei der Abstimmung raumwirksamer Tätigkeiten.

4. Die Situation des Biotopschutzes in der Schweiz im Lichte von Datenmaterial über Kulturlandverlust und Landschaftsveränderungen

> "Obwohl wir uns subjektiv den Werten der natürlichen Vielfalt öffnen, wildlebende Pflanzen und Tiere als wertvoll einstufen, obwohl wir anerkennen, dass sie es sind, die unsere Landschaft wertvoll machen, die uns beglücken, wesentliche Teile unseres Lebens ausfüllen, entscheiden wir uns im Einzelfall meist gegen diese Werte und geben rein ökonomischen, kurzfristigen Interessen den Vorzug. So beugen wir uns einer vermeintlich objektiven Wertskala und entscheiden auch in natürlichen Bereichen vielmehr nach dem Preis als dem eigentlichen Wert einer Sache."

Mit diesen Worten charakterisiert NIEVERGELT (1986, S. 17) die bis heute typische Haltung des Menschen gegenüber der Natur, wie sie sich in zahllosen Interessenabwägungsprozessen findet und wie sie uns in der Gestalt unserer Landschaft entgegenspiegelt. Bereits Ende der sechziger / Anfang der siebziger Jahre wurde begonnen, das Phänomen des Kulturlandschaftswandels in einer grösseren Untersuchungsserie näher zu beleuchten (GALLUSSER & BUCHMANN 1974), allerdings nicht mit speziellem Augenmerk auf Aspekte des Biotopschutzes, sondern von einem gesamtgeographischen Ansatz her.

Zahlreiche Autoren haben in den letzten Jahren in mündlicher und schriftlicher Form Hochrechnungen und Extrapolationen präsentiert, die das Ziel hatten, den "Landschaftsverbrauch" einer breiteren Öffentlichkeit in plastischer Form näherzubringen. Am bekanntesten und meistzitiert ist der berühmte Quadratmeter Kulturland, der im Durchschnitt pro Sekunde seit dem Zweiten Weltkrieg überbaut worden ist (siehe dazu z. B. HÄBERLI 1975, S. 7; JURI 1985, S. 48; SPÄTI 1985, S. 13). So umstritten dieser Wert hinsichtlich seiner exakten Gültigkeit auch sein mag, die Grössenordnung, innerhalb der die Veränderungen stattfinden, ist damit doch deutlicher bewusst geworden.

In erster Linie wurde diese Zahl aus der Sorge um den weiteren Verlust landwirtschaftlicher Flächen publik gemacht. Dies hat jedoch gleichermassen für das Thema dieser Arbeit Relevanz, da der Verlust von Kulturland unmittelbar und auch mittelbar Auswirkungen auf wertvolle Biotope hat. Schliesslich befindet sich die Landwirtschaft allzu oft in einer Art "Sandwichsituation": wenn sie von der Bautätigkeit verdrängt wird, weicht sie oft in Bereiche aus, die bis dahin dem Naturschutz zugestanden waren.

Die erste Studie, die sich in der Schweiz dem Thema des Landschaftswandels aus der spezifischen Sicht des Natur- und Landschaftsschutzes in grossangelegter und auf empirisches Material abgestützter Form widmete, stammt von EWALD (1978). Ihr ist es zu verdanken, dass das Phänomen der schleichenden Veränderungen, die in Fachkreisen zwar auch vorher bereits vom Grundsatz her erkannt, aber nicht systematisch erfasst waren, endlich in umfassender Weise quantitativ belegt ist. Darauf dürfte zurückzuführen sein, dass die Studie als "Methode Ewald" weitherum bekannt geworden ist und wesentliche Anstösse für weitere Arbeiten gegeben hat.

Ausführlich legt EWALD Ursachen und Ausmass der Landschaftsveränderungen dar, um schliesslich mit konkretem Zahlenmaterial über die Veränderungen in den einzelnen Untersuchungsgebieten zwischen der Erstausgabe und der zum Zeitpunkt der Untersuchung jüngsten Ausgabe der LK 25 aufzuwarten (Tab. 2). Für jedes Untersuchungsgebiet ist darin der Zeitraum in Jahren angegeben, auf den sich die dokumentierten Veränderungen beziehen. Bei einigen Aspekten ist der Wegfall früher vorhandener Strukturen quantitativ belegt (Länge in km, ha), bei anderen dagegen lediglich die Häufigkeit (Anzahl) ohne Angabe der betroffenen Flächengrössen.

Zusammenfassend umschreibt EWALD (1978, S. 200) die Bilanz wie folgt: "Die Untersuchungsgebiete zeigen ein breites Spektrum des Landschaftswandels auf. Seit den sechziger Jahren vollziehen sich in den schweizerischen Kulturlandschaften bisher nicht gekannte Veränderungen, die in den siebziger Jahren noch tiefgreifender geworden sind. Die für einige Untersuchungsgebiete anhand von Zahlen dargelegten Verlustbilanzen bringen den irreversiblen Rückgang von Naturgut, von naturnahen Gebieten und anderen Merkmalen traditioneller Kulturlandschaften zutage."

Tab. 2: Zusammenstellung der wichtigsten Veränderungen in den Untersuchungsgebieten (aus: EWALD 1978, S. 201)

LK 25 / UG	1052	1067	1068	1069	1096	1126	1132	1163	1168	1195	1199	1242	1252	1254	1276	1287	1313	1333
Zeitraum in Jahren	14	15	15	15	15	16	17	16	14	12	8	22	5	22	7	8	13	21
Wald gerodet, Anzahl	63	85	33	16	26	41	43	5	2	81	38	23	10	7	15	121	29	33
Gehölze, Hecken gerodet, Anzahl	83	47	21	44	18	113	91	24	36	90	44	164	13	–	37	186	129	38
Gehölze, Hecken gerodet, Länge in km	5,8	4,5	4,5	3	2	20	7	3	2	2	0,5	17,5	–	–	–	7	9,5	3
Aufforstungen, Wiederbewaldungen, Anzahl	46	49	40	100	15	43	173	41	48	293	51	124	26	23	104	73	631	198
Gehölze oder Hecken zu Wald geworden, Anzahl	21	52	4	37	23	27	214	53	19	–	–	22	337	–	95	275	479	314
Gehölze oder Hecken neu, Anzahl	12	82	9	33	96	56	205	18	42	71	38	189	–	–	–	82	42	23
Gehölze oder Hecken neu, Länge in km	1	4,5	8	8,5	27	5	13,5	1,5	7	0,5	0,8	10	–	–	–	2,8	2,7	0,5
Gewässer eingedolt, Länge in km	7,2	4	5,8	9,5	3	14	3,5	5,2	0,5	0,5	0	25,5	0	–	0	4,5	4	1,5
Feuchtgebiete entwässert oder aufgefüllt, ha	*	0,5	0	1	3	14	37	10	0	4	2	6,5	1	3	6	2	34	9
Morphologie verändert, ha	12	42	20	3	14	30	12	3	0	5	13	34,5	3	–	12	13	35	3
Neues Grubenareal, ha	24	68	31	19	9	50	14,5	3	4	12	5	33,5	0	–	3	15	8	3
Strassen neu gebaut oder korrigiert, km	367	334	494	477	115	497	245	202	81	272	44,5	422	46	44	50	367	381	284
Einzelgebäude, Werke, Anlagen erstellt, Anzahl	492	544	590	717	390	653	770	381	139	667	194	738	265	48	189	947	537	637
Flächenhafte Überbauungen, ha	143	558	287	76	151	351	133	39	22	65	0	366	0	0	0	117	171	131
Wüstungen, Anzahl	11	14	28	5	35	26	215	38	9	41	15	3	111	20	33	61	70	14

– Nicht erhoben.   * Vgl. S. 185

LK25 / UG: Nr. der Landeskarte 1 : 25000 / Untersuchungsgebiet.
Es wurde nicht immer das gesamte Blatt der Landeskarte ausgewertet, sondern häufig nur Teile davon.

Zeitraum in Jahren: Zeitraum zwischen der Erstausgabe der Landeskarte und der jeweils jüngsten Ausgabe.

Abgerundet wird die Arbeit von EWALD durch ein Kapitel über die nicht quantifizierte Wertänderung, die mit dem Landschaftswandel einhergeht. In seinen Schlussfolgerungen kommt EWALD (1978, S. 274) u. a. zu folgender Feststellung:

"Naturschutz - ob auf Objekte oder Flächen bezogen - ist als selbständige Hauptnutzung anzuerkennen, da er - wie es am Beispiel der Untersuchungsgebiete gezeigt wird - bei den heutigen Nutzungsmöglichkeiten nur in seltenen Fällen eine Nebennutzung oder gar ein Nebenprodukt sein kann. Das Ziel dieser Bestrebungen, die auch Gebiete mit keiner landwirtschaftlichen Nutzung (also aufgelassene Gebiete sowie Flächen, die von Dienstleistungsmassnahmen belegt sind) betreffen, besteht darin, die ertragsorientierte Nutzung durch eine nicht produktionsorientierte - also auf den Naturraum und den Naturhaushalt bezogene - Nutzung zu ersetzen. (Unterstreichung durch den Verfasser)

Naturschutz ist nur durchführbar, wenn ihn alle in der Landschaft Tätigen anerkennen und praktizieren."

Wie in Kap. 3 gezeigt wurde, ist dies noch längst nicht überall und in dem wünschenswerten Ausmass der Fall.

Angeregt durch die Studie EWALD sind verschiedene Aktivitäten in Gang gekommen, um einerseits das erkannte Phänomen weiterzuverfolgen und andererseits aus der Kenntnis der ablaufenden Prozesse heraus Stategien zu entwickeln, um dieser alarmierenden Tendenz wenn schon nicht Einhalt zu gebieten, so doch zumindest diese zu bremsen. In diesem Zusammenhang zu erwähnen ist eine Ideenskizze, welche den Aufbau einer schweizerischen Landschaftsstatistik zum Ziel hatte (EWALD, HENZ, ROTH & KOEPPEL 1980) und die Grundlage für die Arbeit einer "Arbeitsgruppe Landschaftsstatistik CH" war.

Das Ziel einer Landschaftsstatistik sollte die Bereitstellung von einheitlichem und relevantem Datenmaterial sein, das erlaubt, periodisch eine aussagekräftige Standortbestimmung der Landschaftsveränderungen zu erstellen. Es wurde davon ausgegangen, dass die neue Arealstatistik (siehe hierzu TRACHSLER, KÖLBL, MEYER & MAHRER 1981) als wesentlicher Datenlieferant angezapft werden könnte, indem diese zusätzliche Parameter erheben würde.

Dies hat sich jedoch als schwer realisierbar erwiesen. Die Arealstatistik zeigte sich kaum in der Lage, ihren Kriterienkatalog ohne grundlegende methodische Änderungen zu erweitern und zu verfeinern. Auch ist im Rahmen der Raumbeobachtung Schweiz (BRP 1983) die Behandlung des Problemkreises "Naturnahe Landschaften und Erholungsräume" vorgesehen, sodass es sich als sinnvoller erwies, zunächst Doppelspurigkeiten zu vermeiden und eher in der Koordination der ähnlichen Anliegen den Weg zu suchen.

Das Projekt "Verlust und Beeinträchtigung naturnaher Landschaften" im Rahmen der Raumbeobachtung Schweiz ist inzwischen weiter gediehen und in einer ersten Runde im wesentlichen abgeschlossen. Nach der Entwicklung der Methodik im Rahmen einer Pilotstudie wurde ein erster Teil der Hauptstudie, welcher die Westschweiz behandelte, im Jahre 1986 abgeschlossen (METRON / SIGMAPLAN 1986). Die Ausdehnung der Bearbeitung auf die ganze Schweiz ist inzwischen erfolgt (KOEPPEL & ZEH 1988).

Die Methodik des Projektes beruht auf drei Säulen:
- Auswertung des Änderungsmaterials der Landeskarte;
- Interpretation von Statistiken;
- Fallbeispiele zur Illustration.

Methodisches Neuland wurde vor allem mit der ersten Säule betreten, indem man versuchte, mit einem Stichprobenverfahren, das auf zwei Stratifizierungen beruht (einer nach Naturgrossräumen und einer nach Kantonsgruppen), mit vertretbaren Aufwand repräsentative Resultate zu erzielen. Für ein solches Vorgehen liegen in der Landschaftsforschung noch wenig Erfahrungen vor.

Mit der Hochrechnung des Stichprobenmaterials liegt erstmals eine gesamtschweizerische Übersicht über das Ausmass der Veränderungen vor, welches insgesamt als alarmierend bezeichnet werden muss (vgl. ZEH 1987, S.47 sowie KOEPPEL & ZEH 1988). Die Ergebnisse der Studie hat der Bundesrat in den Grundzügen in den Raumplanungsbericht 1987 übernommen (SCHWEIZERISCHER BUNDESRAT 1988, S. 900ff.), ohne jedoch Zahlen zu nennen.

Neben der Bilanzierung von Landschaftsveränderungen wurde auch eine Methode entwickelt und angewendet, welche es erlauben soll, anhand des erfassten Datenmaterials für jede

Stichprobe den Grad der Naturnähe zu klassifizieren. Damit sollte ein Massstab geschaffen werden, der bei der Interpretation der Veränderungen eine hilfreiche Basisinformation darstellt.

Daneben existieren mittlerweile zahlreiche Studien, die den Landschaftswandel an Beispielen untersuchen, häufig auch im Rahmen von Diplomarbeiten (vgl. z. B. HALLER 1979; ENRILE 1982; GLÜNKIN 1985; STAUFFER/STUDACH AG 1987). Diese lassen keine direkten Hochrechnungen zu, dennoch sind sie als Ergänzung zu Gesamterhebungen sehr wertvoll und runden deren Bild ab, indem sie an einzelnen Punkten "in die Tiefe loten".

Interessant ist auch die Arbeit von SCHMUCKI (1988), welche methodisch angelehnt an EWALD (1978) das nördliche Bündner Rheintal untersucht. Dabei wurde zur Datenerfassung und Auswertung ein geographisches Informationssystem (ARC/INFO) eingesetzt und auch Überlegungen zu Flächenfehlern bei der Quantifizierung angestellt, wenn als Datenlieferant für die Fragestellung relativ kleinmassstäbiges Luftbild- und Kartenmaterial verwendet werden muss. Dieser Aspekt wurde in anderen Arbeiten häufig vernachlässigt und damit eine quantitative Aussagegenauigkeit vorgetäuscht, die vom Datenmaterial her nicht gerechtfertigt war.

Einen vergleichenden Überblick über das Ausmass einer Reihe von Landschaftsveränderungen gibt Tab. 3. Dafür wurden die Angaben verschiedener Studien auf einen Einheitsraum von 10 km^2 umgerechnet, um sie vergleichen zu können. Insbesondere fällt auf, dass es nicht unproblematisch ist, wie in der Raumbeobachtung CH geschehen, auf Grossräume (z. B. Mittelland) bezogene Daten hochzurechnen. So ist etwa der mittlere Verlust von Obstbaumflächen pro Flächeneinheit im Mittelland geradezu verschwindend klein im Vergleich zu dem entsprechenden Rückgang im Bündner Rheintal als einem Gebiet mit typischerweise reichlichem Obstbaumbestand.

Tab. 3: Vergleichende Gegenüberstellung von Zahlenmaterial zu Landschaftsveränderungen aus verschiedenen Studien (überarbeitet nach SCHMUCKI 1988, S. 89)

	ha/10qkm	ha/10qkm	ha/10qkm
Wald neu	0.2 *	0.5 *	2
Verlust Obstbaumflächen	0.4	0.8	20.7
Verlust Rebflächen	0.04	0.25	1.3
neue Überbauungen	0.5	1.6	15.4
	m/10qkm	m/10qkm	m/10qkm
Rodung Hecken, Baumreihen	137	95 – 950	
Hecken neu	62	24 – 643	
Heckenveränderung (Gewinn/Verlust)	–75	–714 – +310	–1864
Strassen neu	944 **	11600 – 23660	13182
	Mittelland Agglomeration Zeitraum: 6 Jahre	Diverse Testgebiete Zeitraum: 10–20 J. (je nach Kartenblatt)	Bündner Rheintal Zeitraum: ca. 20 J.
Hinweis: Alle Angaben wurden umgerechnet auf einen einheitlichen Bezugsraum (10 qkm)	aus: METRON/SIGMAPLAN, 1986: Verlust und Beeinträchtigung naturnaher Landschaften (Raumbeobachtung CH)	aus: EWALD, 1978: Der Landschaftswandel	aus: SCHMUCKI,1988: Untersuchungen Landschaftswandel im Bündn. Rheintal

* nur neuer Wald an und in bestehendem Wald

** Korrektur und Ausbau nicht berücksichtigt

Die Gegenüberstellung in Tab. 3 belegt die Bedeutung von Fallstudien als Ergänzung zu gesamtschweizerischen Erhebungen, nicht nur zur Illustration, sondern auch um die Dynamik in einzelnen Teilräumen zu erfassen, die jeweils ganz anders als der grossräumige Trend sein kann und von diesem sonst überdeckt würde.

Reichliches Anschauungsmaterial über das Ausmass der Landschaftsveränderungen findet sich auch bei WEISS (1981), sowie, ergänzt durch weitgefasste philosophische Betrachtungen zu den Ursachen unseres Umgangs mit Natur und Landschaft, bei WEISS (1987).

Nicht nur in der Schweiz, sondern auch im benachbarten Ausland ist die Problematik der Zerstörung naturnaher Landschaftsteile erkannt und wird untersucht. Eine Studie der PLANUNGSGRUPPE ÖKOLOGIE + UMWELT (1981) untersuchte im Auftrag des Bayerischen Staatsministeriums für Landesentwicklung und Umweltfragen die Möglichkeiten einer Erfassung und Bilanzierung des Landschaftsverbrauchs in pragmatischer Art und Weise. Es wird eine Einbettung dieses Problemkreises in das Instrumentarium der Landschaftsplanung postuliert und festgehalten (PLANUNGSGRUPPE ÖKOLOGIE + UMWELT 1981, S. 13): "Die Ermittlung von 'Landschaftsverbrauch' erscheint nur zweckmässig, wenn die Bilanzierungsergebnisse in den Prozess der räumlichen Planung einfliessen, d. h. dort die Ziele und Massnahmen unmittelbar beeinflussen."

Eine ausgesprochen umfassende und fundierte Arbeit über die Verhältnisse in Baden-Württemberg stammt von TESDORPF (1984). Er kritisiert das in der öffentlichen Diskussion häufig vorwissenschaftlich-umgangssprachliche und insbesondere diffuse Verständnis des Begriffs "Landschaftsverbrauch", um dann in einer breitangelegten semantischen Analyse, die auch den Landschaftsbegriff diskutiert, zu einer wissenschaftlichen Klärung beizutragen. Dabei unterscheidet er (TESDORPF 1984, S. 22): "Wenn wir
- nur den quantitativen Nutzungswandel meinen, sprechen wir

von Freiflächenverbrauch,
- nur landschaftliche Beeinträchtigungen ohne Nutzungswandel meinen, sprechen wir von Landschaftsbeeinträchtigungen und
- in all jenen Fällen, in denen beide Komplexbereiche zutreffen, sprechen wir von Landschaftsverbrauch."

Im Gegensatz zu vorher besprochenen Arbeiten, die über eine Kartierung resp. Luftbildinterpretation Daten zur Veränderung in der Landschaft erhoben haben, stützt sich TESDORPF auf statistisches Material sowie eine von ihm durchgeführte Expertenbefragung bei 130 Wissenschaftlern, Planern und Politikern.

Auch in Baden-Württemberg kursieren Faustzahlen des durchschnittlichen Landschaftsverbrauchs pro Zeiteinheit, die je nach Quelle zwischen 3 und 6 m^2/sec rangieren. TESDORPF weist nach, dass diese Zahlen zu hoch angesetzt sind, da sie verschiedene durch die Statistik bedingte Interpretationsfehler enthalten. Nach Korrektur solcher Fehler liegt der Landschaftsverbrauch in der Grössenordnung von 1.8 m^2/sec für die Jahre zwischen 1950 und 1978 (TESDORPF 1984, S. 69ff), was im Vergleich mit den für die Schweiz angenommenen Zahlen immer noch recht hoch ist. Bezogen auf die gesamte BRD macht LOSCH (1987, S.23) nach Dekaden differenzierte Angaben, die umgerechnet auf die Sekunde folgendermassen aussehen:
- 7.6 m^2/sec in den fünfziger Jahren;
- 13 m^2/sec in den siebziger Jahren;
- 14 m^2/sec in den achtziger Jahren.

TESDORPF versucht im weiteren mit Hilfe statistischer Analysen Ursachen und Zusammenhänge des Landschaftsverbrauchs mit verschiedenen sozioökonomischen und demographischen Parametern genauer zu untersuchen. Ein 150 Seiten langes Literaturverzeichnis schliesslich macht die Arbeit zu einer wertvollen Bibliographie.

Eine sehr praxisnahe und illustrative Dokumentation von

Landschaftsveränderungen gerade auch aus der spezifischen Sicht des Biotopschutzes findet sich bei RINGLER (1987). Er präsentiert in diesem Werk für die verschiedensten von Verdrängung und Beeinträchtigung bedrohten Lebensraumtypen Fotomaterial, das einen Vergleich "vorher - nachher" besser als jede Statistik plastisch vor Augen führt.

5. Ansätze zur Operationalisierung ökologischer Theorien und Vorstellungen in der Raumplanung

5.1. Grundsätzliche Überlegungen zur Bedeutung einer ökologischen Vielfalt

Bereits seit etlichen Jahren existieren Anstrengungen, ökologische Theorien raumplanerisch zu operationalisieren. Wegweisend im deutschsprachigen Raum sind hier die noch im einzelnen vorzustellenden Arbeiten von HABER (1972 und 1979a / b) gewesen, der unter Rückgriff auf Überlegungen von ODUM (1969) eine "Theorie der differenzierten Bodennutzung" formuliert hat. Kernpunkt dieser wie auch der Arbeiten einer Reihe weiterer Autoren ist die auf Seiten der Landschaftsplanung gern und, wie man heute sagen muss, z.T. etwas zu unbesehen aufgenommene These der Abhängigkeit der Stabilität von Ökosystemen von deren ökologischer Vielfalt oder Diversität. HABER (1972, S. 295f.) schreibt dazu:

> "Aus dieser zwangsläufig summarischen Betrachtung ergibt sich, dass ein gesetzmässiger Zusammenhang zwischen der Vielfältigkeit (Diversität) der Ökosysteme und ihrer Stabilität bestehen muss, obwohl wir für diesen Zusammenhang noch keinen zwingenden, erst recht keinen quantitativen Beweis erbringen können. Nennenswerte Störungen treten aber immer nur in Ökosystemen auf, die sich entwicklungsmässig in einem primitiven Stadium befinden oder durch äussere Einwirkungen in einem solchen festgehalten werden."

Der Grund für die spontane Übernahmebereitschaft dieser These seitens der Landschaftsplanung ist m. E. nicht zuletzt in einer psychologischen Erklärung zu suchen. Der mit dem Landschaftswandel der letzten Jahrzehnte einhergehende Artenschwund hat längst bedenkliche Ausmasse angenommen. Das Phänomen "Artenrückgang" ist durch den "Normalbürger" in seiner Dramatik jedoch nicht unbedingt direkt erlebbar, da ihm in der Regel die dazu notwendigen Spezialkenntnisse fehlen. So kann eine Wiese noch als schön und wertvoll erlebt werden, auch wenn bereits aufgrund der Bewirtschaftung die aus Naturschutzsicht interessanten Arten verdrängt worden sind. Hier zeigt sich von der Erlebbarkeit her eine Parallele zum Phänomen des Waldsterbens. Während in der Fachwelt alarmierende Zahlen über dessen Fortschreiten genannt werden, erlebt der Spaziergänger rein visuell die meisten Wälder noch als völlig intakt. Hier wie bei der Artenvielfalt gibt es also eine Wahrnehmungsdiskrepanz zwischen dem Spezialisten und dem nicht ausgebildeten Betrachter, die zu unterschiedlichen Wertungen führt. Die Kopplung der Diversität an die Stabilität hat dabei eine stärkere Sensibilisierung in der Öffentlichkeit zur Folge, indem diese Kopplung zu der These führte, dass, wenn die Diversität weiterhin abnehmen würde, am Ende ein Ökosystemzusammenbruch grossen Ausmasses zu befüchten wäre, also nicht nur Arten verschwinden, sondern die schöne Kulturlandschaft sich in eine öde Agrarsteppe verwandeln würde.

Zum Teil haben die Diskussionen über theoretische Konzepte der Ökologie wie die Diversitäts-Stabilitäts-Hypothese auch ihren Niederschlag in gesetzlichen Grundlagen gefunden. So wird beispielsweise im § 1 des deutschen Bundesnaturschutzgesetzes gefordert, dass Vielfalt, Schönheit und Eigenart von Natur und Landschaft <u>nachhaltig</u> gesichert werden sollen.

Bekanntlich ist der Artenrückgang zwar weiter fortgeschritten und zwar ganz besonders auch aufgrund der Aktivitäten der Landwirtschaft (vgl. dazu SUKOPP 1981), der befürchtete Ökosystemzusammenbruch in der mitteleuropäischen Agrarlandschaft jedoch bisher ausgeblieben.

Der direkte kausale Zusammenhang zwischen der ökologischen Vielfalt und der Stabilität von Ökosystemen ist nicht haltbar, allerdings von den Autoren, auf deren Arbeiten er zurückgeführt wird, in der unterstellten einfachen Form auch nicht gemeint (vgl. z. B. HABER 1979b). Einwände beziehen sich insbesondere darauf, dass nicht alle einfachen Systeme a priori instabil sind. SEIBERT (1978, S. 335f.) führt mit Verweis auf ELLENBERG (1973a) aus, dass beispielsweise mit dem in Mitteleuropa weitverbreiteten Hainsimsen-Buchenwald ein Beispiel für eine bei ca. 8 - 12 Arten wenig vielfältige Pflanzengesellschaft gegeben ist, die dennoch nicht als instabil bezeichnet werden kann. Er stellt seinerseits fest, dass die Maturität eines Ökosystems, welche meist auch hohe Natürlichkeit bedeutet, ein viel wichtigeres Kriterium für die Stabilität darstellt als die Diversität. Auch äussert er die Vermutung, es könne sich möglicherweise eine gute Koinzidenz zwischen Diversität und Stabilität finden lassen, wenn man Pflanzengesellschaften gleichen Maturitäts- und Natürlichkeitsgrades untereinander vergleicht. Der Streit um den Zusammenhang von Diversität und Stabilität ist aber auch auf Missverständnisse bezüglich der Definitionen sowohl von Diversität wie auch Stabilität zurückzuführen. Dazu sind einige zentrale Schlüsselbegriffe kurz zu beleuchten.

Zunächst einmal müssen verschiedene Typen von Diversität unterschieden werden:
- α- oder Arten-Diversität
- β- oder strukturelle Diversität
- γ- oder Raum-Diversität

Lange hat sich die ökologische Forschung, wie HABER (1979b, S. 21) kritisiert, viel zu einseitig nur mit der Arten-Diversität befasst und versucht, diese mit Hilfe von Indices zu beschreiben. Eine Zusammenstellung solcher Indices findet sich z. B. bei BECHET (1976, S. 52ff.). HABER weist neben der strukturellen Diversität insbesondere der Raum-Diversität bezogen auf die ökologische Planung eine besondere Bedeutung zu. Diese charakterisiert das Gefüge oder Mosaik von Raumeinheiten in der Landschaft, die sich durch unterschiedliche abiotische wie biotische Gegebenheiten auszeichnen.

Auch der Begriff der Stabilität bedarf einer Differenzierung. HABER (1979b, S. 22) unterscheidet zwei Haupttypen von Stabilität:
"- Persistenz oder persistente Stabilität als ein über längere Zeiträume mehr oder minder unverändertes Existieren, das von Störungen kaum oder nicht beeinträchtigt wird...

- Resilienz oder elastische Stabilität als ein über längere Zeiträume mehr oder minder ungleichmässiges Existieren, dass viele verschiedene Zustände durchläuft, die oft nur kurzfristig andauern. Es lässt sich jedoch ein 'Normalzustand' erkennen, zu dem das System immer wieder hinstrebt und in dem es länger verharrt als in den übrigen Zuständen."

Man kann also nicht einfach von grösserer oder kleinerer Stabilität reden, sondern in erster Linie einmal von grundsätzlich verschiedener Ausprägung von Stabilität. Problematisch wird es dann, wenn Stabilität mit Belastbarkeit in Verbindung gebracht wird. Eigentlich belastbar sind, wie HABER (1978, S. 87) ausführt, nur die elastisch-stabilen Ökosysteme, die in der Regel weniger vielfältig sind als die persistenten. So "kann der tropische Regenwald nach einem starken Eingriff nicht oder nur unvollkommen, der boreale Nadelwald dagegen relativ vollständig wiedererstehen".

In unseren mitteleuropäischen Kulturökosystemen ist die Dynamik, der elastisch-stabile Ökosysteme unterliegen, allerdings gar nicht unbedingt erwünscht, es sei denn, man nützt diese Dynamik ganz gezielt für Produktionszwecke aus. Sowohl in den Nutzökosystemen wie in den naturnahen und halbnatürlichen Ökosystemen wird vielmehr "künstlich" Persistenz angestrebt; in den erstgenannten durch Bewirtschaftungsmassnahmen mit je nach Intensität der Bewirtschaftung unterschiedlich grossem Aufwand, in den zweitgenannten durch naturschützerische Pflegemassnahmen. Bei diesen steht eigentlich nicht die Stabilität im Vordergrund, sondern die Erhaltung eines bestimmten Arteninventars.

Doch kommen wir zurück zu der Frage, welche Bedeutung also im Hinblick auf landschaftsplanerische Konzepte die Diversitäts-Stabilitäts-Hypothese haben kann.

Bezogen auf den Betrachtungsmassstab der Nano-Ökosysteme gemäss der Klassifikation von ELLENBERG (1973b, S. 236f.) führen die Überlegungen zum Diversitäts-Stabilitäts-Zusammenhang nicht weiter. Für die Beurteilung des kulturlandschaftlichen Nutzungsmusters und im Hinblick auf Überlegungen zu dessen Stabilisierung ist aber die Ebene der Mikro-Ökosysteme oder auch der Meso-Ökosysteme viel relevanter. Von daher hat

HABER, wie bereits eingangs angedeutet, der Raum-Diversität bezogen auf die ökologische Planung eine besondere Bedeutung zugewiesen. SCHEMEL (1980, S. 40) greift diesen Gedanken auf und stellt klar, dass der Zusammenhang "Stabilität durch Vielfalt", wie ihn die Theorie der differenzierten Bodennutzung postuliert, immer in Bezug auf grossräumige Nutzungskomplexe, die als ökologische Systeme begriffen werden, aufgefasst werden muss. Ökologische Vielfalt darf dabei nicht als Garant ökologischer Stabilität überschätzt, sondern als stabilisierender Faktor gesehen werden.

Dies soll erreicht werden durch Risikoverteilung und Risikobegrenzung. Erwünscht ist ja in der Kulturlandschaft die Stabilisierung von Nutzökosystemen gegen katastrophale Einwirkungen. Diese aber wirken sich um so verheerender aus, je grössere Flächen gleichartig genutzt werden, je grösser also die Angriffsfläche für Einwirkungen ist.

SEIBERT (1978, S. 336) betont in diesem Zusammenhang, dass die Erhöhung der Raum-Diversität in der Kulturlandschaft durch eingestreute naturnahe Vegetationsstrukturen praktisch immer einhergeht mit einer Erhöhung des Maturitätsniveaus, welche letztlich für die Stabilitätserhöhung verantwortlich gemacht werden muss.

REICHHOLF (1978, S. 354) stellt aus faunistischer Sicht fest: "Wenn auch Artenreichtum an sich nicht mit Stabilität gleichzusetzen ist, so muss doch bei künstlicher Verringerung der Artenvielfalt - wie dies in den Kulturland-Ökosystemen häufig der Fall ist - eine Verminderung der Eigenstabilität der Systeme beobachtet werden."

Für eine Strategie der präventiven Risikobegrenzung spricht sich auch SCHMID (1980, S. 70) aus: "Sollte sich herausstellen, dass hohe Diversität in den Landschaftsstrukturen nicht den erhofften Beitrag zur Stabilität des landschaftlichen Gefüges leistet, so ist mit diesem Konzept zumindest die Zukunft nicht verbaut."

Ziel einer möglichst grossen Raum-Diversität ist aber nicht einzig die damit verbundene resp. unterstellte stabilisierende Wirkung, sondern auch das Gegensteuern gegen den ohnehin alarmierenden Verlust an Arten durch zunehmende Trivialisierung der Landschaft.

5.2. Ökologische Planung als Antwort auf eine Defizitsituation bei der Berücksichtigung ökologischer Sachverhalte in der Planung

Im Kontext der Operationalisierung ökologischer Theorien und Vorstellungen in der Raumplanung ist es notwendig, zunächst kurz auf den Begriff der ökologischen Planung und seine inhaltliche Füllung einzugehen, dies insbesondere, da dieser Begriff heute recht vielschichtig verwendet wird und eine inhaltliche Klärung schon von daher unumgänglich erscheint.

Der Begriff der ökologischen Planung ist nicht in der Schweiz entstanden. Er geht vielmehr zurück auf Arbeiten der Forschungsgruppe TRENT (1973) in der BRD und steht im Zusammenhang mit einer Neuorientierung der Landschaftsplanung. Noch in den sechziger Jahren und bis in den Beginn der siebziger Jahre hinein sah die Landschaftsplanung ihre Aufgabe in erster Linie im gestalterischen Bereich. Erst seit dieser Zeit wurden verstärkt ökologische Aspekte aufgegriffen. Zum einen begann man damit, ein Instrumentarium für die Erfassung und Bewertung von Umweltauswirkungen anderer Planungen zu entwickeln (ökologische Wirkungsanalyse). Zum anderen ging man dazu über, diese nicht als zwangsläufig gegeben anzusehen, also lediglich noch, pointiert ausgedrückt, "Grüntarnung" zu betreiben.

Als Beispiel für diesen grundlegenden Wandel in der Auffassung des eigenen Aufgabenfeldes können die jeweiligen Kapitel über das Verhältnis von Landschaftsplanung und Verkehrsplanung in den zwei Generationen des grossen landschaftsplanerischen Standardwerks "Handbuch für Landschaftspflege und Naturschutz" (BUCHWALD & ENGELHARDT 1968/69) resp. "Handbuch für Planung, Gestaltung und Schutz der Umwelt" (BUCHWALD & ENGELHARDT 1978/80) erwähnt werden.

In dem erstgenannten Werk wird das Problem weitgehend reduziert auf landschaftsgestalterische Aspekte der Einbindung von Strassenbauten in die Landschaft behandelt (ROEMER 1969).

In der zweitgenannten, jüngeren Version wird es dagegen sehr viel breiter und grundsätzlicher angefasst und die Aufgabe der Landschaftsplanung nicht nur im gestalterischen Bereich angesiedelt, sondern auch die ganze Problematik der Erfassung, Bewertung und Minimierung negativer Umweltwirkungen von Strassen miteinbezogen. Dementsprechend ist auch die Rede von "ökologischer Verkehrsqualität" (OETTLE 1978) und von "Verfahren zur ökologischen Risikoeinschätzung von Strassen" (KRAUSE 1980).

Die Forschungsgruppe TRENT, welche zu Beginn der siebziger Jahre im Auftrag des deutschen Bundesministeriums für Ernährung, Landwirtschaft und Forsten "typologische Untersuchungen zur rationellen Vorbereitung umfassender Landschaftsplanungen" durchführte, postulierte die Notwendigkeit einer Konzeptänderung für die Landschaftsplanung wie folgt (FORSCHUNGSGRUPPE TRENT 1973, S. 29):

> "Aus der Kritik an der bisherigen Planungspraxis lässt sich ableiten, dass die Landschaftsplanung eines verbesserten Instrumentariums bedarf, um vor dem Hintergrund der Erfordernisse des Schutzes, der Pflege und der Entwicklung natürlicher Grundlagen eine Entscheidungshilfe bei Nutzungsverteilungen, der Intensivierung von Nutzungen und Nutzungskonflikten erarbeiten zu können. Dieses Instrumentarium wird als 'ökologische Planung' zu bezeichnen sein, diese setzt sich nicht mit der pfleglichen Nutzung natürlicher Ressourcen auseinander (weil dies schwergewichtige Zielsetzung fachspezifischer Disziplinen wie z. B. der Land-, Forst- und Wasserwirtschaft ist), sondern beurteilt die Konsequenzen von Nutzungsansprüchen aufgrund der Auswirkungen auf natürliche Grundlagen (Wirkungsanalyse)"

Wenn auch der Begriff der ökologischen Planung seither zunächst in Deutschland, seit einigen Jahren aber auch in der Schweiz eine weite Verbreitung gefunden hat, führte dies noch zu keinem Konsens bezüglich Inhalt, Aufgaben und Methoden. Zahlreiche Publikationen zeugen von einer regen Diskussion um diese Fragen (vgl. z. B. BIERHALS, KIEMSTEDT & SCHARPF 1974; LANGER 1974; HABER 1979; KIEMSTEDT 1980; PIETSCH 1981; ALBERT 1982; TRACHSLER & KIAS 1982; SCMMID & JACSMAN 1985; FÜRST 1986).

Von PIETSCH (1981, S. 22ff.) stammt der Versuch, die bisherigen Diskussionsansätze zum Begriff der "ökologischen Planung" in vier Kategorien zu strukturieren:
- <u>Ökologische Planung als "Verfahrensvorschlag"</u>:
  Gemeint sind hiermit Methoden, die es ermöglichen sollen, die Auswirkungen eines Nutzungsanspruches auf den Naturhaushalt und die damit allenfalls verbundenen Auswirkun-

gen auf andere Nutzungsansprüche festzustellen und zu bewerten. Solche Methoden sind in der Literatur bekannt als "ökologische Verträglichkeitsprüfung", "ökologische Wirkungsanalyse", "ökologische Risikoanalyse", "ökologische Wertanalyse" etc. PIETSCH räumt zwar ein, dass diese Methoden generell als Fortschritt bei der Berücksichtigung des Verhältnisses Gesellschaft - Natur in der räumlichen Planung zu sehen sind. Gleichzeitig aber betont er, dass die Reduktion der ökologischen Planung auf die Verwendung solcher Methoden sich den Vorwurf der "technokratischen Verkürzung" gefallen lassen muss, zumal dabei häufig die Tendenz festzustellen ist, Inhalte des technischen Umweltschutzes in den Vordergrund zu stellen.

- <u>Ökologische Planung als institutionalisierte, querschnittsorientierte, teilintegrierende Planung:</u>
Ein Vertreter dieser begrifflichen Sicht ist BUCHWALD (1980, S. 9). Er versteht unter ökologischer Planung den "ökologisch strukturellen Beitrag zu Gesamt- und Fachplanungen mit dem landespflegerischen Ziele der Sicherung und Entwicklung optimaler und nachhaltiger Leistungen der Naturausstattung von Landschaftsräumen für die Gesellschaft (Oberziel)". BUCHWALD sieht eine derartige ökologische Planung als Aufgabenbereich der Landschaftsplanung. Sie soll sich auf die im ersten Ansatz genannten Methoden resp. Verfahren stützen und unter ökologischen Gesichtspunkten die Auswirkungen überprüfen, die von Ansprüchen der einzelnen Fachplanungen an den Raum ausgehen. Da jedoch die von LANGER (1974, S. 4) ausgesprochene Forderung einer Auseinandersetzung mit den wissenschaftstheoretischen Grundlagen einer ökologischen Planung als unabdingbare Voraussetzung zu ihrer Entwicklung noch kaum eingelöst ist und ihre Institutionalisierung im von BUCHWALD geforderten Sinne weitgehend nicht realisiert ist, reduziert sich nach Meinung PIETSCH's dieser Ansatz trotz umfassender Definition meistens wieder auf einen Verfahrensvorschlag. Im Prinzip ist auch diese Sicht ökologischer Planung vorwiegend reagierender Natur.

- Ökologische Planung als strategisches Konzept zur Nutzungsdifferenzierung:
  Dieser Ansatz zielt darauf ab, bioökologische Erkenntnisse und Hypothesen über Raumordnungskonzepte in die räumliche Planung einzubringen. Als Schritt in die Richtung eines solchen ökologisch begründeten Raumordnungskonzeptes kann die von HABER entwickelte "Strategie der differenzierten Bodennutzung" aufgefasst werden, die inzwischen auch von anderen Autoren ergänzt und weiterentwickelt wurde (siehe Kap. 5.3). Kritisiert wird bei dieser Strategie allerdings, wie PIETSCH (1981, S. 11) ausführt, ihre Befangenheit in bioökologischem Denken, durch die wesentliche ökologische Probleme wie Ver- und Entsorgungsfragen oder Schadstoffbelastungen nicht angesprochen werden. Zum anderen wird sie typologisch der realen Komplexität der Raumnutzung nicht gerecht.

- Ökologische Planung als Summe bioökologisch orientierter Sachplanungen:
  Gemeint sind hier Sachplanungen wie Naturschutz, Agrarplanung etc. Dieser Ansatz ist in der Praxis am weitesten realisiert, allerdings wird aus den vorherigen Ausführungen klar, dass eine solche rein additive Subsummierung der Komplexität des Begriffes "ökologische Planung" nicht gerecht wird und auch an den Absichten der Wortschöpfer sicher vorbeigeht.

Wenn man diese Differenzierung der heutigen Begriffsverwendung noch weiter zusammenfassen will, so könnte man dies wie folgt tun:
- Ökologische Planung als Fachbeitrag ökologisch arbeitender Disziplinen zur Planung;
- Ökologische Planung als Konzept zur integrierenden Betrachtung des Planungsgegenstandes unter schwerpunktmässigem Einbezug ökologischer Determinanten. Hier kann unterschieden werden zwischen einer ökologischen Planung im reagierenden Sinne (sie untersucht die Auswirkungen

von Nutzungsansprüchen auf den Naturhaushalt und allenfalls damit verbundene Auswirkungen auf andere Nutzungsansprüche) sowie einer ökologischen Planung im vorausschauenden, konzeptionellen Sinne (sie befasst sich mit der Flächenzuweisung künftiger Nutzungen unter frühzeitiger Berücksichtigung ökologischer Gesichtpunkte).

5.3. Die Theorie der differenzierten Bodennutzung

Ökologische Orientierung der Raumplanung bedeutet, wie BUCHWALD (1980, S. 8f.) ausführt, die Einfügung einer ökologischen Komponente ins Zielsystem der Raumplanung. Die Aufgabe der Raumplanung besteht in der Erfüllung der gesellschaftlichen Grunddaseinsfunktionen im ökologisch und strukturell vorgegebenen und begrenzt verfügbaren Raum, wobei die Minimierung von Nutzungskonflikten einen wesentlichen Gesichtspunkt darstellt. Aus ökologischer Sicht setzt sich der "Raum" aus Komplexen von Ökosystemen zusammen. Grundlage auch einer ökonomisch orientierten Raumordnung sind also Ökosysteme als Produktions- und Nutzungseinheiten. Nutzung jedoch ist immer verbunden mit dem Ersatz ökosystemarer Selbststeuerungskräfte durch künstliche Steuerung.

Einen Versuch, Erkenntnisse der Ökosystemforschung in diesem Zusammenhang für eine ökologisch orientierte Flächennutzung und Raumordnung aufzubereiten, stellt die von HABER (1972 und 1979) basierend auf Arbeiten von ODUM (1969) entwickelte Theorie der differenzierten Bodennutzung dar. SCHEMEL (1976 und 1980) und KAULE (1978 und 1979) haben diese grundlegenden Vorstellungen aufgegriffen und weiterentwickelt.

HABER geht davon aus, dass ein vollständiger Ersatz der Selbststeuerung von Ökosystemen durch technische Steuerung nicht möglich ist, da die Komplexität dieser Systeme viel zu gross und zudem noch lange nicht vollumfänglich erfasst ist. Die häufig verharmlosend als "Zwischenfälle" deklarierten Umweltkatastrophen der letzten Jahre belegen dies auf tragisch-eindrückliche Weise. Ziel einer ökologisch orientierten Raumnutzung muss es demnach sein, die Selbststeuerungskräfte der Ökosysteme soweit möglich in die Konzeption der Nutzung des Raumes durch den Menschen einzubeziehen, dies auch aus langfristig ökonomischen Überlegungen heraus. Ein Aspekt dabei ist die Anordnung von Nutzungen im Raum in einer Art und Weise, die diesem Ziel entgegen kommt.

Kernpunkt der Theorie der differenzierten Bodennutzung ist der Gedanke, dass, wie die Landschaftsgeschichte zeigt, einseitige Nutzungen in den meisten Fällen Landschaftsbelastungen nach sich ziehen. Ein vielfältig strukturiertes Nutzungsmuster übt dagegen, wenn es auch nicht als Garant für ökologische Stabilität aufgefasst werden kann, doch einen stabilisierenden Einfluss auf die langfristige ökologische Funktionsfähigkeit eines kulturlandschaftlichen Nutzungskomplexes aus. Am Beispiel der landwirtschaftlichen Produktion versucht KAULE (1978, S. 692) dies zu illustrieren (Abb. 6).

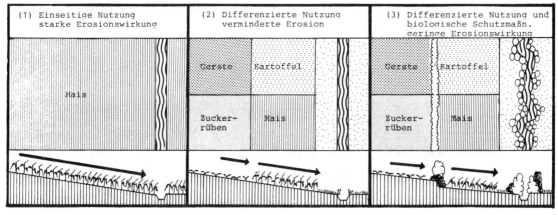

Abb. 6: Ausgleichsflächen und Stabilisierung durch Nutzungsvielfalt in der Landwirtschaft (aus: KAULE 1978, S. 692)

Die Theorie der differenzierten Bodennutzung unterscheidet vier Grundtypen von Schwerpunktnutzungen:

- **Typ der urban-industriellen Nutzung (Urbaner Schwerpunkt):**
Dieser stellt ein abiotisches, künstliches Ökosystem dar, in dem natürliche Ressourcen vorwiegend verbraucht und

nicht erzeugt werden. Die natürlichen Selbststeuerungsmechanismen sind weitgehend durch künstliche Steuerung ersetzt. In der Regel gehen von Flächen dieses Typs hohe Belastungen auf Nachbarräume aus.

- <u>Typ der intensiven agrarisch-forstlichen Bodennutzung (Erzeugungsschwerpunkt):</u>
Dieser fasst die Agrarökosysteme der Felder, Wiesen und Weiden sowie Forsten zusammen. Im Gegensatz zum urban-industriellen Typ herrschen zwar lebende organische Strukturelemente vor, jedoch ohne die Fähigkeit der Selbstregulation. Vielmehr werden diese Ökosysteme mit künstlichen Steuerungsmitteln zur Erreichung einer möglichst hohen Produktivität in einem unreifen Stadium gehalten. Das Nutzungsmuster ist geprägt durch scharfe Grenzen und eine grossflächige monokulturelle Rasterstruktur. Die Nutzung gemäss diesem Typ ist verbunden mit hohen Mineraldünger- und Pestizidgaben, Massentierhaltung etc., wodurch der so genutzte Raum wie auch Nachbarräume erheblich belastet werden können.

- <u>Typ der nur gelegentlichen oder fehlenden Nutzung (Erhaltungsschwerpunkt):</u>
Dieser umfasst Bereiche, deren Beeinflussung durch den Menschen gering ist, die Entwicklung der Ökosysteme also vorwiegend von natürlichen Wirkungskräften abhängt. Von Flächen dieses Typs gehen keine nennenswerten Belastungen auf benachbarte Ökosysteme aus. Ihnen werden ausgleichende Wirkungen im kulturlandschaftlichen Nutzungsmuster zugeschrieben, weshalb sie auch als "ökologische Zellen", "ökologische Ausgleichsräume" oder "Regenerationszonen" bezeichnet werden.

- <u>Typ der extensiven, überlagernden Nutzung (Mischnutzungsschwerpunkt):</u>
Hierbei handelt es sich um einen Mischtyp aus den beiden vorgenannten Typen. Agrarische Produktion meist weniger intensiver Art steht in engem räumlichen Bezug zu natur-

betonten Flächen. Er entspricht damit in etwa dem Begriff der "traditionellen bäuerlichen Kulturlandschaft".

Abb. 7 zeigt schematisch die angesprochenen Ökosystemtypen und deren Beziehungen zueinander.

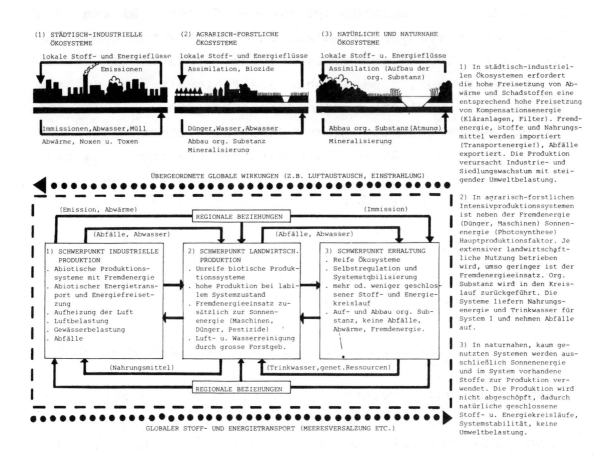

Abb. 7: Schematische Darstellung von Ökosystemtypen der Kulturlandschaft (aus: KAULE 1978, S. 693)

Die Theorie der differenzierten Bodennutzung postuliert einerseits eine räumliche Zuordnung der Nutzungsschwerpunkttypen "urban-industrieller Typ", "agrarisch-forstlicher Produktionstyp" und "Erhaltungs- und Naturschutztyp" nach ökologischen Kriterien, mit flächenmässiger Beschränkung der belasteten resp. belastenden Schwerpunkttypen sowie Sicherung von gross genug bemessenen Flächen für den Erhaltungstyp. Andererseits beinhaltet die Theorie auch das Konzept der inneren "Differenzierung", die einer grossflächigen Monostruktur entgegenwirkt. Ziel ist die Vermeidung von Überlastungen sowie auch die Blockierung der immer stärkeren Nivellierung der "Unterschiedlichkeit im Raum", die im ländlichen Raum zu einem typischen nährstoffreichen und mittelfeuchten Durchschnittsstandort führt und damit immer weniger Nischen für spezialisierte Arten lässt.

5.4. Das Konzept der Naturpotentiale

Zentrale Anstösse zur Verbreitung des Potentialbegriffs in der angewandten Geographie und der Raum- resp. Landschaftsplanung im Zusammenhang mit der Kennzeichnung der Leistungsfähigkeit des Naturraumes stammen von NEEF (1966), wenn auch dieser Begriff bereits 1949 von BOBECK & SCHMITHÜSEN in die Geographie eingeführt wurde. Ausgangspunkt der Überlegungen von NEEF ist die Zielvorstellung, die Anforderungen der menschlichen Gesellschaft an die Nutzung des Naturraumes und dessen Leistungsvermögen auf einen gemeinsamen Nenner zu bringen. Das Naturpotential steht damit an der Nahtstelle zwischen den Aufgaben der Naturwissenschaften und denen der Gesellschaftswissenschaften. NEEF spricht von einem "geotechnischen Metabolismus", der als ein Phänomen des Stoff- und Energieaustausches betrachtet werden muss.

In der Definition des allgemeinen Potentials eines Naturraumes steht demgemäss die Masseinheit "Energie" im Zentrum, auf die alle Wechselwirkungen zwischen Naturraum und gesellschaftlicher Nutzung resp. Aktivität bezogen werden (HAASE 1978, S. 118):

"$P = R + G + B + K$

Darin sind:

P : das allgemeine Potential eines Naturraumes,

R : die ständige Energieaufnahme eines Gebietes durch Sonnenstrahlung,

G : die potentielle Energie der in verschiedenen Höhenniveaus an der Erdoberfläche gelegenen Substanz, die den Gravitationsgesetzen unterliegt,

B : die in der Substanz des Naturraums durch kosmische, geologische, biologische und pedologische Prozesse gespeicherte (latente) Energie,

K : die Aufnahme von Energie, die dem Arbeitsprozess entstammt und in materiellen Objekten der Landschaft installiert ist oder in Veränderungen bestehender Systeme wirksam wird und laufend neu zugeführt werden muss, wenn technisch gestaltete Naturprozesse oder Naturräume stabil gehalten werden sollen."

HAASE bezeichnet diese Definition als zugleich einfachste wie komplexeste Formulierung des Naturpotentials.

So grundlegend die Überlegungen von NEEF für die wissenschaftliche Diskussion um das Naturpotential auch waren, so wenig sind sie für sich allein genommen operabel für eine planungspraktische Umsetzung und Anwendung. Es bedurfte erst weiterer Arbeiten, die diese Ideen aufgriffen und weiterentwickelten.

HAASE (1978) rückte von der Energiebetrachtung als zentralem Element ab und stellte stärker die Eigenschaften des Naturraumes in den Vordergrund. Um den Potentialbegiff handhabbarer zu machen, unterscheidet er eine Reihe von partiellen Naturpotentialen, die zusammengenommen das allgemeine Naturpotential repräsentieren:
  - Biotisches Ertragspotential
  - Wasserpotential
  - Entsorgungspotential
  - Biotisches Regulationspotential
  - Rohstoffpotential
  - Bebauungspotential
  - Rekreationspotential

SCHREIBER (1976, S. 259) betont stärker die ökosystemare Betrachtung und spricht daher vom "ökologischen Potential" als Gesamtheit der Leistungsfähigkeit und Möglichkeit zur Funktionserfüllung von Ökosystemen innerhalb der Grenzen der Belastbarkeit.

Ein hauptsächlich an Eignungsüberlegungen orientierter Vorschlag zur Operationalisierung des Potentialgedankens stammt von BIERHALS (1978 und 1980). Die Ausrichtung erfolgt dabei nicht mehr am reinen Ziel der Erfassung der Leistungsfähigkeit des Naturhaushaltes als solcher, sondern direkt an den Zielen der Landschaftsplanung, wie sie sich aus den einschlägigen gesetzlichen Grundlagen ableiten lassen. Das deutsche Bundesnaturschutzgesetz etwa, das BIERHALS in diesem Zusammenhang als Beispiel zitiert, fordert in § 1:

> "Natur und Landschaft sind im besiedelten und unbesiedelten Bereich so zu schützen, zu pflegen und zu entwickeln, dass
> 1. die Leistungsfähigkeit des Naturhaushalts,
> 2. die Nutzungsfähigkeit der Naturgüter,
> 3. die Pflanzen- und Tierwelt sowie
> 4. die Vielfalt, Eigenart und Schönheit von Natur und Landschaft als Lebensgrundlage des Menschen und als Voraussetzung für seine Erholung in Natur und Landschaft nachhaltig gesichert sind."

BIERHALS (1978, S. 4) unterscheidet in Anlehnung an JÄGER & HRABOWSKI (1976, S. 29) folgende Naturraumpotentiale:

- Naturschutzpotential / biotisches Regenerationspotential
- Klimatisches Regenerationspotential
- Biotisches Ertragspotential
- Wasserdargebotspotential
- Rohstoffpotential
- Erholungspotential
- Entsorgungspotential
- Bebauungspotential

Aufgrund des hohen zeitlichen und finanziellen Aufwandes für die Erfassung stellt BIERHALS (1980, S. 84) kritisch die Frage in den Raum, welche der Potentiale vordringlich zu erfassen seien und ob dies für alle Potentiale flächendeckend geschehen müsse. In der Praxis führte der Ansatz von BIERHALS zu einer Einengung, bei der das Ergebnis von Potentialausweisungen sich kaum von altbekannten Eignungskartierungen unterscheidet. SCHMID & JACSMAN (1987, S. 97) machen daher den Vorschlag, der Begriff Natur(raum)potential solle "nur in der ursprünglichen Bedeutung des Wortes verwendet werden, also im Sinne des Leistungsvermögens des Naturhaushaltes." Andernfalls bestünde die Gefahr, dass er zu einem Modewort mit entleertem Inhalt herabsinken könnte.

Im Zusammenhang mit der Fragestellung der vorliegenden Arbeit steht das von HAASE (1978, S. 120) als "biotisches Regulationspotential" bezeichnete partielle Naturpotential im Zentrum. Er definiert dieses als das

> "Vermögen eines Naturraumes zur Aufrechterhaltung und Steuerung oder auch zur Wiederherstellung der Lebensprozesse,

der biotischen Diversität und Komplexität sowie der Stabilität der Ökosysteme ..., wofür insbesondere in naturnahen und besonders geschützten Bereichen ... das für die weitere Entwicklung organischen Lebens entsprechende genetische Material zur Verfügung gehalten wird."

Kürzer formuliert könnte man das biotische Regulationspotential also als die Leistungsfähigkeit des Naturhaushaltes hinsichtlich der Regenerationsfunktion für die Tier- und Pflanzenwelt bezeichnen. Damit gilt grundsätzlich die folgende Feststellung: Eine Fläche ist um so höher zu bewerten, je eher zu erwarten ist, dass sie als Standort / Rückzugsort für die Tier- und Pflanzenwelt geeignet resp. von Bedeutung ist.

5.5. Das Konzept ökologischer Vorranggebiete

In einem engen Zusammenhang mit dem Konzept der Naturpotentiale ist das Konzept ökologischer Vorranggebiete zu sehen. Dieses wurde entwickelt aus dem in der Raumplanung seit Beginn der siebziger Jahre intensiv diskutierten Ansatz von Vorrangkonzeptionen (vgl. z. B. AFFELD 1972). Es geht zurück auf sozioökonomische Überlegungen zur räumlich-funktionalen Arbeitsteilung, in die in der Folge auch ökologische Aspekte einbezogen wurden.

BRÖSSE (1981, S. 19) definiert Vorranggebiete wie folgt: "Ein Vorranggebiet ist ein Gebiet, das vorrangig einer Nutzung vorbehalten ist und das andere Nutzungsmöglichkeiten nur dann erlaubt, wenn dadurch die Vorrangfunktion nicht beeinträchtigt wird." Vorrangkonzepte sind also als Steuerungsinstrumente der Raumplanung anzusehen.

Als ökologisch relevante Funktionszuweisungen an Vorranggebiete sieht VORHOLZ (1984, S. 115) Erholung, Klimaschutz, Wasserversorgung sowie Natur- und Landschaftsschutz, wobei er Räume, denen mehrere dieser Funktionen zugewiesen werden, im Sinne eines Oberbegriffes als "ökologische Vorranggebiete" bezeichnet wissen will. In diesem Zusammenhang kommt auch der Begriff des "ökologischen Ausgleichs" ins Spiel, der aktiv oder passiv von diesen Räumen erbracht werden soll (vgl. hierzu auch FINKE 1978 und SCHMID 1980, die sich kritisch mit dieser Problematik auseinandersetzen).

Während, wie GEYER (1987, S. 234ff.) ausführt, die Natur-(raum)potentiale zunächst lediglich als bewertende Erfassung der ökologischen Leistungen des Naturhaushaltes aufzufassen sind, stellt das Konzept der ökologischen Vorranggebiete deren planerische Umsetzung dar. Er illustriert diesen Zusammenhang folgendermassen: Nach Festlegung der Inhaltskategorien eines Vorrangkonzeptes (Definition der Planelemente) erfolgt die Erfassung der relevanten Naturpotentiale als wesentliche Grundlageninformationen. Diesem Schritt kommt eine besondere Bedeutung zu, da die Qualität von Vorrangkonzeptionen wesentlich von den jeweilig verfügbaren Datengrundlagen abhängig ist. Zwischen die Erfassung der sich teilweise überlagernden Naturpotentiale und die eigentliche Vorrangausweisung schiebt sich ein Komplex der planerischen Informationsfilterung und Abwägung, der mit den Stichworten Koordination von Raumansprüchen, Ableitung von Freiraumfunktionen und Lösung von Freiraumkonflikten umrissen werden kann (Abb. 8).

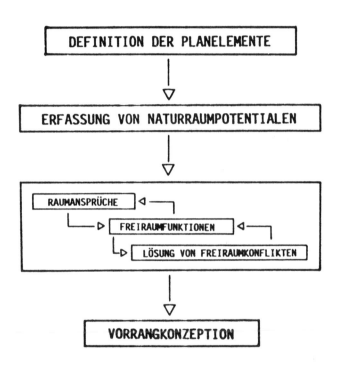

Abb. 8: Verfahrensablauf zur Entwicklung von Vorrangkonzeptionen (aus: GEYER 1987, S. 234)

5.6. Das Konzept der Hemerobiestufen

Zur Messung des Grades menschlichen Einflusses auf Ökosysteme wurde von JALAS (1955) das Konzept der Hemerobiestufen formuliert. Invers betrachtet stellt dies ein Mass für den Grad der Naturnähe dar. SUKOPP (1969) diskutiert und vergleicht die Klassierungssysteme verschiedener Autoren (siehe Tab. 4) und merkt an, dass die Hemerobiestufenskala von JALAS für den internationalen Gebrauch am besten geeignet erscheint.

Tab. 4: Übersicht über die Klassierung des menschlichen Einflusses nach verschiedenen Autoren (aus: SUKOPP 1969, S. 363)

	JALAS (1953,1955)	HORNSTEIN (1950)	ELLENBERG (1963)	WESTHOFF (1949, 1951, 1965)	FALINSKI (1966)
kultur-betont	---	euhemerob	künstlich	künstlich	Kulturlandschaft	pansynanthrop
			naturfremd	naturfremd		eusynanthrop
		mesohemerob	naturfern	naturfern	halbnat. Landschaft	metasynanthrop
	---			bedingt naturfern		polysynanthrop
natur-betont	---	oligohemerob	naturnah	bedingt naturnah	"scheinbar natürl." Landschaft	protosynanthop
				naturnah		präsynanthrop
		ahemerob	natürlich (beeinflusst)	natürlich	natürl. Landschaft	---
	---		natürlich (nicht beeinf.)	unberührt		

Die von JALAS vorgegebene 4-stufige Skala ist bei BLUME und SUKOPP (1976) weiter differenziert und ergänzt worden:

- ahemerob   natur-
- oligohemerob   betont

- mesohemerob   kultur-
- β-euhemerob   betont
- α-euhemerob

- polyhemerob   völlig
- metahemerob   verändert (überbaut etc.)

Tab. 5: Abstufungen verschiedener Landnutzungsformen nach dem Grad des Kultureinflusses auf Ökosysteme (aus: BLUME & SUKOPP 1976)

Hemerobie-stufe	Ökosysteme	anthropogene Einwirkungen	Veränderungen von Vegetation und Flora — Vegetation	Anteil von Neophyten am Artenbestand von Flora*)	Anteil von Therophyten von Gefäßpflanzen	Beeinflussung bodenbildender Prozesse	Bodenveränderungen Standortsveränderungen Veränderung edaphischer Eigenschaften	Zeiger Veränderungen diagnostischer Merkmale gegenüber Naturböden
1	2	3	4	5	6	7	8	9
ahemerob	Fels- und Moor- sowie Tundrenregionen in manchen Teilen Europas, in Mitteleuropa nur Teile des Hochgebirges	nicht vorhanden	Wasser-, Moor- und Felsvegetation in manchen Teilen Europas, in Mitteleuropa nur Teile der Hochgebirgsvegetation	0 %		nicht vorhanden	nicht vorhanden	nicht vorhanden
oligohemerob	schwach durchforstete oder schwach beweidete Wälder, anwachsende Dünen, wachsende Flach- und Hochmoore	geringe Holznutzung, Beweidung, Luft- (z. B. SO_2) und Gewässerimmissionen (z. B. Auenüberflutung mit eutrophiertem Wasser)	schwach durchforstete oder schwach beweidete Wälder, Salzwiesen, anwachsende Dünen, wachsende Hoch- und Flachmoore, einige Wasserüberflutung mit eutrophiertem Wasser)	< 5 %	< 20 %	Streuabbau, Versauerung oder Alkalisierung	geringfügige Veränderung des Nährstoffangebotes	Humusform; Cl-, SO_4-Anstieg in der Bodenlösung
mesohemerob	Forsten standortsfremder Arten; Heiden; Trocken- und Magerrasen; Landschaftsparke (extensive Wiesen und Weiden)	Rodung und seltener Umbruch bzw. Kahlschlag, Streunutzung und Plaggenhieb, gelegentlich schwache Düngung	Vegetationsbild vom Menschen beeinflußt	5–12 %		Zersetzung und Humifizierung, z.T. Podsolierung oder Pseudovergleyung	geringfügige Veränderung des Nährstoffangebotes, des Wasser- oder Sauerstoffangebotes	Humusform dystropher eutropher
euhemerob β	Intensivweiden und -forsten Zierrasen	Düngung, Kalkung, Biocideinsatz, leichte Grabenentwässerung	zahlreiche, meist ausdauernde Ruderalgesellschaften, Acker- und Gartenunkrautfluren, Zierrasen, Forsten aus florenund standortfremden Arten	13–17 %	21–30 %	Zersetzung, Humifizierung u. Aggregierung verstärkt; Versauerung, Podsolierung, Vergleyung verminert	erhöhtes Nährstoffangebot bei pH-veränderter Verfügbarkeit der Nährstoffreserven; verändertes Wasser- oder O_2-Angebot	kein O-Horizont, pH-Anstieg
euhemerob α	Ackerfluren	Planieren, stetiger Umbruch, mäßige Mineraldüngung		18–22 %	30–40 %	wie darüber; dazu flachgründige Turbation, Erosion	wie darüber; dazu gründige Veränderung der Durchwurzelbarkeit im Oberboden	Ap-Horizont, pH-Anstieg
euhemerob α	Sonderkulturen (z. B. Obst, Wein, Zierrasen) oder Ackerfruchtfolgen mit stark selektierter Unkrautflora	Tiefumbruch (bzw. Rigolen), dauerhafte und tiefgreifende Entwässerung (und/oder intensive Bewässerung); Intensivdüngung und Biocideinsatz	konkurrenzarme Pionierbiozönosen, z. B. viele kurzlebige Ruderalgesellschaften			wie darüber; dazu tiefgründige Turbation, Erosion, Umlagerungen	stark erhöhte(r) Angebot (u. Austrag) von Nährstoffen bei verminderter Verfügbarkeit redoxabhängiger Verfügbarkeit; erhöhte Durchwurzelbarkeit des Unterbodens; erhöhtes O_2-Angebot oder Wasserangebot	Bildung von Kultosolen mit humosem, homogenem Oberboden > 30 bis 90 cm; pH-Anstieg
euhemerob α	Rieselfelder	Adaptieren; starke Bewässerung mit Abwässern				Hydromorphierung, Humusakkumulation, Gefügezerfall	stark erhöhte(r) Angebot (u. Austrag) von Wasser u. Nährstoffen bei verminderter Durchlüftung	Rostflecken, V_{Xe}-Anstieg
polyhemerob	Abfalldeponien, Abraumhalden, Trümmerschuttflächen	einmalige Vernichtung der Biozönose bei gleichzeitiger Bedeckung des Biotops mit Fremdmaterial		> 23 %	> 40 %	(Teil)fossilisierung bei Sedimentzufuhr	Veränderung aller Standortseigenschaften	überschichtet mit anthropogenem Gestein
polyhemerob	teilbebaute Flächen (z. B. gepflasterte Wege, geschotterte Gleisanlagen)	Biozönose stark desimiert; Biotop anhaltend stark verändert				Streuabbau u. Bioturbation stark vermindert	verminderte Durchwurzelbarkeit und Durchlüftung	fehlender O- und Ah-Horizont
metahemerob	vergiftete Ökosysteme	Biozönose vernichtet	vergiftete oder mit Bioziden behandelte Ökosysteme; intakte Gebäude und deren Innenräume	—	—	starker Rückgang biogener Vorgänge (Zersetzung, Humifizierung, Bioturbation)	Schadstoffdominanz	stark verminderte bis fehlende CO_2-Entbindung
metahemerob	vollständig bebaute Ökosysteme (z. B. Gebäude, Teerdecken)	Biozönose vernichtet					fehlender Wurzelraum	

*) Grenzwerte gültig für Berlin

Ursprünglich wurde das Konzept der Hemerobiestufen für die Betrachtung von Pflanzengesellschaften, also für die Verwendung in grossen Massstäben entwickelt. BLUME & SUKOPP (1976) gehen jedoch von der Definition aus, dass Hemerobie die Gesamtheit aller Wirkungen bezeichnet, die bei beabsichtigten und nicht beabsichtigten Eingriffen des Menschen in Ökosysteme stattfinden. Aus diesen Wirkungen auf den jeweiligen Standort mit seinen Organismen ergibt sich der Hemerobiegrad des Ökosystems. Demgemäss haben sie versucht, beruhend auf Untersuchungen in Berlin, für verschiedene Parameter eine Abgrenzung der Hemerobiestufen zu skizzieren und dabei nicht nur die Vegetation, sondern auch die Bodenverhältnisse miteinzubeziehen (Tab. 5). Eine ausführliche Auseinandersetzung mit den Möglichkeiten der Anwendung des Hemerobiekonzeptes auf Ökosysteme einer Grossstadt stammt von KUNICK (1974). Darin zeigt er auch, dass es möglich ist, von der Hemerobie städtischer Standorte und Flächennutzungskomplexe zu sprechen.

Weitere Autoren haben in den letzten Jahren das Konzept der Hemerobie in planerischen Massstäben angewendet und damit ganze Nutzungmuster charakterisiert und beurteilt.

BORNKAMM (1980) beschreibt Möglichkeiten der landschaftsplanerischen Anwendung und stellt insbesondere ein Beispiel zur Charakterisierung von Stadtteiltypen mit Hilfe des Hemerobiestufenkonzepts vor.

LUDER (1980) benutzt in seiner Arbeit über das ökologische Ausgleichspotential der Landschaft die Hemerobiestufen als Indikator für das Potential von Flächen, ökologische Ausgleichsleistungen zu erbringen. Er stellt damit ein Beispiel für die Anwendung im regionalplanerischen Massstab vor.

Von PEPER, ROHNER & WINKELBRANDT (1985) wurde eine Studie erarbeitet, die Grundlagen für die Beurteilung der Bedarfsplanung für Fernstrassen aus der Sicht des Naturschutzes liefern soll. Statt sich auf die Beurteilung ausgewählter, speziell schutzwürdiger Biotope zu beschränken, wird in dieser Studie ein Weg zur flächendeckenden Betrachtung gewählt. Auch hier wird der Grad der Naturnähe als wesentlicher Indikator verwendet, zu dessen Messung das Konzept der Hemerobiestufen eingesetzt wird. Die Erhebung im Massstab 1 : 50'000 erfolgte durch Luftbildinterpretation sowie stichprobenartige Überprüfung im Gelände. Aufgrund des verwendeten Arbeitsmassstabes war eine Generalisierung notwendig, was die Bearbeiter veranlasste, Flächen von weniger als 10 ha zu vernachlässigen. Es wurde versucht, den dadurch bedingten Informationsverlust bis zu einem gewissen Grad durch die parallele Kartierung der Bereiche hoher Strukturdichte und -vielfalt zu kompensieren.

Ein Ansatz, der versucht Naturschutzwürdigkeit flächendeckend zu betrachten und zu bewerten, wurde von WIESMANN (1987) vorgestellt. Es handelt sich dabei um einen Beitrag aus dem MAB-Projekt Grindelwald. Dort war für 5600 sog. Einheitsflächen, d. h. Flächen mit relativ homogener natur- und kulturräumlicher Charakteristik das Vorkommen von 500 Pflanzengesellschaften sowie 96 Schmetterlings- und 33 Vogelarten kartiert worden. Über eine Bewertung hinsichtlich der Kriterien Seltenheit, Vielfalt und Naturnähe bei den Pflanzengesellschaften sowie Seltenheit und Artenzahl bei den Indikatorarten für den Bereich Tierwelt wurde eine Einschätzung der Naturschutzwürdigkeit der Einheitsflächen erreicht. Die Bewertung der Naturnähe erfolgte über die Hemerobiestufenzugehörigkeit der je Fläche vorkommenden Pflanzengesellschaften.

5.7. Das Konzept des Biotopverbundsystems

Nachdem seitens des Naturschutzes jahrzehntelang die Pflege und Betreuung von einzelnen inselartig verteilten Schutzflächen im Vordergrund gestanden hat, versucht man seit einer Reihe von Jahren aus der damit verbundenen Defensivhaltung herauszukommen und strategische Vorstellungen hinsichtlich der Effizienzsteigerung der Naturschutzbemühungen zu entwickeln. Grosse Bedeutung kommt dabei den Forschungen zur Theorie einer Insel-Biogeographie zu, wie sie von MAC ARTHUR & WILSON (1967) grundgelegt und inzwischen von etlichen Autoren aufgegriffen und weiterentwickelt wurde (vgl. z. B. DIAMOND & MAY 1984 sowie NIEVERGELT 1984).

Diese beruhen auf empirischen Untersuchungen zu Arten-Areal-Beziehungen, bei denen zwei grundlegende Abhängigkeiten beobachtet wurden:

- die Artenzahl-Arealgrösse-Beziehung besagt, dass die Anzahl vorgefundener Arten auf einer Insel bei gleichen Umweltbedingungen einer gesetzmässigen Abhängigkeit von der Inselgrösse unterliegt. Als grobe Faustzahl kann davon ausgegangen werden, dass bei einer Abnahme der Flächen auf 10 % mit einer Halbierung der Gleichgewichtszahl vorhandener Arten gerechnet werden muss (NIEVERGELT 1984, S. 592).

- die Artenzahl-Arealisolation-Beziehung besagt, dass die auf einer Insel zu erwartende Gleichgewichtsartenzahl um so geringer ausfällt, je weiter die Insel vom Festland resp. anderen Inseln als Artenpool für eine Besiedlung entfernt ist.

Basierend auf diesen empirischen Befunden, die vor allem aus der Inselwelt des pazifischen Ozeans stammen, entstanden theoretische Vorstellungen zur Immigrations- und Extinktionsdynamik von Inseln. Diese können in ihren Grundzügen wie folgt zusammengefasst werden: Die Immigrationsrate neuer Arten sinkt mit zunehmender Anzahl bereits vorhandener Arten.

Insgesamt ist diese Rate jedoch umso grösser, je näher der Ursprungsort der Besiedlung liegt. Die Extinktionsrate steigt mit zunehmender Artenzahl, sie liegt umso höher, je kleiner die Insel ist. Je nach Konstellation dieser Parameter stellt sich ein Artengleichgewicht ein, wie dies Abb. 9 illustriert.

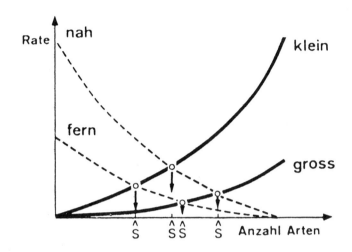

Abb. 9: Abhängigkeit der Immigrationsrate (gestrichelt) von der Nähe zum Ursprungsort der Besiedlung (z. B. Festland) und der Extinktionsrate (ausgezogen) von der Grösse der Insel (aus: NIEVERGELT 1984, S. 593)

Natürlich ist dies nur eine vereinfachende theoretische Modellvorstellung, die weitere Abhängigkeiten und Randbedingungen ignoriert, wie unterschiedliche Konkurrenzkraft der einzelnen Arten, unterschiedliche Trophie-Niveaux etc.

Übertragen wurden diese an eigentlichen Inseln im Ozean entwickelten Vorstellungen in der Folge auf Habitatinseln auf dem Festland. Denn die intensiv genutzte Kulturlandschaft besteht aus mehr oder weniger klar abgrenzbaren und isolierten Lebensräumen, was die Hypothese nahelegte, das theoretische Modell der Insel-Biogeographie auf diese anwenden zu können. Wenn auch diese Hypothese wegen der gegenüber dem Ozean unterschiedlichen Randbedingungen nach wie vor als relativ gewagt angesehen und daher mit Vorsicht angewendet werden muss, so hat sie dennoch auf die Orientierung der Naturschutzbemühungen einen massiven Einfluss ausgeübt, indem damit ein Ansatz für eine Grundlagentheorie des Naturschutzes näherrückte, deren Fehlen ERZ (1980, S. 564) mit Hinweis auf die Auseinandersetzung um Grundlagen und Ziele der Landschaftsplanung beklagt.

Abgeleitet wurden aus der Theorie der Insel-Biogeographie eine Reihe von praktischen Empfehlungen für die Planung von Schutzgebieten hinsichtlich Grösse, Lage und Form (Abb. 10).

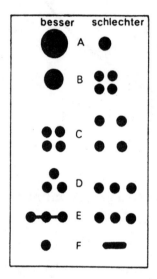

Abb. 10: Empfehlungen über Grösse, Lage und Form von Schutzgebieten (aus: NIEVERGELT 1984, S. 594)

Als Konsequenz dieser Erkenntnisse entstanden in den letzten Jahren Überlegungen und zahlreiche Arbeiten zur Schaffung von Biotopverbundsystemen, die den Blick von der isolierten Betrachtung einzelner naturnaher Biotope zu einer gesamträumlichen Betrachtung weiten (siehe dazu z. B. die Stellungnahme des DEUTSCHEN RATES FÜR LANDESPFLEGE 1983 sowie die umfangreiche Literatur zu diesem Thema, u. a. HEYDEMANN 1981; SUKOPP & WEILER 1984; KAULE 1985; MADER 1985; JEDICKE 1990).

Ausgangspunkt dieser Überlegungen ist, dass die mit zunehmender Verinselung und Zerschneidung naturnaher Landschaftsteile einhergehende Verarmung im Prinzip zwar nur durch die Schaffung eines Systems gross genug bemessener Schutzflächen aufgefangen werden kann. Allerdings ist ein solches Ansinnen mindestens kurzfristig aufgrund realer oder vermeintlicher politischer und ökonomischer Sachzwänge offenbar nicht durchsetzbar. Daher muss der Versuch unternommen werden, die Landschaft durch Vernetzung und Erweiterung bestehender naturnaher Strukturen mit einem Biotopverbundsystem zu durchdringen. Das damit verfolgte Ziel ist die Verbesserung der Überlebenschancen von Tieren und Pflanzen sowie die Vermeidung der Isolation von Populationen. Das Konzept des Biotopverbunds basiert auf 3 grundlegenden Säulen (JEDICKE 1990, S. 71f.):

- Grossflächig geschützte Bereiche dienen Pflanzen und Tieren als genetisch stabile Dauerlebensräume;
- Trittsteine zwischen den Inseln der grossflächigen Schutzgebiete ergänzen diese als Zwischenstation für den Individuenaustausch;
- Korridore verbinden grossflächige Schutzgebiete und Trittsteine über ein möglichst engmaschiges Netz miteinander.

Den Vertretern eines solchen Konzeptes ist dabei klar, dass diese Strategie nicht ausreicht, um den Artenschwund zu stoppen. Sie kann ihn, gekoppelt mit der Nutzungsextensivierung als viertem Standbein des Biotopverbundkonzeptes aber zumindest verlangsamen, damit aber Zeit gewinnen, bis umfassendere Massnahmen durchsetzbar sind.

5.8. Resümee

Die dargestellten Ansätze zur Operationalisierung ökologischer Theorien und Vorstellungen in der Raumplanung sollten dazu dienen, in groben Zügen den Stand des Wissens von der methodischen Seite her zu skizzieren. Sie stellen die Basis dar für den zweiten Teil der vorliegenden Arbeit. Aufbauend darauf wird im Kap. 8 ein Konzept zur flächendeckenden Bewertung des Raumes aus der Sicht eines breiten Biotopschutzes erarbeitet und exemplarisch angewendet. Im Zentrum steht dabei die Zielsetzung, die Problematik des Schutzes von Tier- und Pflanzenwelt integral zu behandeln, d. h. das kulturlandschaftliche Nutzungsmuster gesamthaft in die Betrachtung einzubeziehen.

Ausgehend von der im Kap. 3 aufgezeigten Defizitsituation beim Einbezug von Biotopschutzaspekten in der Raumplanung erscheint es dringend, einen Beitrag zu leisten in Richtung der Schaffung eines Instrumentariums, mit Hilfe dessen das verfügbare biotopschutzrelevante Datenmaterial zielgerichtet aufbereitet werden kann. Es sollte geeignet sein, den Einbezug solcher Informationen in den Prozess insbesondere der Richtplanung auf regionaler Ebene zu fördern. Dies impliziert einerseits die Aspekte der Bewertung und Bilanzierung des vorhandenen biotischen Potentials wie auch Fragen der Analyse von räumlichen Konflikten im Zusammenhang mit dem Biotopschutz. Darüberhinaus wird ein Weg gesucht, aus der Analyse der biotischen Raumqualität heraus EDV-gestützt Zielvorstellungen der räumlichen Entwicklung abzuleiten, wobei auch die Frage der Vernetzung wertvoller Biotopstrukturen zu betrachten ist.

6. Der Computer als instrumentelles Hilfsmittel zur Verarbeitung raumbezogener Daten in der Landschaftsplanung

Da in der Schweiz eine selbständige Landschaftsplanung nur in einzelnen Kantonen existiert, ansonsten deren Aufgaben als Teilaspekt von der Raumplanung wahrgenommen werden, läge es nahe, von Datenverarbeitung in der Raumplanung zu sprechen. Bewusst wird dies jedoch im folgenden nicht getan, da Datenverarbeitung in der Raumplanung auch deren sämtliche sozioökonomische Aspekte beinhalten würde. Diese sollen aber im folgenden nicht Gegenstand der Betrachtung sein, vielmehr geht es um die landschaftsplanerischen Gesichtspunkte.

6.1. Entwicklungslinien

Erste Versuche zum Computereinsatz in der Landschaftsplanung liegen im deutschsprachigen Raum bereits runde 20 Jahre zurück. Dennoch zeichnet sich erst in den letzten Jahren ein Durchbruch in der Planungspraxis im Sinne einer breiteren Anwendung ab. Für die USA wie auch für Kanada müssen noch ein paar Jahre hinzugerechnet werden, die ersten Anfänge sind etwa auf den Beginn der sechziger Jahre zu datieren.

STEINITZ (1982) hat für die USA verschiedene Phasen des Computereinsatzes in der Landschaftsplanung skizziert. Soweit dies die hard- und softwarebedingten Möglichkeiten angeht, kann diese Phasendifferenzierung mit dem üblichen zeitlichen Verzug auch als für Europa gültig angesehen werden. Jedoch ist der Computereinsatz in der räumlichen Planung nicht nur eine Funktion von Hard- und Software, sondern von weiteren Parametern abhängig wie etwa dem Planungsverständnis, den Ansprüchen an die räumliche Auflösung, der Tradition der Bewertungmethodik, der Akzeptanz u. a. Diese Grössen und ihre Entwicklung können für die USA und für Europa, insbesondere auch für die Schweiz nicht als identisch angesehen werden.

Daher soll im folgenden versucht werden, die Entwicklung der Computerverwendung in der Landschaftsplanung im deutschsprachigen Raum nachzuzeichnen und zwar gegliedert in vier grosse Phasen. Es sind im Prinzip Phasen der Entwicklung geographischer Informationssysteme, die u. a. folgende Aspekte beinhalten:

- Entwicklung der technischen Möglichkeiten, insbesondere das Verhältnis von Computergrösse zu Leistung;
- Entwicklung graphischer Peripherie;
- Entwicklung methodischer Vorstellungen, dies betrifft nicht nur die EDV-Anwendung, sondern die Landschaftsplanung insgesamt;
- Generell zunehmende Professionalität.

Wenn im folgenden von geographischen Informationssystemen gesprochen wird, so ist dieser Terminus im Sinne eines Oberbegriffes gemeint und nicht als spezifisches Instrument der Disziplin "Geographie". Während in den vergangenen Jahren eher eine "Abgrenzungspolitik" der Disziplinen durch Wortschöpfungen wie Landinformationssystem, Landschaftsinformationssystem, landschaftsökologisches Informationssystem, Rauminformationssystem etc. stattgefunden hat, setzt sich heute mehr und mehr auch im deutschen Wortgebrauch der Terminus "Geographisches Informationssystem" (GIS) durch.

Der Grund, die geographischen Informationssysteme quasi als Indikator für die gesamte Entwicklung zu verwenden, liegt darin, dass bis vor wenigen Jahren diese Systeme, selbstverständlich in Verbindung mit statistischen Methodenpaketen, den überwiegenden Anteil der EDV-Anwendung in der Landschaftplanung ausgemacht haben.

Eine **erste Phase** dieser Entwicklung kann mit dem Stichwort "Probieren und Studieren" übertitelt werden. Es ist dies die Phase, die in benachbarten raumbezogen arbeitenden Disziplinen, wie etwa der Geographie und der Raumplanung schon etwas früher einsetzte und in der Landschaftsplanung etwa auf Ende der sechziger bis Anfang der siebziger Jahre datiert werden kann.

Sie ist vor allem geprägt von Versuchen einzelner Pioniere, den Computer als Darstellungsinstrument einzusetzen, mit den damals verfügbaren, aus heutiger Sicht rudimentären technischen Möglichkeiten. Beispiele aus dieser Zeit, die damals spektakulär erschienen, lassen heute schmunzeln, so etwa eine farbige Landnutzungskarte, die sich bei BRASSEL (1971) findet. Sie ist auf dem Schnelldrucker entstanden durch mehrmaliges Bedrucken eines auf Computerpapier aufgeklebten Kartenausschnittes unter Verwendung von jeweils unterschiedlichen Farbbändern. Verglichen mit den heutigen technischen Möglichkeiten war dies ein Riesenaufwand für ein aus planungspraktischer Sicht bescheidenes Produkt, aber als solches typisch für eine Pionierphase.

Eine **zweite Phase**, die etwa den Zeitraum vom Anfang bis über die Mitte der siebziger Jahre hinaus umfasst, kann mit dem Schlagwort "Die grossen Konzepte und Visionen" bezeichnet werden. Nicht nur in der Landschaftplanung, sondern gleichermassen in allen raumbezogen-planerischen Disziplinen entstanden grossangelegte Konzeptionen für ausgedehnte räumliche Datensammlungen. Der Computer schien zum Wundermittel gegen all die Defizite und Probleme zu werden, die noch nicht gelöst waren.

In dieser Zeit, in der auch die finanziellen Mittel noch reichlicher zu fliessen schienen, lebte man aus dem Gefühl heraus, von einigen wenigen Stellen aus den gesamten "Planungsmarkt" mit den notwendigen Informationen versorgen zu können. Dass dies so nicht funktioniert hat und auf krassen Fehleinschätzungen beruhte, ist hinlänglich bekannt und braucht nicht speziell betont zu werden.

Es würde zu weit führen, hier den ganzen Katalog damaliger Projekte aufführen zu wollen. Stellvertretend für die vielen seien nur ein paar weithin bekanntgewordene genannt. Dazu zählen etwa die Arbeiten an der deutschen Bundesforschungsanstalt für Naturschutz und Landschaftsökologie in Bonn zur Konzeption eines Landschaftsinformationssystems, die in dieser Zeit ihren Anfang nahmen (KOEPPEL 1975; KOEPPEL 1978; KOEPPEL & ARNOLD 1981). Im Zusammenhang damit stehen auch die Bemühungen zur Schaffung eines einheitlichen Katalogs notwendiger Landschaftsdaten. Ein Entwurf dazu stammt von KOEPPEL & ARNOLD (1976), welcher später nach breit angelegter Vernehmlassung und Bereinigung als Ergebnis des Ausschusses "Landschaftsinformationssystem" der Länderarbeitsgemeinschaft für Naturschutz, Landschaftspflege und Erholung (LANa) publiziert wurde (BFANL 1982).

Ein grossangelegtes Projekt, welches über den nationalen Rahmen hinausging, war die "Ökologische Kartierung der EG" (siehe z. B. AMMER & BECHET 1978; AMMER, BECHET & KLEIN 1979), mit der ein Rahmenkonzept für die Einstufung des Gebietes der Gemeinschaft auf der Grundlage seiner Umweltmerkmale geschaffen werden sollte. Mit einer Reihe von Fallstudien sollte zunächst versucht werden, ein den unterschiedlichen Problem- und Datensituationen der Mitgliedsländer gerechtwerdendes Instrumentarium zu erarbeiten. Ein solches gesamteuropäisches Informationssystem zu implementieren, stellte sich bald als illusorisches Unterfangen heraus. Nachfolgearbeiten, die das Projektziel in "abgespeckter" Form weiterverfolgen, sind unter dem Kürzel "CORINE" (= Coordinated Information System on the state of the environment in Europe) bekannt.

Auch für das Projekt der Kartierung schutzwürdiger Biotope in Bayern wurde relativ früh Datenverarbeitung im Sinne eines geographischen Inforamtionssystems eingesetzt (siehe z. B. KAULE 1974; SCHALLER 1978; WEIHS 1978; SCHOBER 1979).

Vergleichbare Projekte aus dieser Zeit, die man im engeren Sinne als der Landschaftsplanung zugehörig bezeichnen könnte, hat es in der Schweiz nicht gegeben. Zieht man den Kreis aber weiter, so wäre der "Informationsraster" zu nennen (siehe hierzu u. a. HASE, HIDBER & WÄHLE 1970; HIDBER 1972; HASE 1972; VONDERHORST 1972a; VONDERHORST 1972b).

Auch wenn dieser nicht in erster Linie aus landschaftsplanerischer Motivation heraus entstanden ist, so kann seine Geschichte mit dem euphorischen Beginn und dem unvollendeten Schluss dennoch mehr oder weniger exemplarisch für den Verlauf verschiedenster Projekte aus dieser Zeit stehen. Noch heute stecken im "Informationsraster" die gleichen Daten zur Flächennutzung, wie sie vor über 15 Jahren hektarweise aufgenommen wurden. Dies wird sich erst mit der in Bearbeitung befindlichen neuen Arealstatistik ändern (zur Methodik siehe TRACHSLER et al. 1981). Das Problem der Nachführung konnte zwar methodisch, aber nicht praktisch gelöst werden. Diese Lösung erfolgte erst mit der erwähnten neuen Arealstatistik, deren Auswertung aber wiederum einen deutlichen Zeitverzug gegenüber dem ursprünglichen Zeitplan aufweist. Von den 160 Merkmalen, die der Konzeption nach für jede Hektare erhoben werden sollten (HIDBER 1972, S. 5), fanden nur einige wenige wirklich Eingang in das Informationssystem.

Von der technischen Seite her fallen in diese Zeit neben einzelnen kommerziell vertriebenen Programmen eine ganze Reihe universitätsintern entwickelter Programmpakete, die die Türen der Universitäten häufig nicht verlassen haben, sondern ihr Dasein als Prototypen fristeten, obwohl sie für ihre Zeit sicher nicht schlecht waren.

Der Grund, das Ende diese zweiten Phase mit dem Stichwort "Die grosse Ernüchterung" zu charakterisieren, liegt daher auch weniger an der Qualität der eingesetzten Software. Der Grund ist vielmehr darin zu suchen, dass diese Ansätze zur Übernahme von Computertechnologie in der Landschaftsplanung geprägt waren von einer enormen, teilweise übersteigerten Faszination gegenüber einem neuen technischen Instrument und seinen Möglichkeiten. Es mangelte dagegen häufig an einer realistischen Einschätzung des damit trotz aller Automation verbundenen Aufwandes, insbesondere was die Beschaffung der

Daten sowie deren Nachführung angeht.

Es fällt auf, dass in frühen Publikationen in erster Linie die unerschöpflichen Möglichkeiten gepriesen wurden. Dagegen wurde der Frage, wer die benötigten Daten wie und in welcher Zeit in computerlesbare Form bringen soll, zu wenig kritisch nachgegangen oder diese wurde allenfalls dahingehend beantwortet, das Problem sei über kurz oder lang mittels Scannermethoden weitgehend automatisierbar. Der Aufbau der konzipierten Systeme blieb nicht zuletzt aufgrund der zunehmenden finanziellen Engpässe hinter den Erwartungen zurück. Immerhin blieben damit die z. B. von FEHL bereits 1970 (S. 16ff) mitgeteilten Erfahrungen mit amerikanischen Modellvorhaben erspart, die eine Diskrepanz aufzeigen zwischen den "Datenbergen" und den Informationsbedürfnissen der potentiellen Nutzer, wenn die Datensammlung nicht im Kontext mit konkreten Planungsproblemen und darauf zugeschnittenen Auswertungsprogrammen steht.

Die Einsicht in die genannten Umstände charakterisiert den Anfang einer **dritten Phase**, die in der zweiten Hälfte der siebziger Jahre beginnt und bis in die frühen achtziger Jahre reicht. Sie kann übertitelt werden mit den Schlagzeilen "Lernen aus Fehlern" und "Problemorientierung ersetzt Dateneuphorie".

Kernpunkt der Arbeiten dieser Phase war nicht in erster Linie die Realisierung von aus der Sicht des Softwareingenieurs professionelleren geographischen Informationssystemen, sondern vielmehr die Auseinandersetzung mit der Frage: "Welche Daten benötige ich für ein gegebenes Problem und wie muss ich diese bearbeiten, um zu einer Beantwortung meiner planerischen Fragestellung zu kommen ?" Im Vordergrund stand also die Realisierung von Problemlösungen mit Hilfe der EDV und nicht die Sammlung von möglichst vielen Daten.

Als Beispiele aus dieser Zeit können die Arbeiten zum System LÖKIS am Lehrstuhl für Landschaftsökologie Münster genannt werden (DURWEN, GENKINGER & THÖLE 1978; DURWEN 1979) oder auch jene von STILLGER (1979), der sich ebenfalls mit Simulationsmodellen zur Bestimmung von Nutzungskonflikten aus landschaftsplanerischer Sicht befasste.

Die dahinterstehende Philosophie fasste DURWEN (1985) mittels der in Abb. 11 wiedergegebenen Graphik zusammen.

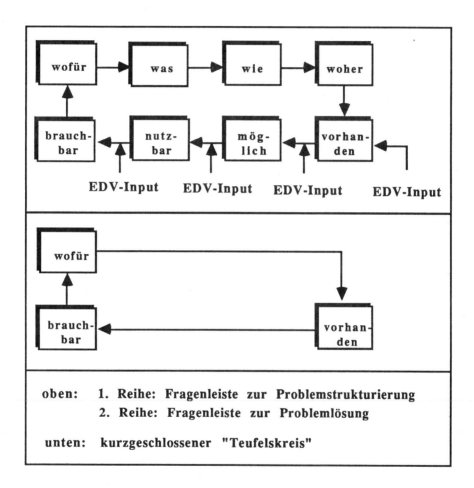

Abb. 11: Einfache Veranschaulichung des Fragenkreises, seiner Engpässe und seines Kurzschlusses bei der Problemlösung (aus: DURWEN 1985, S. 90)

Der untere Teil der Graphik zeigt, wie gefährlich der Bezug von problemunangemessenen Daten aus einem geographischen Informationssystem den Problemlösungsprozess beeinflussen kann. Als Reaktion auf ein gegebenes Problem wird lediglich danach gefragt, welche Daten vorhanden sind, um diese dann als brauchbar zu erklären und mit auf die vorhandenen Daten zugeschnittenen Indikatorkonzepten dem gegebenen Problem vermeintlich "kreativ" zu Leibe zu rücken. Richtiger und sinnvoller würde man jedoch vorgehen, indem man vor dem Blick auf die vorhandenen Daten erst einmal grundsätzlich fragt, was man zur Lösung braucht, wie und woher man das Benötigte bekommen kann, um erst dann zu klären, wie das Vorhandene umgesetzt werden kann, um es nutzbar und brauchbar im Hinblick auf das zu lösende Problem zu machen.

Zu erwähnen ist im Rahmen dieser dritten Phase weiterhin das Gutachten zu ökologischen Planungsgrundlagen im Verdichtungsraum Nürnberg - Fürth - Erlangen - Schwabach (AULIG, BACHFISCHER, DAVID & KIEMSTEDT 1977) sowie die daraus resultierende Dissertation zur ökologischen Risikoanalyse von BACHFISCHER (1978). Auch EHMKE & MÜLLER (1979) sind als Repräsentanten dieser Phase aufzufassen, indem sie hinsichtlich der Realisierung der Landschaftsdatenbank Baden-Württemberg neben die Bereithaltung landschaftsbezogener Daten und den Aufbau von Informationsschnittstellen zu anderen Fachdatenbanken besonderes Schwergewicht auf die Entwicklung ökologischer Beurteilungsverfahren und den Aufbau einer EDV-gestützten Methodenbank legen.

Die kartographische Qualität der Ergebnisdarstellungen in dieser dritten Phase erinnert häufig noch an die Produkte der ersten Phase. Der Grund ist allerdings nicht darin zu suchen, dass noch keine "besseren" Ausgabegeräte auf dem Markt waren, aber häufig war deren Verfügbarkeit und Zugänglichkeit in Universitätsrechenzentren limitiert, was viele Arbeitgruppen dazu bewog, nach wie vor mit Schnelldruckerdarstellungsmethoden zu arbeiten.

In Nordrhein-Westfalen nahm GENKINGER (1980) vom Konzept der Speicherung von Landschaftsdaten zunächst ganz Abstand und erarbeitete ein Dokumentationssystem, in dem die Quellen (einschliesslich Manuskriptkarten und anderen "grauen" Unterlagen) mit Inhaltsangabe, Standort und weiteren bibliographischen und raumbezogenen Angaben nachgewiesen werden. Die schnell abrufbare, konzentrierte Information des Planers über nutzbare, ihm oft nicht bekannte Unterlagen über den Planungsraum steht im Vordergrund, nicht die für grosse Räume enorm aufwendige Speicherung der Daten über den Raum selbst.

In der Schweiz wurden, wie oben bereits erwähnt, im engeren Bereich der Landschaftsplanung keine grossangelegten Informationssysteme entwickelt. Vielmehr konzentrierten sich die Bemühungen darauf, die Führung einzelner naturschützerischer Inventare mit EDV-Methoden zu unterstützen (siehe z. B. WILDI 1981) oder aber darauf, projektbezogen Informationssysteme zu entwickeln, wie etwa für das MAB-6-Projekt Grindelwald (STEINER & ZAMANI 1984).

In dieser Zeit wurde, natürlich bedingt durch die Entwicklung auf dem Hardwaresektor, auch der Ruf laut, neben die Entwicklung "von oben", die zentralen Informationssysteme, müsse eine Entwicklung "von unten" treten, sozusagen "Informationssysteme zum Anfassen" auf Kleinrechnerbasis, teils als Ergänzung, teils als Alternative (DURWEN 1982, S. 15/16). Eine Reihe weiterer Arbeiten befassten sich mit dieser Problematik resp. sind als erste Anwender von Kleincomputertechnologie im Rahmen landschaftsplanerischer Fragestellungen aufzufassen (z. B. KIAS 1981; DURWEN & KIAS 1981; GRUPPE ÖKOLOGIE UND PLANUNG 1980).

Es ist wohl nicht als Zufall zu betrachten, dass diese dritte Phase mit ihren kritischen Stimmen in die gleiche Zeit fiel, als in der planungsmethodischen Diskussion die Kritik an Bewertungsansätzen im Stil der traditionellen Nutzwertanalyse konkrete Formen annahm in Weiterentwicklungen wie der sog. "NWA der 2. Generation" (BECHMANN 1978) und weiteren sog. "weichen" Entscheidungs- und Bewertungsverfahren, die weniger die strenge Formalisierung als mehr die ausführliche Begründung von Entscheidungsschritten in den Vordergrund stellten.

Eine **vierte Phase** der Entwicklung wird durch die achtziger

Jahre repräsentiert, wobei nun zwei Dimensionen unterschieden werden müssen:
- die zunehmende Professionalisierung und methodische Verfeinerung
- der Vormarsch der "persönlichen Computer"

Während bis anhin die Beschäftigung mit Informatikmitteln in der Landschaftsplanung eine Domäne einiger weniger EDV-verständiger Landschaftsplaner war, haben wir es in dieser vierten Phase mit einer völlig neuen Situation zu tun. Seit nämlich die sogenannten "persönlichen Computer" (PC) eine immer weitere Verbreitung erlangen, werden ganz neue Anwendungsfelder erschlossen, indem der Computer zu einem Hilfsmittel zur Unterstützung der täglichen Arbeitsabläufe im Planungsbüro avanciert. Konsequenterweise orientieren sich moderne PC-Benutzeroberflächen auch an dem für den Benutzer vertrauten Konzept des Schreibtisches ("Desktop"), wie das Beispiel eines MacIntosh Computers zeigt (Abb. 12).

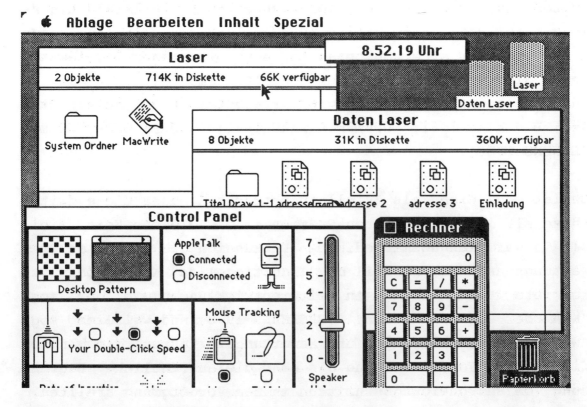

Abb. 12: Dem Schreibtisch nachgebildete Benutzeroberfläche des Apple MacIntosh

Bereits mit den branchenunabhängig vertriebenen Standardanwendungsprogrammen bietet sich dem Anwender ohne tiefergehende Informatik- und Programmierkenntnisse ein weites Feld von Einsatzmöglichkeiten dieser neuen Instrumente. Die Anwendungsfelder solcher Standardprogramme können in aller Kürze mit den folgenden Stichworten umrissen werden:

- Arbeiten und Überzeugen in Text und Bild
- Entwerfen und Benützen von Tabellenrechnungen
- Ablegen und Finden von Informationen
- Ausschreiben und Abrechnen
- Planen und Überwachen von Ablauforganisationen

Die einschlägigen Fachzeitschriften haben mittlerweile ganze Schwerpunkthefte diesem Thema gewidmet (vgl. z. B. DIEKMANN & HERBSTREIT 1986; KLINK 1986; AUFERMANN 1986; RUTISHAUSER & EBERLE 1987; MEYER & KESSLER 1987).

Zurückkommend auf die zweite Dimension dieser vierten Entwicklungsphase, nämlich die zunehmende Professionalisierung geographischer Informationssysteme, ist seit Beginn der achtziger Jahre ein Durchbruch in den Möglichkeiten der Datenverarbeitung mit flächenscharfem Raumbezug zu verzeichnen. Es sind heute professionelle Systeme verfügbar, sei es in Form von amtsinternen Entwicklungen (siehe z. B. MÜLLER, ULRICH & HENRICHFREISE 1982) oder als kommerziell vertriebene Systeme, von denen eine ganze Reihe ihren Praxistest schon bestanden haben.

Damit sind die Zeiten vorbei, gerade auch aus ökonomischen Gründen, in denen sich Landschaftsplaner mit der Entwicklung von Grundfunktionen eines geographischen Informationssystemes befassen sollten. Der käufliche Erwerb ist in der Regel billiger geworden als eine Eigenentwicklung. Dies bedeutet, dass man seine Zeit in der EDV-Anwendung wieder darauf verwenden kann, sich vermehrt fachlichen Problemen und deren EDV-Lösung zu widmen und weniger den Grundfunktionen eines geographischen Informationssystems. Ein Beispiel für eine solche methodische Erweiterung geben die Arbeiten zur Entwicklung von dynamischen Feedbackmodellen und deren Kopplung mit einem geographischen Informationssystem zur raumbezogenen Visualisierung von dynamischen Prozessen im Rahmen des MAB-Projektes Berchtesgaden (GROSSMANN, SCHALLER & SITTARD 1984). Damit wurde die geographischen Informationssystemen häufig anhaftende zeitliche Statik durchbrochen. Die Ergebnisse der Simulation von dynamischen Prozessen wie etwa die mutmassliche Entwicklung des Waldsterbens konnten mit Hilfe von "Zeitkarten", d.h. Karten, die die Situation zu einem bestimmten Moment im zeitlichen Ablauf repräsentieren, in ihrer flächenhaften Bedeutung prognostiziert und kartographisch dargestellt werden.

6.2. Anforderungen an ein geographisches Informationssystem aus landschaftsplanerischer Sicht

6.2.1. Anforderungen aus genereller Sicht

Im vorangehenden Kapitel wurde ausgeführt, dass es heute in den meisten Fällen ökonomischer ist, für den Aufbau eines geographischen Informationssystems ein marktübliches Softwareprodukt einzusetzen und dieses gegebenenfalls gemäss den jeweils spezifischen Bedürfnissen zu modifizieren oder zu ergänzen. Eine ganze Reihe solcher Pakete existiert bereits. Jedoch sind nicht alle im Hinblick auf die Lösung landschaftsplanerischer Fragestellungen konzipiert und ausgestaltet worden. Einige haben ihre Wurzeln vielmehr im Vermessungswesen, andere im CAD-Bereich. Diese Herkunft determiniert logischerweise in starkem Masse die Funktionalität eines Systems, denn die Anforderungen in den genannten Anwendungsfeldern sind sehr spezifisch und nicht in allen Punkten deckungsgleich mit denen, wie sie aus landschaftsplanerischer Sicht zu stellen sind (vgl. hierzu auch die Ausführungen bei MARBLE, LAUZON & McGRANAGHAN 1984, S. 146/147). Grundsätzlich können einmal zwei Aspekte unterschieden werden:
- Einsatz eines GIS als Instrument zur Datenhaltung und Automation der Darstellung;
- Einsatz eines GIS als Hilfsmittel zur Analyse und Planung; hier kommen auch Bewertungs-, Simulations- und Optimierungsverfahren zum Einsatz.

Während die Stärken der aus dem Vermessungswesen stammenden Programmpakete eher auf dem ersten Aspekt liegen, insbesondere auch in der Sicherung der Datenkonsistenz und Datenintegrität, ist der Schwerpunkt der Anforderungen an ein geographisches Informationssystem für die Landschaftsplanung im zweiten Bereich anzusiedeln. Natürlich ist auch hier der erstgenannte Aspekt nicht unwichtig. Sofern man nämlich den Computer zur Analyse von raumbezogenen Daten eingesetzt hat, wird man wohl nur in den seltensten Fällen darauf verzichten wollen, ihn auch zur kartographischen Präsentation der

Ergebnisse zu nutzen.

Über die inhaltlichen Anforderungen, die an ein planungsbezogenes geographisches Informationssystem zu stellen sind, herrscht heute bei aller Unterschiedlichkeit in der technischen Realisierung weitgehend Einigkeit, auch wenn viele der existierenden Systeme nicht alle Komponenten implementiert haben, die als generelle Anforderungen formuliert sind. Sie können wie folgt zusammengefasst werden:
- Unterstützung der Datenerfassung: Programmkomponenten zur benutzerfreundlichen Digitalisierung von Flächen, Linien und Punkten sowie Eingabe zugeordneter thematischer Informationen;
- Übernahme der formalisierbaren Teile der Datenprüfung: hierunter sind Plausibilitätsprüfungen ebenso zu verstehen wie Programmkomponenten zur interaktiven Kontrolle und Korrektur der gespeicherten Daten;
- Transformationsaktionen zwischen flächentreu aufgenommenen und rasterbezogenen Daten;
- Bereitstellung von Schnittstellen zur Übernahme von Daten aus anderen Informationssystemen;
- Auswertung der Datenbestände, wie:
  . Verschneidung verschiedener thematischer Karten;
  . Auswahl bestimmter Informationen nach vorgegebenen Kriterien (z.B. Variablenwerten, Flächengrössen usw.);
  . Aggregation nach Werten der Variablen (z.B. Zusammenfassung von Flächen);
  . Verknüpfung von Informationen nach logischen "und/oder" - Bedingungen;
  . Nachbarschaftsanalysen;
  . Erstellung von Flächenbilanzen;
  . u.a.;
- Komponenten zur (karto)graphischen Präsentation von End- und Zwischenergebnissen.

Einen Überblick über die Komponenten eines solchen Systems und dessen Beziehungen untereinander von einem rein funktionalen Standpunkt aus gibt Abb. 13.

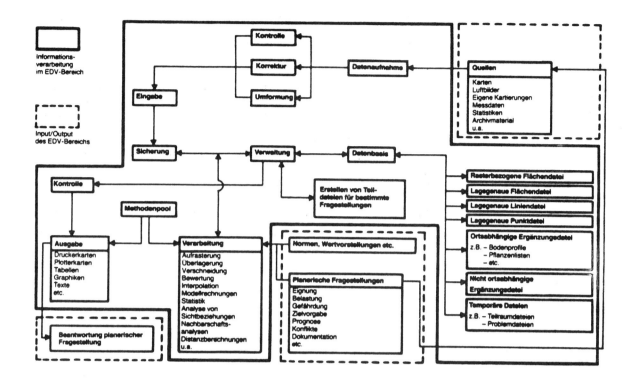

Abb. 13: Komponenten eines auf landschaftsplanerische Fragestellungen zugeschnittenen geographischen Informationssystems

BIERHALS (1978, S. 3) hat in seinen Anmerkungen zum ökologischen Datenbedarf für die Landschaftsplanung im Hinblick auf die Konzeption einer Landschaftsdatenbank drei zentrale Fragen herausgeschält, die von der Landschaftsplanung beantwortet werden müssen und bei deren Bearbeitung vom Computer mittels eines geographischen Informationssystems Unterstützung erwartet werden soll:

1. Was ist wertvoll, schutzwürdig, erhaltenswürdig; was ist als Schutzobjekt oder natürliche Ressource zu sichern ?
2. Was würde geschehen, wenn ... (ökologische Wirkungsanalyse) ?
3. Welche Lösungsmöglichkeiten gibt es zur Sicherung wertvoller, schutzwürdiger Landschaft und zur Vermeidung bzw. Reduzierung von Belastungen oder Konflikten ?

6.2.2. Spezielle Aspekte

Ausgehend von den in den Kap. 6.1 und 6.2.1 dargestellten Überlegungen sollen im folgenden einige wichtige Aspekte hinsichtlich der Konzeption und dem Einsatz geographischer Informationssysteme näher beleuchtet werden. Dabei soll nicht auf Einzelheiten hinsichtlich Anforderungen der technischen Realisierung eines GIS eingegangen werden, wie Speicherstrukturen für geometrische und Attributdaten, Topologie etc., sondern funktionale Aspekte diskutiert werden, die sich von der Seite der Anwendung stellen. Selbstverständlich ist dabei klar, dass Anforderungen an die Funktionalität entsprechende Konsequenzen hinsichtlich der technischen Realisierung und Ausgestaltung eines GIS nach sich ziehen.

Ein wesentlicher Gesichtspunkt im Hinblick auf eine breite Anwendung von geographischen Informationssystemen in der Planungspraxis liegt darin, dass ein solches System der Struktur der Arbeit im Planungsbüro angemessen sein muss. Konkret heisst dies, dass es gemäss den Aufgaben des praktisch tätigen Planers ein Allroundwerkzeug sein muss, das er imstande ist allein zu bedienen.

RASE (1984) hat versucht, diesen Grundsatz durch Adaption eines Konzeptes aus der amerikanischen Elektronikindustrie, speziell für den Entwurf von hochintegrierten Digitalschaltungen, zu illustrieren, nämlich das Konzept des "long thin man". RASE (1984, S. 312) führt aus:

> "Früher arbeiteten mehrere Spezialisten mit unterschiedlicher Ausbildung und langer Berufserfahrung, die kleinen dicken Menschen also, in zeitlich aufeinanderfolgenden Phasen an einem neuen Schaltkreis. Die Forderung des Marktes nach schnellerer Innovation hat dazu geführt, dass man die Störungen in der Kommunikation und im zeitlichen Ablauf ausschalten musste, die den Entwicklungsprozess verzögerten. Deshalb ist an die Stelle der vielen Spezialisten ein Generalist getreten, der alle Arbeiten selbst ausführt. Fehlende Spezialkenntnisse werden durch intensive Computerunterstützung ausgeglichen. Die kleinen dicken Menschen mit ihren Eierköpfen sind nach wie vor notwendig, aber anstatt die Arbeit nun selbst durchzuführen, arbeiten sie an der Entwicklung der Computerprogramme zur Unterstützung des Generalisten mit."

Dieses Konzept lässt sich auch auf den Arbeitsprozess übertragen, wie er bei der Analyse von räumlichen Vorgängen im Rahmen des Landschaftsplanungsprozesses abläuft, wie Abb. 14 zu illustrieren versucht.

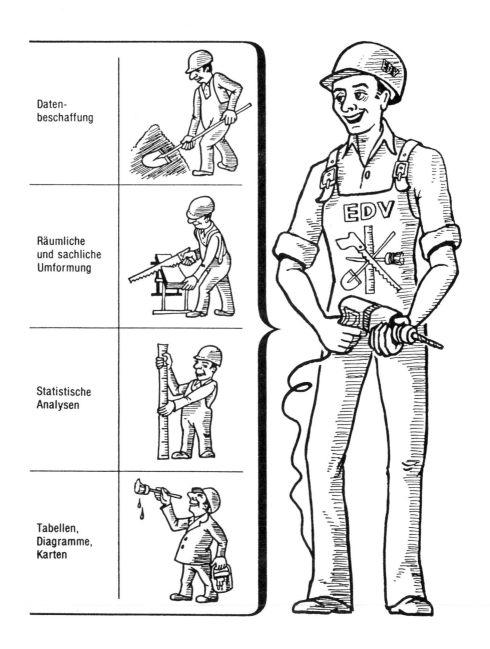

Abb. 14: Das Konzept des "long thin man" (aus: RASE 1984, S. 313)

Das Instrument EDV, sprich geographisches Informationssystem, sollte dabei den gesamten Planungsprozess von der Datenerhebung bis zur Auswertung und Ergebnisdarstellung vom Konzept her in homogener Weise unterstützen, und zwar in einer Form, die für den "Generalisten" Landschaftsplaner erlern- und beherrschbar ist, ohne dass er sich gleich zum EDV-Spezialisten ausbilden lassen muss. Es bleibt anzumerken, dass die Vorstellungen der sporadischen und der routinierten Benutzer hinsichtlich des Begriffes "Bedienungsfreundlichkeit" alles andere als identisch sind, eine gute Software aber beiden Ansprüchen gerecht werden sollte.

Zentraler Aspekt zum Beginn des Einsatzes eines geographischen Informationssystems ist die Frage der Datenbeschaffung. Als Datenquellen kommen in Betracht:
- vorhandene (analoge) Karten;
- Kartierungen im Gelände (Eigenerhebungen);
- Fernerkundungsdaten in analoger Form als Luftbilder oder in digitaler Form als Satellitenbilddaten;
- Übernahme von bereits in digitaler Form vorliegenden räumlichen Daten aus Fremdsystemen.

Zwei grundsätzlich unterschiedliche Verfahren zur Überführung analog vorliegender Karteninformation in digitale Form stehen zur Verfügung:
- Manuelle Digitalisierung:
  . Eingabe von Geometrien am Digitalisiertablett;
  . Eingabe von Geometrien am graphisch interaktiven Bildschirm;
  . Eingabe von Koordinaten über die alphanumerische Tastatur;
- Automatische Digitalisierung:
  . Scannen analoger Karteninformation;
  . Übernahme und Aufbereitung von Scannerdaten aus Satellitenflügen.

Hinsichtlich des Stellenwertes dieser Methoden war jahrelang die Vorstellung verbreitet, dass die manuellen Methoden lediglich für eine Übergangszeit aktuell seien, jedoch über kurz oder lang von automatischen Methoden abgelöst und dann höchstens noch für einzelne Ergänzungs- sowie Korrekturarbeiten benutzt werden. Diese Vorstellung ist jedoch nur zum Teil realistisch und bedarf einer Korrektur.

MARBLE, LAUZON & McGRANAGHAN (1984, S. 146) führen aus, dass der Nutzeffekt automatischer Digitalisierungsmethoden nicht überschätzt werden darf. Diese sind nur bei Vorliegen sehr grosser Datenvolumina als ökonomisch sinnvollere Alternative zum manuellen Digitalisieren anzusehen. Voraussetzung ist die Vorbereitung der Scannerunterlagen gemäss genau definierten und strikt einzuhaltenden Spezifikationen, um die manuelle Nachbearbeitung ("postprocessing") minimal zu halten.

Bei PEUQUET & BOYLE (1984) findet sich eine Zusammenstellung möglicher Probleme bei der Digitalisierung mittels Scannermethoden, die in dem Hinweis gipfelt: "In many cases it must be realized that it may be preferable to use manual input methods rather than scanning. ... Careful tests must be carried out prior to the decision to scan map documents" (PEUQUET & BOYLE 1984, S. 3-42). Zu ähnlichen Schlüssen kommt man auch aufgrund der Erfahrungen des Bundesamtes für Landestopographie bei der Digitalisierung der Höhenlinien der Landeskarte 1 : 25'000. Zwar gibt es bei den anfallenden Datenmengen keine vernünftige Alternative zur Scannerdigitalisierung. Aufgrund der nicht im Hinblick auf eine solche Aufnahme kartographierten Höheninformation ist jedoch der Aufwand für die anschliessende Fehlerkorrektur und Bereinigung namentlich im Berggebiet unglaublich gross.

DORN (1981), der im Rahmen einer Pilotstudie für das Projekt "Neue Kommunikationswege in den Geowissenschaften mit Hilfe der ADV" der Deutschen Forschungsgemeinschaft (DFG) den Stand der Scannertechnologie untersucht und verschiedene Scanner vergleichend erprobt hat, kommt zu dem Schluss, dass das Scannen erst dann methodisch und wirtschaftlich sinnvoll wird, wenn neben der Aufnahme der Geometrien auch das Problem der Mustererkennung, also die automatische Erfassung und Interpretation von Buchstaben, Zahlen, Signaturen und Symbolen gelöst ist.

Umso wichtiger ist die Qualität und Flexibilität der Digitalisiermodule geographischer Informationssysteme. Diesbezüglich stellen MARBLE, LAUZON & McGRANAGHAN (1984, S. 147) fest, dass viele Digitalisierprogramme der spezifischen

Charakteristik und Problematik kartographischer Information nicht genügend gerecht werden, da ihre Konzeption häufig aus dem CAD-Umfeld stammt mit dem damit verbundenen Schwergewicht auf der Bearbeitung technischer Zeichnungen.

Ein weiterer wichtiger Komplex bei der Konzeption und Ausgestaltung eines geographischen Informationssystems betrifft dessen analytische Fähigkeiten. Es genügt für landschaftsplanerische Fragestellungen nicht, wenn der Computer lediglich der digitalen Kartographie dient, das geographische Informationssystem sich also auf die Komponenten "Dateneingabe - Datenspeicherung - Datenausgabe" beschränkt. Bereits im Kap. 6.2.1 wurde angedeutet, dass insbesondere Systeme, die ihre Wurzeln im Vermessungswesen oder im CAD-Bereich haben, hinsichtlich der analytischen Komponenten häufig nur rudimentär entwickelt sind. Dies gilt gleichermassen auch für viele PC-Systeme, deren hardware- und systemsoftwarebedingte Grenzen bislang limitierend wirkten.

Wenn von analytischen Komponenten gesprochen wird, ist damit insbesondere die Möglichkeit zur nicht nur graphischen Überlagerung, sondern auch zur topologischen Verschneidung mehrerer Kartenebenen gemeint. Dabei werden die ursprünglichen Geometrien zu einer sogenannten KGG (= kleinste gemeinsame Geometrie) verschnitten und gleichzeitig die thematischen Attribute der ursprünglichen Geometrien der neuentstandenen KGG zugeordnet. Aus monovariaten Datensätzen mit unterschiedlichem räumlichen Bezug entsteht so ein multivariater Datensatz mit einheitlichem Raumbezug. Ergänzt wird ein solches Verschneidungsmodul durch Routinen zur Fehler- und Unschärfenbereinigung wie etwa das automatische Eliminieren von Artefakten (Mikropolygonen), die thematisch keinen Sinn geben, da sie auf Digitalisierungenauigkeiten resp. Unschärfen bei der zugrundeliegenden Analoginformation zurückzuführen sind. Eine solche Bereinigung muss sowohl über die Flächengrösse als auch über eine thematische Spezifizierung steuerbar sein.

Allein schon solche Verschneidungsmöglichkeiten liefern die

Basis für einfache Modellrechnungen und Bewertungen, sofern das System in der Lage ist, die verschiedenen thematischen Informationen der KGG miteinander in Beziehung zu setzen und daraus abgeleitete Informationen zu generieren. Ergänzt durch ein zugeschaltetes Statistikmodul eröffnet sich die ganze Palette deskriptiver und analytischer Statistik.

Damit sind jedoch die Forderungen an die analytischen Fähigkeiten eines geographischen Informationssystems noch nicht abgeschlossen. Gerade im Zusammenhang mit landschaftsplanerischen Fragestellungen spielt die Kenntnis und automatische Auswertung von Nachbarschaftsbeziehungen eine wichtige Rolle. Dies können Fragen sein vom Typ: "Wie ist die Nutzungsstruktur in einem bestimmten Umkreis von schutzwürdigen Biotopen?" oder auch: "Welche Nutzungen grenzen unmittelbar an eine Fläche bestimmten Typs und wie lang sind diese Grenzen?". Die Möglichkeit zur Beantwortung solcher Fragestellungen setzt voraus, dass das verwendete System die topologischen Strukturen, also die Beziehung der jeweiligen Geometrie- und Attributdaten zueinander kennt und auswerten kann.

Es soll nicht versäumt werden, einen weiteren wichtigen, in der Vergangenheit aber teilweise zu wenig beachteten Punkt herauszustellen, nämlich die Frage nach der problemadäquaten Präsentation. Dies betrifft einerseits die Präsentation der Ergebnisse von Auswertungen in Form von Diagrammen, Bilanzen usw., also im Sinne der "Businessgraphik", andererseits aber auch, und das ist im Zusammenhang planerischer Fragestellungen zentral, in Form von Plänen und Karten, die ja ein wesentliches Kommunikationsmittel des Planers sind.

Dieser Aspekt ist namentlich bei der Konzeption und Anwendung rasterorientierter Systeme in der grossen Euphorie der im Kap. 6.1 skizzierten zweiten Phase der Entwicklung der Datenverarbeitung in der Landschaftsplanung völlig untergegangen und auch noch während der dritten Phase vernachlässigt worden. Es wurde viel zu wenig Aufmerksamkeit auf die Qualität der kartographischen Produkte verwendet und die Bemühungen lediglich auf die analytischen Aspekte konzentriert.

Die Kommunikationspartner im Planungsalltag waren weder bereit noch in der Lage, sich über Rasterkarten, welche auf dem Schnelldrucker entstanden waren und deren Rastergrösse trotz gegenteiliger Beteuerungen der Autoren häufig nicht problemadäquat gewählt waren, zu verständigen (vgl. zu diesem Komplex auch die Ausführungen von RIP 1987, der dies vertieft behandelt). Aus heutiger Sicht braucht es daher nicht verwundern, dass es, von Ausnahmen abgesehen, im gesamten deutschsprachigen Raum keine Planungsbüros gegeben hat, die Programmpakete wie etwa das bekannte IMGRID (vgl. z. B. KOEPPEL & ARNOLD 1981) verwendet haben. Der Grund dafür dürfte in der Tat wesentlich in der mangelhaften Lesbarkeit und Präzision der kartographischen Präsentation zu suchen sein.

Wenn hier auch eher der Datenverarbeitung mit flächenscharfem Raumbezug das Wort geredet wird, so soll dies nicht dahingehend missverstanden werden, Rastersysteme seien in jedem Fall ungeeignet. Für bestimmte Anwendungen erweist sich auch heute die Verwendung räumlicher Daten in Rasterform als sinnvoll und unter Umständen aus Effizienzgründen als überlegen, sodass ein geographisches Informationssystem auch über eine Rasterschnittstelle verfügen sollte. Auch sind viele der in der Vergangenheit aufgenommenen Daten in Rasterform vorhanden, sodass schon aus pragmatischer Sicht nicht auf eine Rasterschnittstelle verzichtet werden kann, wenn man diese Daten für die eigenen Zwecke nutzbar machen will. Diverse Gründe zum Beleg der These, dass die Zukunft jedoch mehrheitlich den flächenscharf arbeitenden Systemen gehören wird, sind bei KIAS (1984, S. 31) zusammengestellt und sollen hier nicht weiter diskutiert werden.

6.2.3. Realisierung am ORL-Institut: Das geographische Informationssystem ARC/INFO

Nach einer Evaluation der auf dem Markt erhältlichen Softwarepakete im Jahre 1983 fiel die Wahl auf das von der Firma ESRI (mit Sitz in Redlands, California) angebotene Softwarepaket ARC/INFO. Zusätzlich wurden vom gleichen Hersteller für spezielle Fragen, die eine rasterbezogene Datenverarbeitung nötig machen, die Softwarepakete GRID und GRIDTOPO angeschafft. Mittlerweile wurde das Paket GRIDTOPO, welches der Bearbeitung und Auswertung digitaler Geländedaten dient, durch das neuere Produkt TIN (= triangulated irregular network) ersetzt. Dieses modelliert, wie der Name sagt, Geländedaten auf der Basis einer unregelmässigen Dreiecksvermaschung.

Diese Softwareprodukte bilden die instrumentelle Grundlage der in den folgenden Kapiteln dargestellten Analysen im Rahmen der Fallstudie "Ökologische Planung Bündner Rheintal". Sie sollen daher vorgängig kurz vorgestellt und charakterisiert werden, ohne jedoch auf Details bis hinunter auf die Ebene der Kommandosprache einzugehen. Diesbezüglich sei auf die zu dem Programmpaket gehörenden Handbücher verwiesen.

Das geographische Informationssystem ARC/INFO kann in aller Kürze wie folgt charakterisiert werden:

Gemäss den Intentionen und der Herkunft der Herstellerfirma ESRI aus dem Bereich der Umwelt- und Ressourcenplanung ist ARC/INFO als offenes System konzipiert, dessen Anwendungsschwerpunkte in den genannten Bereichen liegen. Es besteht aus einer Vielzahl von Modulen, die, einzeln oder zu Makros zusammengefasst, in der Lage sind, ein weites Spektrum von Anwendungsfeldern abzudecken. Die Modularität des Systems versetzt den kundigen Benutzer in die Lage, auf relativ einfache Weise neue Komponenten ins System einzubauen und damit weitere Anwendungsfelder zu erschliessen, welche der Standardumfang des Systems nicht oder nicht auf die gewünschte

Art und Weise behandelt.

ARC/INFO stellt, wie der Name schon sagt, ein Hybridsystem dar, welches aus zwei Hauptkomponenten besteht, dem Systemteil ARC und dem Systemteil INFO. Gleichzeitig steht damit hinter dem System ein hybrides Datenmodell, nämlich ein topologisches und ein relationales. Jedes der beiden Subsysteme behandelt eine der beiden Haupttypen räumlicher Information, die Geometrie und die thematischen Attribute:

- ARC dient der Verarbeitung der geometrischen Informationen, also der Lokalisierung und Beschreibung der topologischen Strukturen von Punkt-, Linien- und Flächendaten;
- INFO ist ein relationales Datenbankprogramm und dient im Verbund von ARC/INFO der Erfassung und Manipulation der thematischen Attribute von Flächen, Linien und Punkten.

Beide Subsysteme stehen nicht völlig getrennt nebeneinander, sondern sind über Verweisstrukturen (Pointer) miteinander verknüpft (Abb. 15).

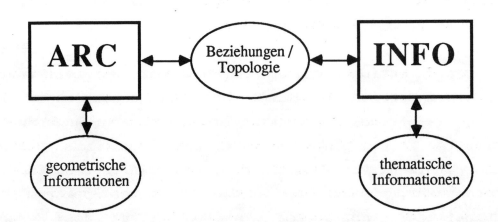

Abb. 15: Hybridstruktur des geographischen Informationssystems ARC/INFO

Abb. 16 zeigt schematisch die Repräsentation der drei grundlegenden Typen räumlicher Strukturen Fläche, Linie und Punkt im System ARC/INFO.

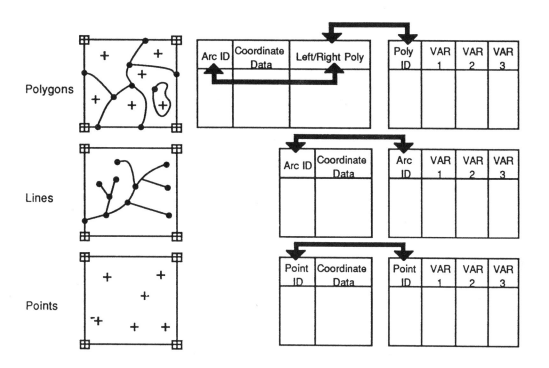

Abb. 16: Repräsentation der drei grundlegenden Typen räumlicher Strukturen im geographischen Informationssystem ARC/INFO (aus: ARC/INFO Users Manual)

Die topologische Struktur für die digitale Abbildung räumlicher Daten, wie sie in ARC/INFO realisiert ist, hat sich heute auf breiter Front als sinnvolle Vorgehensweise durchgesetzt. Abb. 17 zeigt das Prinzip des topologischen Netzaufbaus. Dies bietet eine Reihe von Vorteilen gegenüber früher verwendeten Srukturen, bei denen Flächen nicht als Netzwerk von Liniensegmenten mit entsprechenden Zusammengehörigkeitsverweisen, sondern als geschlossene, d. h. vollständig umfahrene Polygone gespeichert wurden. Einige wichtige davon sind:
- Geringerer Speicherplatzbedarf;
- Schnellere Verarbeitungs- und Zugriffszeiten;
- Effiziente Verarbeitung bei der Verschneidung mehrerer Geometrien unter Mitführung der Thematik;

- Eröffnen neuer Auswertemöglichkeiten, wie Analyse von Nachbarschaftsbeziehungen

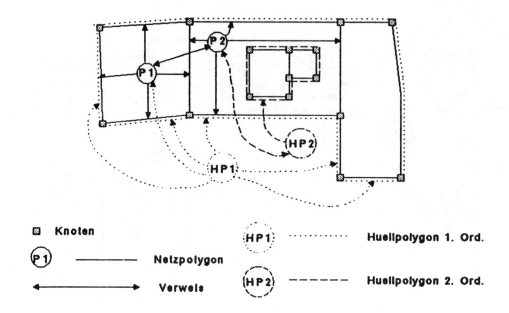

Abb. 17: Schematisierter topologischer Netzaufbau (aus: BEHR 1988, S. 36)

Die Funktionalität von ARC/INFO kann stichwortartig folgendermassen umrissen werden:

- Module für den Dateninput sowie die Kontrolle und Gewährleistung der Datenkonsistenz: hierzu gehören Routinen zur Digitalisierung und Editierung kartographischer Information mittels eines Digitalisiertisches, eines interaktiv graphischen Bildschirms und/oder einer Tastatur. Weitere Routinen prüfen die eingegebenen Daten auf Konsistenz (z. B.: "Sind alle Flächen geschlossen ?") und stellen graphisch oder in Listenform die vorgefundenen Fehler dar. Über die Eingabe wählbarer Toleranzwerte hat der Benutzer die Möglichkeit, die Genauigkeit der Dateneingabe zu steuern. Gleichzeitig steht damit eine Möglichkeit zur Verfügung, durch gezielte Wahl von Toleranzen das Auftreten von geometrischen Fehlern bei der Dateneingabe von vornherein zu vermeiden, indem Koordinaten, die innerhalb der gewählten Toleranzen zueinander liegen, als identisch

angesehen werden.
Zur Gruppe der Dateninputmodule sind auch Routinen zu rechnen, welche die Übernahme von digital vorliegenden Fremddaten ermöglichen. Die standardmässig gelieferten Interfacemodule sind am ORL-Institut durch eine Schnittstelle zur schweizerischen Vermessung gemäss der Reform der amtlichen Vermessung (RAV) ergänzt worden.

- Module für die Analyse digitaler Karteninformation: hierunter sind die Routinen anzusprechen, welche die topologische Verschneidung mehrerer digitaler Karten ermöglichen (vgl. hierzu die Ausführungen in Kap. 6.2.2). Dies ist die Basis für Modellrechnungen und Bewertungen, die auf der Verknüpfung thematischer Informationen aus unterschiedlichen Karten beruhen. Wichtig ist gerade im Zusammenhang mit Bewertungsfragen die Analyse von Nachbarschafts- und Umfeldbeziehungen. Dazu stellt ARC/INFO die Möglichkeit zur Verfügung, Wirkungsbereiche (Umgebungszonen) um ausgewählte Kartenelemente (Flächen, Linien und Punkte) zu generieren, die für die automatische Analyse verwendet werden können.
Ebenfalls unter die analytischen Funktionen zu rechnen sind die Module, mit deren Hilfe kartographische Daten klassifiziert und aggregiert sowie nach bestimmten Kriterienkombinationen der thematischen Attribute extrahiert werden können. Eingebettet sind auch verschiedene Möglichkeiten zur deskriptiv-statistischen Auswertung der digitalen Karteninformation. Komplexere statistische Analysen lassen sich über die Auslagerung der thematischen Information, deren Bearbeitung in einem separaten Statistikpaket und Rückübernahme der Ergebnisse erreichen.

- Module für die Realisierung einer effizienten Datenverwaltung: für grössere Gebiete drängt sich neben der Gliederung des Gesamtdatenbestandes in thematischer Hinsicht auch eine Unterteilung in räumlicher Hinsicht auf, etwa nach Kartenblättern oder administrativen Einheiten (Gemeinde-, Regionsgrenzen etc.). Dies ermöglicht die getrennte Aufnahme und Behandlung durch voneinander unabhängig tätige Bearbeiter. Zur Sicherstellung der Datenkonsistenz stellt ARC/INFO verschiedene Prüf- und Korrekturroutinen zur Verfügung, etwa um Differenzen an Kartenblatträndern zu bearbeiten. Das Subsystem LIBRARIAN dient dem Aufbau umfangreicher Kartenbibliotheken, in denen die Daten gemäss einem definierten Blattschnitt und nach thematischen Ebenen abgelegt werden. Gleichwohl ist damit nicht die Möglichkeit genommen, einen beliebig wählbaren, über Blattgrenzen hinausgehenden Ausschnitt blattschnittfrei zu bearbeiten. Es ist jederzeit möglich, einen solchen Ausschnitt aus der Kartenbibliothek abzurufen und für sich weiterzubearbeiten.

- Module für die kartographische Präsentation sowie Darstellungen in alphanumerischer Form: Kernstück ist das umfangreiche Subsystem ARCPLOT, welches der Aufbereitung und Umsetzung der digitalen Karteninformation in analoge Form sowie der Kartengestaltung dient. Es lässt völlige Freiheit zum Aufbau der kartographischen Präsentation aus beliebig vielen thematischen Ebenen, Definition von unterschiedlichen Schraffuren, Punktsymbolen und Liniengraphik.

- Abgerundet wird das System durch eine Vielzahl sog. "utility functions", wie sie für die Verwaltung digitaler Daten notwendig und üblich sind. Dazu gehört das Zusammenfügen, Kopieren, Löschen und Umbenennen von Datenbeständen, Status- und Kontrollabfragen und vieles andere mehr.

Teil II:

Methodisch - instrumentelle Ansätze zur Aufbereitung biotopschutzrelevanter Daten für die verschiedenen Ebenen der Raumplanung, dargestellt an der Planungsregion "Bündner Rheintal"

7. Die Fallstudie "Ökologische Planung Bündner Rheintal"

Im ersten Teil der vorliegenden Arbeit wurde eine Bilanz von Stand und Stellenwert des Biotopschutzes in der Schweiz im Lichte der planungsrechtlichen und planungspraktischen Verhältnisse herausgearbeitet. Dabei traten eine ganze Reihe von positiven Ansätzen zu Tage, ebenso aber auch zahlreiche Defizite. Insbesondere belegt inzwischen eine Vielzahl von Studien über Geschwindigkeit und Ausmass von Landschaftsverlust bzw. Landschaftswandel den dringenden planerischen Handlungsbedarf hinsichtlich der Sicherung und Entwicklung der verbliebenen biotischen Ressourcen.

Im weiteren wurden verschiedene Ansätze zur Operationalisierung ökologischer Theorien und Vorstellungen in der Raumplanung vorgestellt und diskutiert. Am Beispiel des Bündner Rheintales werden im folgenden basierend auf dem theoretisch Dargestellten konkrete methodisch-instrumentelle Ansätze entwickelt, die darauf abzielen, vorhandene bzw. relativ leicht erhebbare biotopschutzrelevante Daten so aufzubereiten, dass sie einerseits eine raumplanerische Situationsbeurteilung in Bezug auf den Biotopschutz zulassen und andererseits Zielvorstellungen für die Landschaftsentwicklung ableitbar machen.

Im Zentrum steht dabei die Zielsetzung, die Problematik des Schutzes von Tier- und Pflanzenwelt integral zu behandeln, d.h. das kulturlandschaftliche Nutzungsmuster gesamthaft in die Betrachtung einzubeziehen. Von den im Kap. 5 dargestellten Ansätzen wird insbesondere auf die Konzepte "Biotisches Regulationspotential", "Hemerobie" und "Biotopverbundsystem" zurückgegriffen und daraus eine methodische Vorgehensweise erarbeitet, mit der die Qualität von Raumausschnitten hinsichtlich der Ansprüche des Biotopschutzes beurteilt und in Zielvorstellungen zur räumlichen Entwicklung umgesetzt werden kann.

Auch die Einsatzmöglichkeit moderner Computertechnologie für
Zwecke der räumlichen Analyse und Bewertung wird dabei intensiv behandelt. Wo immer dies möglich und sinnvoll erscheint,
werden die Analysen und Bewertungen daher computergestützt
vorgenommen. Damit soll ein Beitrag zur Füllung des Methodenpools eines landschaftsplanerischen Informationssystems geleistet werden.

7.1. Die Planungsregion "Bündner Rheintal" *

Die Planungsregion "Bündner Rheintal" umfasst 17 Gemeinden
zwischen dem Zusammenfluss von Vorder- und Hinterrhein und
der Landesgrenze nach Liechtenstein. Es sind dies die Gemeinden Fläsch, Maienfeld, Jenins, Malans, Igis, Zizers, Trimmis,
Says, Mastrils, Untervaz, Haldenstein, Felsberg, Chur, Domat/
Ems, Tamins, Bonaduz und Rhäzüns. Die grösste Gemeinde ist
die Bündner Kantonshauptstadt Chur mit rund 32'000 Einwohnern. Insgesamt stellt das Bündner Rheintal die dichtestbesiedelte und am meisten industrialisierte Region im Kanton
Graubünden dar. Die Gesamtbevölkerung der Region beläuft sich
auf rund 60'000 Einwohner. Aus Tabelle 6 ist die bevölkerungsmässige und wirtschaftliche Bedeutung der Region im gesamtkantonalen Kontext im einzelnen ersichtlich.

Tab. 6: Flächenverhältnisse, Wohnbevölkerung und Arbeitsplätze im Kanton Graubünden und im Bündner Rheintal

	Kanton Graubünden	Region Bündner Rheintal	Anteil in %
Gesamtfläche (ha)	710600	32856	4.6
landwirtschaftl. Nutzfläche 1985 (ha)	58442	5916	10
offenes Ackerland (ha)	2924	1670	57
Einwohner 1941	128247	32430	25
Einwohner 1984	169018	59322	35
Arbeitsplätze 1975: II.+III. Sektor	67722	24607	36
Landwirtschaftsbetriebe 1975	6913	863	12
Vollerwerbsbetriebe 1975	3638	337	9

---

* Eine Charakterisierung der Planungsregion "Bündner Rheintal" anlässlich einer Fachexkursion stammt von GFELLER (1986), worauf sich die folgenden Ausführungen abstützen.

Während die beiderseits steil ansteigenden Hänge fast ausschliesslich forst- und alpwirtschaftlich genutzt werden, konzentrieren sich die übrigen Nutzungsaktivitäten auf den nur 2 - 3 km breiten Talraum. Dieser ist geprägt durch eine stark wechselnde Nutzungsstruktur mit entsprechenden Gradienten der Nutzungsintensität und Belastung. Einerseits gibt es Bereiche intensiver Siedlungstätigkeit und landwirtschaftlicher Nutzung. Andererseits spielen grössere Flächen eine bedeutende Rolle für den Natur- und Landschaftsschutz. Teile der Rheinauen sind als Gebiete von nationaler Bedeutung inventarisiert. Auch stellt der rechte, durch ausgedehnte postglaziale Schuttkegel gegliederte Talabschnitt von Trimmis bis zur Landquart mit seiner Heckenlandschaft einen grossflächig landschaftsschützerisch wertvollen Teil der Region dar.

Gesamthaft bietet die Region ein Bild, das für viele der grossen alpinen Täler charakteristisch ist:
- hohe Siedlungsdichte
- diverse industrielle und gewerbliche Anlagen
- dichtes Netz von Verkehrsinfrastrukturen
- intensive Landwirtschaft
- starkem Nutzungsdruck ausgesetzte naturnahe Restbereiche

Karte 1 zeigt die Planungsregion im Überblick. Politisch gesehen und insbesondere im Bewusstsein der Bevölkerung kann man die Region nicht unbedingt als Einheit ansprechen. So ist beispielsweise in den Weinbaudörfern der Bündner Herrschaft kaum ein regionales Zusammengehörigkeitsgefühl mit dem Industriestandort Domat/Ems oder auch den noch weiter südlich gelegenen Gemeinden anzutreffen. Dies dürfte ein wesentlicher Grund dafür sein, dass die Aufgabe einer regionalen Planung nicht bereits früher angegangen wurde. Anders als für die Berggebietsregionen, welche Geldmittel aufgrund des Bundesgesetzes über Investitionshilfe im Berggebiet (IHG) erwarten konnten und als Voraussetzung dafür ein regionales Entwicklungskonzept erarbeiten mussten, bestand ein solcher Anreiz für das Bündner Rheintal nicht. Die Region stellt also sozusagen die Zusammenfassung der Gemeinden dar, die nicht unter die Berggebietsdefinition des IHG fallen. Erst mit dem Inkrafttreten des Bundesgesetzes über die Raumplanung (RPG) vom 22. 6. 1979 sowie der darauf ausgerichteten Anpassung des kantonalen Raumplanungsrechts hat sich die Ausgangslage dahingehend verändert, dass die Durchführung einer regionalen Richtplanung aktuell geworden ist.

7.1.1. Natürliche Gegebenheiten

Für ein besseres Verständnis der Situation der Region Bündner Rheintal sollen im folgenden in aller Kürze die natürlichen Gegebenheiten dieses Talraumes dargestellt werden.

Die **Geologie** des Bündner Rheintales ist geprägt durch den Gegensatz zwischen linker und rechter Talseite. Die linke Talseite besteht aus dem Kalkgebirge des Calandamassivs, während auf der rechten Talseite der weiche, leicht erodierbare Bündnerschiefer ansteht. Zahlreiche Wildbäche mit ihren ausgedehnten Schuttkegeln lassen dieses Charakteristikum auf den ersten Blick erkennen. Die Talsohle ist bestimmt durch die Schotterablagerungen des Rheins, die sich durch ihre hohe Wasserdurchlässigkeit auszeichnen. Der Grundwasserspiegel liegt über weite Strecken sehr tief mit Flurabständen von bis zu 12 Metern; die Bedeutung des Grundwassers für die Landwirtschaft ist also sehr gering.

Die **Bodenverhältnisse** unterliegen auf relativ engem Raum einem starken Wechsel. Es ist daher kaum möglich, ohne Vorliegen einer Bodenkartierung ein geschlossenes Bild der Situation zu erhalten. Jedoch wurde im Rahmen der Fallstudie mittels Luftbildinterpretation und stichprobenhafter Feldbegehung eine Verfeinerung der Schweizerischen Landwirtschaftseignungskarte im Massstab 1 : 200'000 erarbeitet, die zumindest für den regionalen Überblick als Datengrundlage anstelle einer Bodenkarte verwendet werden kann. Eine ausführliche Behandlung dieses Aspektes findet sich bei GFELLER (1988).

Sowohl an den Talflanken wie auch in der Talsohle überwiegen
Böden mit verhältnismässig hohem Skelettgehalt, im oberen Bereich der Schuttkegel tritt dieser jedoch besonders stark in
den Vordergrund. Ackerbau ist in diesen Lagen nicht mehr möglich. Die Ebenen selbst sind, wie schon bei den geologischen
Verhältnissen ausgeführt, durch die Flussablagerungen geprägt, wobei Kies-, Sand- und Tonablagerungen auf engem Raum
abwechseln. Wegen des jedoch generell hohen Skelettanteiles
ist der Hackfruchtbau in weiten Teilen des Rheintales stark
eingeschränkt.

Die **klimatischen Verhältnisse** können im Gesamtkontext des
Schweizer Klimas als ziemlich warm, trocken und nebelarm bezeichnet werden. Der Jahresniederschlag liegt im Mittel bei
830 mm im Raum Chur und 1040 mm im Raum Landquart. Im Rahmen
der Fallstudie wurden in den Jahren 1984 bis 1986 aufbauend
auf früheren Arbeiten von SCHREIBER et al. (1977) pflanzenphänologische Kartierungen zur Charakterisierung des Wärmeklimas durchgeführt (siehe dazu KIAS & GFELLER 1986). Die im
Talbereich abgegrenzten Stufen sind aus Tabelle 7 ersichtlich.

Tab. 7: Landbauliche und klimatische Charakterisierung der
abgegrenzten Wärmestufen (aus: SCHREIBER 1977)

Wärmestufe		relative Bezeichnung	Vegetationszeit in Tagen	Jahresmittel-temp. in °C	Temp. Sommerhalbjahr in °C
9 untere	Ackerbaustufe	ziemlich kühl	190-200	7.5- 8.0	12.0-13.0
10 obere	Obst-	ziemlich mild	200-205	8.0- 8.5	13.0-13.5
11 mittlere	ackerbau-	mild	205-210	8.5- 9.0	13.5-14.0
12 untere	stufe	sehr mild	210-215	9.0- 9.5	14.0-14.5
13 obere	Weinbaustufe	ziemlich warm	215-225	9.5-10.0	14.5-15.0

Das Klima des Rheintales ist wesentlich geprägt durch den
Föhn, der im Frühjahr zu einer zeitigen Schneeschmelze und
frühem Pflanzenaustrieb beiträgt und im Herbst die Reife der
Trauben begünstigt. Nur dank seinem Einfluss ist überhaupt

ein so ausgedehnter Weinbau mit qualitativ guten Erträgen möglich.

In den letzten Jahren hat das ursprünglich beinahe nebelfreie Tal eine deutliche Zunahme an Nebeltagen erfahren. Die Ursachen dafür sind zwar nicht eindeutig geklärt, jedoch wird verschiedentlich ein vermuteter Zusammenhang mit der gegenüber früheren Jahrzehnten erhöhten Luftverschmutzung geäussert (vgl. z. B. BIELER 1982).

7.1.2. Wirtschaftsstruktur

Wie aus Tabelle 6 ersichtlich, hat die **Landwirtschaft** des Bündner Rheintales im Gesamtkontext des Kantons Graubünden einen hohen Stellenwert. Nur hier ist es aufgrund der natürlichen Verhältnisse möglich, auf ausgedehnten Flächen intensive Landwirtschaft zu betreiben: beinahe 60 % des offenen Ackerlandes liegen in der Region. Damit steht sie in deutlichem Gegensatz zum restlichen Kanton, wo die Viehwirtschaft vorherrscht. Der Obstbau, der früher ebenfalls grössere Bedeutung hatte, musste dagegen aufgrund der Intensivierung des Ackerbaus massive Reduktionen in Kauf nehmen. Dies gilt insbesondere für den Steuobstbau, dessen Rückgang das Gepräge der Region deutlich verändert hat. Zugenommen hat in den letzten Jahrzehnten die Bedeutung des Weinbaus, der, wie bereits ausgeführt, in einigen Lagen günstige klimatische Bedingungen vorfindet, insbesondere auf den süd- bis südwest-exponierten Hanglagen der Bündner Herrschaft.

Nicht nur hinsichtlich der Landwirtschaft, sondern auch im **2. und 3. Sektor** ist mit Ausnahme des Tourismus das Bündner Rheintal die bedeutendste Wirtschaftsregion im Kanton Graubünden. Ein grosser Teil der Arbeitsplätze im tertiären Sektor befindet sich in Chur als Verwaltungs- und Handelszentrum. Der grösste Arbeitgeber der Region ist gleichzeitig auch der grösste im gesamten Kanton, nämlich die "Emser

Werke" in Domat/Ems, ein Chemiekomplex mit rund 2000 Arbeitsplätzen. Weitere grössere Betriebe sind die Werkstätten der Rhätischen Bahn und eine Papierfabrik, beide im Ortsteil Landquart der Gemeinde Igis gelegen, sowie ein Zementwerk in der Gemeinde Untervaz.

7.1.3. Aspekte der Belastungssituation heute und in Zukunft

Die bereits heute für eine Berggebietsregion hohe Konzentration von Belastungen und Nutzungskonflikten verschiedener Art auf engem Raum war ein wesentliches Kriterium für die Wahl des Bündner Rheintales als Testgebiet einer Fallstudie zur ökologischen Planung. Bei der Beurteilung stehen Lärm, Luftschadstoffe, Zerschneidungseffekte und Flächenkonflikte im Vordergrund.

Die Bedeutung des Lärms als Belastungsaspekt in einem Talraum ist offensichtlich, wenn man bedenkt, dass rund 145 km an Autobahnen und Ortsverbindungsstrassen sowie 74 km an Eisenbahnlinien die Region durchlaufen. Neben der Lärmbelastung sind damit auch nicht unbedeutende Zerschneidungseffekte hinsichtlich der Funktion des Tales als Lebensraum für die Tierwelt verbunden. Für diese wirkt sich besonders negativ aus, dass sie durch die linearen Infrastrukturen vom Zugang zum Rhein abgeschnitten ist.

Als bedeutende Verursacher der Luftverschmutzung traten bis 1986 neben Heizungen und Verkehr auch eine Reihe von Industriebetrieben, wie die Zementwerke Untervaz, Ziegelei und Papierfabrik in Landquart, die Emser Werke sowie die Kehrichtverbrennungsanlage in Trimmis in Erscheinung. Messungen von 1983 belegen für die Kehrichtverbrennung bei Staub, Zink, Blei, Cadmium, Chlor- und Fluorwasserstoff deutliche Grenzwertüberschreitungen, teilweise bis zu einem Mehrfachen der Grenzwertkonzentrationen. In der Zwischenzeit sind Massnahmen zur Verbesserung der Situation eingeleitet worden, nämlich der Einbau einer Rauchgasreinigung in der Kehrichtverbrennungsanlage sowie einer Trockenentschwefelung bei den Zementwerken. Auch die Ziegelei Landquart hat im Jahre 1987 einen neuen Brennofen in Betrieb genommen, um den Schadstoffausstoss zu reduzieren. Eine Verbesserung der lufthygienischen Situation ist also in die Wege geleitet. Inwieweit die durchgeführten Massnahmen ausreichen, werden zukünftige Untersuchungen überprüfen müssen.

Ausgesprochen deutliche Konflikte bestehen zwischen der Bautätigkeit und der Landwirtschaft. Im Jahre 1984 waren mehr als 7 % der bestgeeigneten Landwirtschaftsflächen als Bauzonen ausgewiesen. Inzwischen konnte allerdings über die Revision von Ortsplanungen in einigen Gemeinden dieser Konflikt durch Rückzonungen gemindert werden. Dennoch ist zu erwarten, dass auch längerfristig ein Baudruck die Landwirtschaft belasten wird, den diese zumindest teilweise durch Intensivierungsmassnahmen zuungunsten der noch naturnahen Bereiche kompensieren wird.

Wenn im folgenden von Intensität bzw. Intensivierung im Zusammenhang mit der Landwirtschaft gesprochen wird, so ist damit nicht ein rein ökonomischer Intensitätsbegriff gemeint. Vielmehr soll Intensität, wie von GFELLER (1990) ausgeführt, in einem ökologischen Sinne als Wirkungsintensität verstanden werden, welche ein Mass für durch die Landwirtschaft verursachte Veränderungen im Naturhaushalt darstellt.

Die Intensivierungstendenz seitens der Landwirtschaft ist umso problematischer, als, wie noch später ausführlich zu behandeln sein wird, nur ein kleiner Teil der wertvollen Biotope im Bündner Rheintal rechtlich genügend geschützt ist (JENNY & MUTZNER 1985). Mit dem Gesamtkomplex der Konfliktsituation zwischen Landwirtschaft und Naturschutz befasst sich ausführlich die Arbeit von GFELLER (1990).

Im weiteren sind es neue Projekte, welche zusätzliche Belastungen mit sich bringen werden, die hier nur stichwortartig erwähnt werden sollen:
- Ausbauten am Autobahn- und Kantonsstrassennetz
- Flusskraftwerke an Rhein und Landquart
- neue Alpenhaupttransversale (Splügenbahn)

Aufgrund der grossen und weitgehend unkalkulierbaren Risiken hinsichtlich des Gewässerschutzes kann nach heutigem Stand der Dinge davon ausgegangen werden, dass die einmal geplante Ölkaverne im Calandamassiv bei Haldenstein nicht realisiert werden wird.

7.2. Methodische Grundlagen für das Vorgehen in der Fallstudie "Ökologische Planung Bündner Rheintal"

Bereits im Kap. 5.2. wurden im Zusammenhang mit der Operationalisierung ökologischer Theorien und Vorstellungen in der Raumplanung Entstehung und Entwicklung des Begriffes der "ökologischen Planung" diskutiert. Zusammenfassend versteht man darunter "der Sache nach, dass die Beachtung ökologischer Wirkungszusammenhänge und der systemhaften Vernetzung unserer Umwelt in die Entscheidungen über Standortwahl, Art und Intensität der Raumnutzungen eingeführt wird." (HAHN-HERSE, KIEMSTEDT & WIRZ 1984, S. 67). In der Realität der derzeitigen Planungspraxis sind dies jedoch nach wie vor noch weitgehend Wunschvorstellungen (vgl. TRACHSLER & KIAS 1982, S. 34).

Das Hauptziel der Fallstudie "Ökologische Planung Bündner Rheintal" bestand dementsprechend darin, in enger Kooperation mit den örtlichen Planungsbehörden praxisgeeignete methodische Ansätze zu entwickeln und einem ersten Praxistest zu unterziehen. Es wurde also in erster Linie ein verfahrensmässig-pragmatischer Weg eingeschlagen,

"- weil nur so sichergestellt werden kann, dass kurzfristig die ökologischen Belange wirksamer in planerischen Abwägungsprozessen berücksichtigt werden, ...
- weil die praktische Planung hier den grössten Beratungsbedarf anmeldet." (FÜRST 1986, S. 117)

Ziel der Fallstudie ist die exemplarische Aufbereitung ökologisch relevanter Erkenntnisse für die regionalplanerische Problembehandlung. Die Bearbeitung erfolgt dabei auf 2 Ebenen:
- Ebene der regionalen Richtplanung: Erarbeitung eines Dokumentations- und Informationsinstrumentes zur Analyse und Bewertung der Umweltsituation. Ein solches Instrument dient einerseits dazu, bestehende Konflikte aufzudecken und Ansätze zu deren Lösung zu erarbeiten, andererseits im Sinne einer vorausschauenden ökologischen Planung der Standortvorsorgeplanung für zukünftige Nutzungen.

- Ebene der objektbezogenen Planung: Ermittlung und Bewertung der Umweltauswirkungen von grösseren Einzelprojekten, wobei das methodische Instrumentarium der Umweltverträglichkeitsprüfung zum Einsatz kommt.

Die Zielvorgabe in dieser umfassenden Form setzt zwangsläufig eine weitgehende Vereinfachung und Beschränkung in der Betrachtung komplexer Ökosystemzusammenhänge voraus. Eine Abbildung und Simulation im Sinne umfassender Ökosystemforschung ist bei einer derartigen Zielvorgabe aus Zeit- und Kapazitätsgründen ausgeschlossen. Ein solches Vorgehen legitimiert sich jedoch, wenn man unterstellt, dass
- das "vorsorgende Hinwirken" auf eine ökologisch bedachte Nutzung und Gestaltung der Umwelt eine wichtige Aufgabe der Raumplanung ist;
- als Urteils- und Entscheidungsgrundlagen der Raumplanung sehr oft abgesicherte ordinale und nominale Grössen ausreichen, so dass auf die Gewinnung nur höchst aufwendig zu ermittelnder oder gar unzugänglicher Absolutwerte verzichtet werden kann;
- "ökologische Relativwerte" durch systematische Arbeit mit Indikatorgrössen, insbesondere auch Bioindikatoren, gewonnen werden können;
- sich ein grosser Teil von Belastungsgradienten und Umweltproblemen in verdichteten Räumen hinreichend genau durch Indikatoren erfassen lässt;
- Nutzungskonflikte im Raum über die synoptische Betrachtung der jeweiligen Grössen "Eignung / Schutzwürdigkeit / Empfindlichkeit" und "Belastungsfaktoren / Standortveränderung" beurteilt werden können;
- diese Grössen ebenfalls durch Indikatoren hinreichend genau eingeschätzt werden können und ein konsistentes Bündel an "richtig" angebotenen ökologisch-raumbezogenen Informationen - selbst unter zumindest teilweisem Verzicht auf genaue Messwerte und vollständige Erklärungsmodelle - wirkungsvoller ist als die zwar unzweifelhaft fundiertere, aber isolierte und meist punktuelle Aussage in einem Spezialbereich.

Basierend auf diesen Randbedingungen steht die gezielte, sich soweit als möglich auf "Schnellmethoden" stützende Bestandes-, Belastungs- und Konfliktanalyse mit der darauf aufbauenden Beurteilung und Umsetzung zu Planungsgrundlagen und Handlungsempfehlungen im Vordergrund.

Im folgenden soll es darum gehen, grundlegende methodische Aspekte zu beleuchten, welche die Basis für die Durchführung der Fallstudie "Ökologische Planung Bündner Rheintal" waren.

7.2.1. Grundstruktur des Verfahrensansatzes

Bezogen auf die vorstehend angesprochene verfahrensmässig - pragmatische Zielrichtung der Fallstudie lassen sich im Prinzip alle Verfahren, die dafür in Frage kommen, mit mehr oder weniger grossen Abweichungen auf folgende Schritte zurückführen (vgl. hierzu etwa BACHFISCHER 1978 sowie KAULE 1980):

- Analyse des Naturhaushaltes, seiner Ressoucen und Empfindlichkeiten sowie Darstellung von Wirkungszusammenhängen;
- Analyse der aktuellen Nutzungen und potentiellen Nutzungsveränderungen, Strukturanalyse aktueller und möglicher Verursacher von Belastungen;
- Überlagerung der Nutzungen und ihrer Änderungen auf den Naturhaushalt und Ermittlung der daraus resultierenden Belastungen;
- Bewertung, Untersuchung und Beurteilung verschiedener Handlungsalternativen und Vergleich ihrer Konsequenzen.

Es ist klar, dass dies keine chronologische Gliederung im Sinne eines linearen Ablaufschemas widerspiegelt, sondern vielmehr als ineinandergreifende Teilaspekte eines solchen Verfahrensansatzes zu sehen ist. Auch der der Fallstudie "Ökologische Planung Bündner Rheintal" zugrundeliegende

Verfahrensansatz folgt diesem Muster, welches in Abb. 18 dargestellt ist.

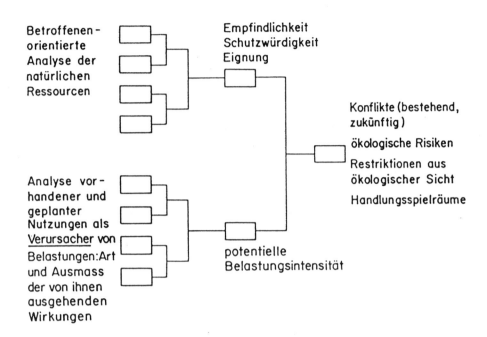

Abb. 18: Grundmuster des Verfahrensansatzes der Fallstudie "Ökologische Planung Bündner Rheintal"

Das Schema macht deutlich, dass sich sowohl das Ergebnis der Analyse der natürlichen Ressourcen als auch das Ergebnis der Analyse der Verursacherseite jeweils aus verschiedenen Komponenten zusammensetzt. Damit ist die Frage der Informationsverdichtung aufgeworfen: "Wie komme ich sinnvoll zu den Aussagen auf der rechten Seite ?". Darauf wird später noch ausführlicher eingegangen. Es wird zudem deutlich, dass, sobald kompliziertere Verhältnisse vorliegen, ein derartiges Bewertungsverfahren bis zu einem gewissen Grad zu formalisieren ist, ansonsten die Gefahr besteht, dass wichtige Elemente nicht berücksichtigt werden.

Die auftretenden methodischen Probleme lasse sich im wesentlichen in 2 Gruppen unterteilen: einerseits in Probleme der Grundlagenbeschaffung und Datenerhebung und andererseits in Bewertungsprobleme.

7.2.2. Grundlagendaten und Indikatorbildung

Die Erarbeitung der notwendigen Informationsbasis stellt einen Kernpunkt in der konkreten Ausgestaltung eines Verfahrensansatzes der ökologischen Planung dar. Bevor darauf näher eingegangen wird, sind zunächst einmal die in diesem Zusammenhang wichtigen Begriffe "Daten" und "Informationen" zu klären. Während häufig in der Datenverarbeitung der Begriff der Information als "allgemeine Bezeichnung für Daten" verwendet wird (LÖBEL et al. 1975), hat sich in den Planungswissenschaften eine Differenzierung dieser Begriffe durchgesetzt, die davon ausgeht, dass Information Wissen bedeutet. Information ist dann der Wert von Daten und ihren Verknüpfungen unter einem gegebenen Zweck für einen gegebenen Nutzer. Informationen führen also beim Empfänger zur Reduktion von Ungewissheit. Gegebene Daten werden für den Nutzer nur dann zu Informationen, wenn er die Daten zur sinnvollen Beantwortung seiner Fragestellung verwenden kann. Pointiert könnte man formulieren, dass in der Planung letztlich eigentlich niemand an Daten interessiert ist, sondern jedermann zu allererst an praktisch verwendbaren Informationen.

Die Lösung dieser Problematik setzt ein methodisches Instrumentarium zur Umsetzung von Daten in Informationen voraus. Ein wichtiges Hilfsmittel zur Verarbeitung raumbezogener Daten stellen die bereits im Kap. 6 dargestellten geographischen Informationssysteme dar. Allein das Vorhandensein eines solchen EDV-gestützten Systems löst jedoch diese Problematik noch nicht. Gerade im Zeitalter der EDV wird häufig die Menge an Daten als Massstab genommen und weniger, ob die Menge an Daten wirklich in Informationen umgesetzt wurde, d. h. ob bei einem zu Informierenden, also etwa einem politischen Entscheidungsträger, Ungewissheit reduziert wurde.

Was die Reduktion von Ungewissheit angeht, spielt hier auch ein grundlegendes Dilemma hinein, dass in dem nach wie vor nicht unproblematischen Verhältnis zwischen Naturwissenschaft und Planungswissenschaft begründet ist. Ökologische Planung ist aber von ihrem Selbstverständnis her an der Nahtstelle dieser beiden Denk- und Arbeitsweisen angesiedelt und braucht beide für fundierte und gleichzeitig praxisbezogene Aussagen.

Zwischen den naturwissenschaftlich-ökologischen Disziplinen und der ökologischen Planung bestehen trotz bereits jahrelanger Diskussion nach wie vor erhebliche Kommunikationsschwierigkeiten. Der Naturwissenschaftler, der aufgefordert wird, seine Forschungsergebnisse im Hinblick auf konkrete Planungsprobleme aufzubereiten, sieht sich häufig gezwungen, den festen Boden naturwissenschaftlicher Denk- und Arbeitsweise zu verlassen und sich auf eine ihm ungewohnte planerische Pragmatik einzulassen. Er fragt ja nicht: "Welche Informationen brauche ich, um ein bestimmtes Problem zu lösen?", wobei es anzustebendes Ziel aus raumplanerischer Sicht ist, mit möglichst wenig, dafür aber der "richtigen" Information auszukommen.

Die Fragestellung des Naturwissenschaftlers ist der Erkenntnisgewinn als solcher, d.h. je mehr Information desto besser. Da die vorliegenden Informationen aber immer unvollständig sind, möchte er häufig nur vorsichtige Empfehlungen aussprechen und merkt an, dass zur endgültigen Beantwortung der konkreten Fragestellung noch diese oder jene weiteren, oft langwierigen Untersuchungen notwendig seien.

Man ist hier in Gefahr, in einen Teufelskreis zu geraten. Denn eine Verfeinerung der Datenlage und eine Verfeinerung der Modellierung ist immer möglich und aus der Sicht des naturwissenschaftlichen Erkenntnisgewinns auch sinnvoll. Eine anstehende planerische Entscheidung wird aber so oder so erfolgen, gleichgültig, ob die Naturwissenschaft mit ihrer Aussageschärfe nun bereits zufrieden ist oder nicht.

Die Lösung kann beim gegebenen Wissensstand nur darin bestehen, unter bewusstem Verzicht auf vollständige Erklärungsmodelle den Weg eines verfahrensmässig-pragmatischen Vorgehens einzuschlagen. Denn Wirkungsketten und Zusammenhänge, wie sie für komplexe Systeme und dabei insbesondere Ökosysteme typisch sind, können in der Planungspraxis nie vollständig erfasst, sondern müssen über die Verwendung von Indikatorgrössen integral behandelt werden. Dass dies eine stets anfechtbare Gratwanderung bedeutet, ist unumstritten. Gerade deshalb muss die Offenheit und Bereitschaft bestehen, jederzeit einen einmal gewählten Ansatz zu revidieren und dem jeweils veränderten Stand der wissenschaftlichen Erkenntnis anzupassen.

Im Zusammenhang mit Indikatorgrössen ist ein klares Begriffsverständnis wichtig. Der Begriff des Indikators ist zwar weit verbreitet und entsprechend viel verwendet, allerdings auch häufig begrifflich unsauber. Entscheidend ist aber der Bezug "Indikator <--> Indikandum", d.h. eine Messgrösse wird nur dadurch zum Indikator, dass ein klar definierter Zusammenhang mit dem Indikandum, also der zu beschreibenden Grösse hergestellt wird. Leider findet sich immer wieder ein etwas unpräziser Umgang mit diesem Begriff, indem er einfach mit "Kriterium" oder "Messgrösse" synonym gesetzt wird.

Häufig bestehen zwischen Indikator und Indikandum Abbildungsunschärfen: Entweder beschreibt ein Indikator nur einen Ausschnitt aus dem Indikandum, diesen jedoch recht exakt; oder der darzustellende Sachverhalt betrifft nur einen Teilbereich dessen, was der Indikator beschreibt (vgl. Abb. 19).

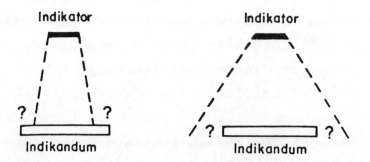

Abb. 19: Zusammenhang zwischen Indikator und Indikandum (aus: KAULE 1980, S. 30)

Eng verknüpft mit der Frage der Inkikatorverwendung ist das Problem der räumlichen und sachlichen Aussageschärfe bei der Erarbeitung von Informationen. Dazu ein Beispiel: Will man etwa Informationen über die Lärmsituation im Umfeld einer Strasse haben, so bietet sich als eine Möglichkeit der Weg der direkten Messung an. Mit einer solchen Messung erhält man exakte Werte für einen bestimmten Ort zu einer bestimmten Zeit. In raumplanerischen Zusammenhängen ist aber die Frage der Verteilung in Raum und Zeit mindestens ebenso wichtig, wenn nicht wichtiger, d.h. die Aussagen sollen flächendeckend sein und für einen bestimmten Betrachtungszeitraum gelten. Solche Aussagen sind aber häufig in der sachlichen Schärfe der direkten Messung kaum mit den zu Verfügung stehenden Mitteln zu erzielen. Man wird also, um bei dem Beispiel der Lärmimmissionen zu bleiben, auf Daten zurückgreifen, die flächendeckend zur Verfügung stehen oder leicht zu erheben sind und die in einem bekannten Zusammenhang mit der Lärmintensität und ihrer räumlichen Ausbreitung stehen, also Verkehrsaufkommen und Verkehrsstruktur, Topographie, Flächennutzung usw. Eine solche modellhafte Abbildung der gesuchten Information geht natürlich aufgrund der Unsicherheit bei der Modellbildung mit dem Verzicht auf sachliche zugunsten von räumlicher Aussageschärfe einher. Man wird im jeweiligen Einzelfall entscheiden müssen, welches Verhältnis dieser beiden Komponenten zueinander im Hinblick auf eine zu beantwortende Frage sinnvoll ist.

Hier sollte sich ein Anknüpfungspunkt für die Diskussion zwischen Fachwissenschaftler und Planer ergeben, an dem man sich zwingen sollte, die gegenseitigen Erwartungen und Möglichkeiten offenzulegen. Beispielsweise ist ein Lärmmodell, das auf der Basis eines digitalen Geländemodells im 50 x 50 m Raster funktioniert, nicht "per se" ungenau. Ungenau ist es lediglich im Hinblick auf eine bestimmte Anwendungsfrage, z.B. die Lärmschutzplanung in einem Stadtquartier. Um aber etwa Aussagen im Rahmen der Evaluation von Überlandstrassenvarianten zu machen ist es möglicherweise sogar genauer als nötig.

Grundsätzlich kann festgehalten werden, dass unter Umständen, nämlich je nach dem zur Verfügung stehenden Budget an Zeit und Geld, solche modellmässig errechneten Ergebnisse bei aller ihnen sachlich anhaftenden Problematik als Planungsgrössen verlässlicher sein können als Daten aus einer zu kurzen Messperiode in einem zu weitmaschigen Netz.

Für die Datengewinnung im Rahmen eines Indikatoransatzes bieten sich verschiedene Möglichkeiten an, die sich grob in vier Gruppen unterteilen lassen (HANKE 1982, S. 69f):
- Auswertung und Interpretation von vorliegenden Datenquellen etwa in Form von Karten, Messdaten, Statistiken etc.;
- Gutachterliche Einschätzung vor Ort;
- Erfassung von Daten auf dem Wege der direkten Messung;
- Berechnung gesuchter Informationen aus Sekundärinformationen.

Die Verfahren ergänzen sich gegenseitig und man wird in der Praxis kaum auf eines davon verzichten können. Die Wahl, welche Verfahren in welcher Kombination im Einzelfall eingesetzt werden, ist von verschiedenen Kriterien abhängig, wie gegebene Datenlage, zur Verfügung stehende Zeit, Grösse des Planungsraumes und nicht zuletzt der gewünschten sachlichen und räumlichen Aussageschärfe über die Zeit.

Ein Aspekt sollte noch angesprochen werden, der die Erzielung von Allgemeingültigkeit bei der Erarbeitung von Indikatoransätzen betrifft. Die "Idealvorstellung" wird bisweilen in einem "Standardindikatoransatz" gesehen, der erprobt und allgemein anerkannt ist. Dies mag in Teilbereichen durchaus denkbar sein, etwa im Zusammenhang mit der erwähnten Lärmproblematik, bei der man auf gesetzlich fixierte Grenzwerte zurückgreifen kann, die eine breite Akzeptanz widerspiegeln. In anderen Bereichen ist man jedoch davon noch weit entfernt. Auch löst die Definition von Indikatoren, selbst wenn sie die gewünschte allgemeine Akzeptanz geniessen würden, natürlich noch nicht alle Probleme. Insbesondere bei einer regional inhomogenen Datenlage, wie sie bzgl. grossmassstäbiger Daten in der Schweiz vorliegt, kommt man mit allgemeingültigen Indikatoren nicht weiter. Denn ein Indikator, zu dessen Messung im konkreten Fall die Mittel fehlen, ist wenig nützlich. Dies gilt insbesondere dann, wenn wie in der Fallstudie "Ökologische Planung Bündner Rheintal" eine wesentliche Randbedingung die Orientierung an der typischen Alltagssituation einer Schweizer Regionalplanung darstellt, welche als Voraussetzung für die Akzeptanz in der Planungspraxis umumgänglich ist. Und dies bedeutet in der Regel: wenig Zeit und wenig Geld !

7.2.3. Methodische Überlegungen zu Bewertung und Datenaggregation

In einer Bewertung wird der Bezug hergestellt zwischen physisch gemessenen oder über Modelle hergeleiteten Grössen und einem Wertsystem (Abb. 20). Diese Umsetzung kann gegebenenfalls streng wissenschaftlich begründet und damit "objektiv" sein, etwa wenn nachgewiesen ist, dass eine bestimmte Konzentration eines Schadstoffes eine ganz bestimmte Wirkung hervorruft und daher als "schädlich" bewertet werden muss. Sie ist aber meist mehr oder weniger subjektiv geprägt, beispielsweise wenn es darum geht, die Ausstattung eines Raumes mit natürlichen Landschaftselementen zu bewerten. Eine solche Einschätzung hängt nicht nur dann wesentlich von der zugrundeliegenden Werthaltung ab, wenn es um die landschaftsästhetischen Aspekte geht, sondern gleichermassen auch bei der Beurteilung der biotopschützerischen Bedeutung.

Ein entscheidender Gesichtspunkt bei der Beurteilung einer Bewertung ist deren Transparenz und Nachvollziehbarkeit. Auch eine klare Abgrenzung von Bewertungsschritten gegenüber Datenerhebung und -verarbeitung ist insbesondere für die Interpretation der Ergebnisse eines Bewertungsverfahrens sehr wichtig. Es muss betont werden, dass Wertungen nicht nur bei der Abbildung physisch gemessener Grössen auf eine bewertende

Skala erfolgen. Bereits die Auswahl und Definition von Indikatoren kann eine Wertung beinhalten, da damit weitgehend entschieden wird, wie detailliert ein Sachverhalt untersucht werden soll. Bewertet wird schliesslich auch bei der zur Erarbeitung von planungsverwendbaren Aussagen notwendigen Informationsverdichtung, also dem Zusammenfassen mehrerer Einzelaussagen zu einer übergeordneten Aussage.

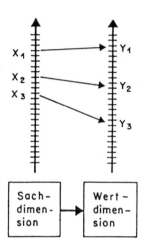

Abb. 20: Prinzip der Transformation von Messwerten in eine Wertskala

Sofern man das Problem der Bewertung in einem formalisierten Rahmen angehen will, also mit Hilfe eines formalisierten Bewertungsverfahrens, lassen sich bestimmte, typische Arbeitsschritte differenzieren (vgl. GATZWEILER 1980, S. 173):
- Auswahl von Variablen als Indikatoren bzw. Umsetzung von Daten in Indikatoren;
- Überführung von physisch gemessenen Indikatoren (Sachdimension) in eine bewertende Skala (Wertdimension);
- Zusammenfassung der bewerteten Indikatoren zu höher aggregierten "Indizes" mittels sog. Aggregationsvorschriften (Informationsverdichtung).

Das für die Bewertung eingesetzte Standardinstrumentarium in den siebziger Jahren war die von ZANGEMEISTER (1970) begründete Nutzwertanalyse, die dieser wie folgt charakterisiert (S. 45): "Nutzwertanalyse ist die Analyse einer Menge komplexer Handlungsalternativen mit dem Zweck, die Elemente dieser Menge entsprechend den Präferenzen des Entscheidungsträgers bezüglich einem multidimensionalen Zielsystem zu ordnen."

Es kann hier darauf verzichtet werden, den Ablauf einer Nutzwertanalyse zu skizzieren. Vielmehr sei auf die umfangreiche Literatur zu diesem Thema verwiesen (vgl. auch GFELLER, KIAS & TRACHSLER 1984, S. 20ff). Im folgenden sollen nur einige wesentliche Aspekte der Kritik an der Nutzwertanalyse kurz aufgegriffen werden, die deutlich machen, in welche Richtung sich die Bewertungsverfahren in den achtziger Jahren entwickelt haben.

KELLER (1982) wirft der Nutzwertanalyse vor allem vor, dass sie die Verteilung von Auswirkungen oft gar nicht zum Ausdruck bringt. Damit ist einmal die räumliche Verteilung gemeint, dann aber vor allem auch die Verteilung von Vor- und Nachteilen auf verschiedene gesellschaftliche Gruppen. Grundsätzliche Kritik an der Nutzwertanalyse und ähnlichen Bewertungsverfahren kommt von HEIDEMANN (1981). Er geht davon aus, dass bereits mit der Aufstellung von Zielsystemen Missbrauch getrieben werden kann, nämlich dann, wenn Zielsysteme als objektive Sachverhalte ausgegeben werden, obschon sie als Hilfsmittel längerfristiger Planungen stets auch Ausdruck einer bestimmten politischen Strategie sind.

Eine umfassende theoretische Auseinandersetzung mit der Nutzwertanalyse und ihren Problempunkten leistete BECHMANN (1978 u. 1980). Er spricht bei der daraus abgeleiteten Weiterentwicklung von einer "Nutzwertanalyse der 2. Generation", in der er versucht, die Probleme bei der praktischen Anwendung der Nutzwertanalyse im ökologischen Bereich durch Veränderung ihrer formalen Struktur zu lösen. Der Kernpunkt dieser Veränderungen besteht darin, zwei formale Einschränkungen, die Nutzenunabhängigkeit und die Kardinalität der Messskalen, zu überwinden. Letzteres erfolgt durch Abbildung der Zielerträge auf ordinale Skalen der Zielerfüllungsgrade mit nicht zu vielen Klassen. Damit ist auch die Messung der Kriterien selbst (Zielerträge) auf ordinalem Niveau möglich.

Die Aggregation erfolgt nicht mehr additiv wie bei der Standardversion, sondern schrittweise auf der Basis von logischen "und / oder"-Verknüpfungen. Einerseits soll damit eine weitergehende Nachvollziehbarkeit gewährleistet werden und andererseits wird es bei einer solchen Konzeption möglich, verschiedene Arten von Nutzenabhängigkeit in der Wertsynthese zu berücksichtigen.

Mit logischen Verknüpfungen (d.h. "und / oder"-Aussagen) lassen sich grundsätzlich beliebige Kombinationen von Kriterien in Beziehung setzen. Solche Regeln haben beispielsweise den folgenden Wortlaut: "Wenn bei Kriterium A der Grenzwert X_A überschritten ist und entweder das Kriterium B zwischen X_B und Y_B liegt oder bei Kriterium C der Wert X_C nicht erreicht wird, dann nimmt der Gesamtwert für alle drei Kriterien $X_{(AoBoC)}$ den folgenden Wert an ...". Solche Aggregationsregeln lassen sich übersichtlich in Form von Entscheidungsbäumen darstellen. Ein Ausschnitt aus dem Entscheidungsbaum, der dem soeben beschriebenen abstrakten Beispiel entspricht, ist in Abb. 21 wiedergegeben. Abb. 22 zeigt das gleiche Prinzip anhand eines konkreten Beispiels zur Bewertung der Lärmbelastung von Bauzonen.

Einen zweiten Ast der methodischen Weiterentwicklung bei der Aggregation von Einzelaussagen zu übergeordneten Aussagen stellt das Konzept der Präferenzmatrizen dar (siehe hierzu GATZWEILER 1980). Im Gegensatz zu der für die NWA-Grundform typischen Vorgehensweise der additiven Wertaggregation wird hier eine schrittweise Aggregation jeweils zweier Teilwertungen vorgenommen. In Matrixform werden die den Kombinationen der Teilwerte zugeordneten aggregierten Wertungen dargestellt, wobei im Minimalfall nur die Eckwerte der Matrix belegt werden müssen. Dazwischen kann entweder manuell oder mit

Hilfe eines geeigneten Computerprogramms interpoliert werden.

Diese Vorgehensweise ist jedoch insbesondere dann problematisch, wenn die Anzahl der Bewertungsstufen sehr gross gewählt wird. Als Folge davon kann nicht mehr jede Stufe verbal-argumentativ unterlegt werden, d.h. es ist nicht möglich, die Aussagekraft jeder einzelnen Stufe randscharf zu umreissen. Eine ausführliche Diskussion dieses Aspektes findet sich bei KIAS & TRACHSLER (1985, S. 67 ff.).

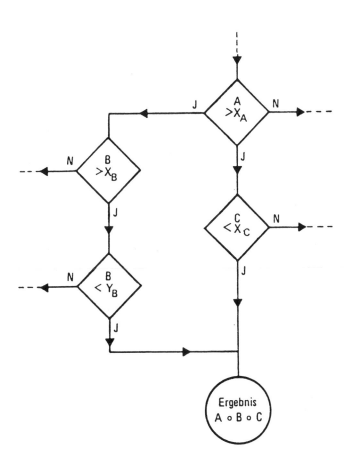

Abb. 21: Beispiel aus einem Entscheidungsbaum für die Verknüpfung dreier Kriterien (A, B, C) mittels logischer "und / oder"-Aussagen; J = Ja, N = Nein

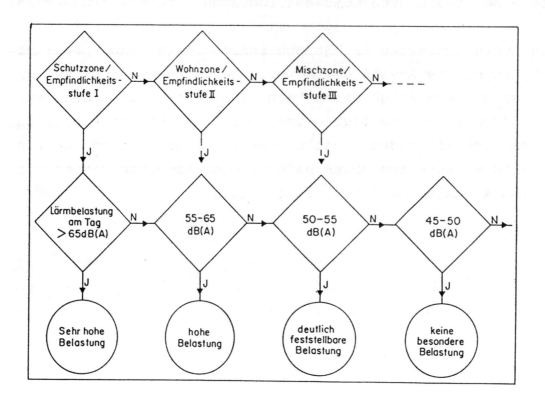

Abb. 22: Ausschnitt aus einem Entscheidungsbaum zur Bewertung der Lärmbelastung von Bauzonen. Die Bewertung erfolgt gemäss den Richtwerten der eidgen. Verordnung über den Lärmschutz bei ortsfesten Anlagen (LSV); J = Ja, N = Nein

Lange waren auch die Weiterentwicklungen der Nutzwertanalyse z.T. scharfer Kritik von Seiten der Verfechter der klassischen Version ausgesetzt. So warf CERWENKA (1984) diesen Ansätzen vor, sie seien zwar durchaus von akademischem Interesse, aufgrund der "praktischen Erfahrungen an der Planerfront" jedoch ungeeignet, da alle Versuche, die über die Verwendung des additiven Verknüpfungsansatzes hinausgehen, an der Planerfront, weil zu kompliziert, nicht akzeptiert würden.

GFELLER & KIAS (1985) haben sich ausführlich mit dieser Kritik auseinandergesetzt und sie als unbegründet zurückgewiesen. Dabei ist u.a. festzuhalten, dass viele, insbesondere landschaftsökologische Grundlagendaten nur in unscharfer, nicht auf kardinalem Skalenniveau quantifizierbarer Form vorliegen. Diese grundlegende Situation muss schwerer wiegen als eine vermeintliche fehlende Akzeptanz an der "Planerfront". Denn damit ist die wichtigste Voraussetzung für die Anwendung der Wertsynthese im Sinne der klassischen Nutzwertanalyse, nämlich, dass die zu aggregierenden Eingangsgrössen kardinal skaliert vorliegen müssen, häufig nicht gegeben. Deshalb darf die Frage nach einem geeigneten Aggregationsverfahren nicht losgelöst von den Eigenschaften der zu aggregierenden Eingangsgrössen diskutiert werden.

In der Diskussion der achtziger Jahre ist im übrigen ein Trend festzustellen, die "visuell-aggregierenden" Fähigkeiten des bewertenden Subjekts wieder stärker in den Bewertungsvorgang zu integrieren und auf diese Weise die Formalisierung bis zu einem gewissen Grade zu flexibilisieren. Dies ermöglicht, den Blick für mehr Details zu öffnen, als es in der Regel bei einem bis zum Endergebnis allzu streng formalisierten Verfahren der Fall ist. Zur Veranschaulichung mögen zwei Beispiele dienen, die im Rahmen der Evaluation von Grossprojekten entwickelt und angewendet wurden.

Das erste Beispiel (Abb. 23) stammt aus der Studie zur Überprüfung von Varianten der geplanten Nationalstrasse N 9 im Wallis (BOVY 1982). Einerseits ist hier das Ausmass der Wirkungen der einzelnen Varianten bezüglich verschiedener Aspekte auf einer fünfstufigen Skala dargestellt. Auf eine weitergehende, womöglich numerische Aggregation wird verzichtet. Auch eine fixe, numerische Gewichtung findet nicht statt, sondern stattdessen wird die Bedeutung der einzelnen Kriterien mittels graphischer Symbole in den visuellen Aggregationsprozess eingespeist.

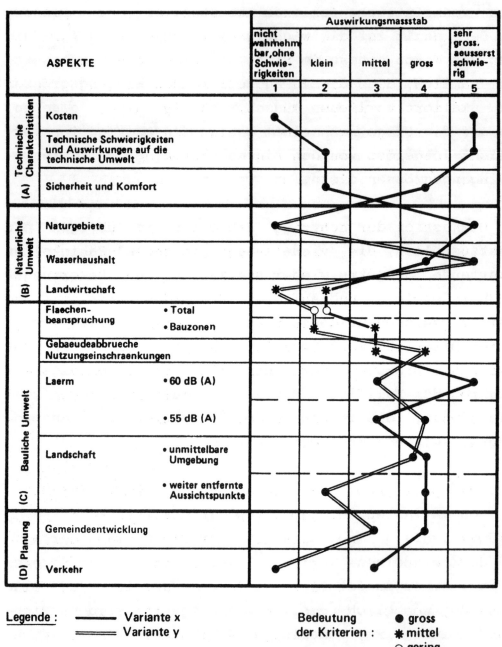

Abb. 23: Vergleich zweier Varianten der Nationalstrasse N 9 im Wallis (aus: BOVY 1982, S. 74)

Ein zweites Beispiel (Abb. 24) entstammt der "Zweckmässigkeitsprüfung für die neue Eisenbahnhaupttransversale" in der Schweiz (ARGE GÜLLER / INFRAS 1983). Die Autoren sprechen bei der Charakterisierung ihres Vorgehens auch von "politischer

Spektralanalyse", indem sie die jeweils ermittelte bzw. mutmassliche Einschätzung verschiedener gesellschaftlicher Interessengruppen in eine Graphik eintragen. Auf eine eigentliche Gewichtung wird auch hier verzichtet. Es wird direkt aus der Graphik deutlich, bei welchen Kriterien grosse Meinungsunterschiede bezüglich der Beurteilung auftreten, aber auch, bei welchen Kriterien unabhängig vom Standpunkt positive bzw. negative Wertungen vorliegen.

Die Autoren der Studie führen dazu selber aus: "Es ist klar, dass bei der Abbildung solcher Meinungsspektren die Ränder unscharf sind und keine Kurven über die Dichteverteilung der einzelnen Standpunkte gezeichnet werden können. Dennoch bringen sie mehr zum Ausdruck, als dies eine einzelne Nutzwertfunktion tut, von der man nicht weiss, welchen Ausschnitt des Meinungsspektrums sie wiedergibt. Dass auch bei diesem Verfahren die Auswahl und Gliederung der Evaluationskriterien und persönliche Gewichtungen einen gewissen Einfluss auf das Endergebnis der Beurteilung haben, braucht keiner besonderen Erwähnung." (ARGE GÜLLER / INFRAS 1983, S. 225)

Es kann heute als unumstritten angesehen werden, dass eine solche Ergebnisdarstellung erheblich besser geeignet ist, die im Planungsprozess nötigen Diskussionen in Gang zu setzen, als das Endergebnis etwa einer üblichen klassischen Nutzwertanalyse. In einem Punkt erscheint dabei die von CERWENKA (1984) gegenüber einer Reihe von Verfahrensansätzen geäusserte Kritik gerechtfertigt, nämlich was den Aspekt der Kompliziertheit angeht. Es dürfte durchaus ein Trugschluss sein, zu meinen, dass mit steigendem Kompliziertheitsgrad eines Bewertungsverfahrens (und damit ist häufig unterstellt: zunehmende Realitätsnähe) die Durchsetzungschancen der Ergebnisse in der Planungspraxis zunehmen. Häufig ist eher das Gegenteil der Fall. Schliesslich ist eine Grundvoraussetzung zur Steigerung der Durchsetzungschancen die Verbesserung der Information und der Kommunikation. Da wirken zu komplizierte Verfahren eher kontraproduktiv.

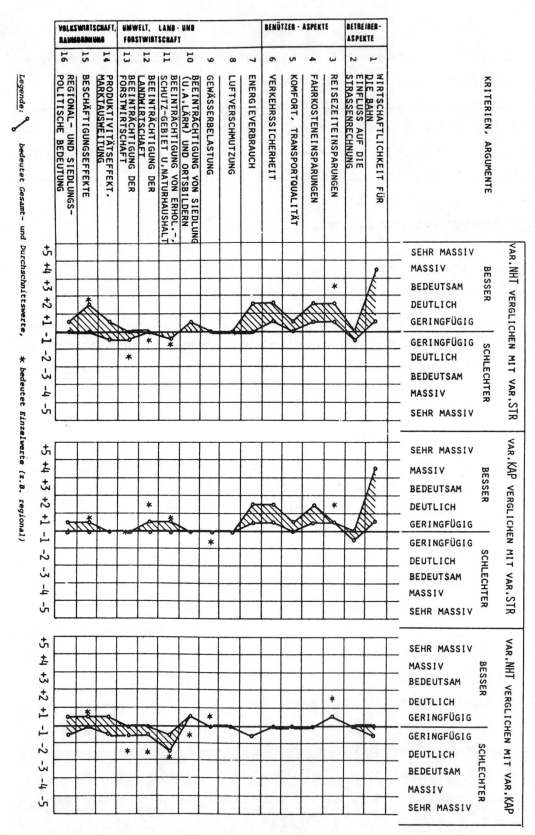

Abb. 24: Vergleich verschiedener Variantenpaare (NHT = neue Hauptransversale, KAP = Variante "Kapazitätsausbau bestehender Bahnstrecken", STR = Variante "Kapazitätsausbau Strassen") (aus: ARGE GÜLLER / INFRAS 1983, S. 229)

Die in der Fallstudie "Ökologische Planung Bündner Rheintal" zum Einsatz kommenden methodischen Prinzipien und Bewertungsansätze entsprechen wesentlich den geschilderten Grundprinzipien, wie sie für die Weiterentwicklung nutzwertanalytischer Bewertungsansätze charakteristisch sind:

- Einfachheit der Bewertungsstruktur;
- Verwendung von Ordinalskalen mit nicht zu vielen Klassen;
- Problemangepasste Flexibilität bei der Wahl der Klassenanzahl;
- Aggregation von Daten über die Verwendung von logischen "und / oder"-Aussagen;
- Verzicht auf Aggregation zu einem nicht mehr interpretierbaren Gesamtergebnis;
- Stattdessen Einbezug der "visuell-aggregierenden" Fähigkeiten des bewertenden Subjekts in den Bewertungsvorgang sowie ausführliche verbal-argumentative Interpretation der Bewertungsergebnisse; (karto)-graphische Darstellung der Verteilung im Raum.

Wenn die Ergebnisse von Bewertungsverfahren Eingang in den politischen Entscheidungsprozess finden sollen, müssen sie einer verbal-argumentativen Interpretation standhalten können. Dazu ist es notwendig, dass die Bezeichnungen der Bewertungsstufen einer klaren Objektsprachendefinition unterliegen, d.h. mit jeder Bezeichnung eine eindeutige Wertzuordnung verbunden ist, die von verschiedenen bewertenden Subjekten gleichermassen verstanden wird. Aus diesem Grund war und ist es zentrales Prinzip der Vorgehensweise, jeweils nur soviele Stufen zu verwenden, wie im Einzelfall inhaltlich begründbar sind. Jeder einzelnen Stufe sollte ein verbales Prädikat zugeordnet werden können. Nur damit ist die Gewähr geboten, dass die Ergebnisse auch interpretierbar sind und aus der Unverbindlichkeit reiner Relativaussagen herausgehoben werden.

7.3. Gliederung des Gesamtprojektes in Aussagebereiche

Das praktische Hauptziel der Fallstudie "ökologische Planung Bündner Rheintal" besteht auf der Ebene der Regionalplanung darin, ein Dokumentations- und Informationsinstrument zur Analyse und Bewertung der Umweltqualität zu entwickeln. Die Analyse und Beurteilung eines komplexen Systems, wie es eine Planungsregion darstellt, ist aber aus der Sicht der Umweltplanung nicht gesamthaft möglich. Vielmehr bedarf es einer Gliederung in überschaubare Teilsysteme, die dann zunächst getrennt für sich bearbeitet werden können. Eine anschliessende Synthese sorgt dafür, dass die Teile wieder zu einem Ganzen zusammengefügt werden.

Grundsätzlich ist die Gliederung eines gesamten Umweltsystems in Teilsysteme auf zweierlei Art und Weise möglich:

- umweltmediale Gliederung
- nutzungskomplex-orientierte Gliederung

Bei der ersten Art der Gliederung würde eine Unterteilung erfolgen in:

- Klima / Luft
- Wasser
- Boden
- Flora / Fauna
- ...

Im Rahmen der Fallstudie sollen jedoch die Aussagen nicht auf die Ebene der Umweltmedien beschränkt bleiben. Einer nutzungskomplex-orientierten Gliederung ist daher der Vorzug zu geben. Allerdings wurde dabei ein sehr weit gefasstes Verständnis des Begriffes "Nutzungskomplex" zugrundegelegt. In diesem Sinne stellt auch der "Biotopschutz" einen Nutzungsanspruch an den Raum dar, auch wenn damit keine Nutzung im ökonomischen Sinne verbunden ist. Mit diesem erweiterten Begriffsverständnis soll u.a. auch der Forderung des RPG nach einem haushälterischen Umgang mit den Naturgütern Rechnung getragen werden.

Folgende Gliederung in "Aussagebereiche" wurde für die Bearbeitung der Fallstudie vorgenommen:

- Siedlung / Wohnen
- Erholung
- Natur- und Landschaftsschutz
- Landwirtschaft
- Forstwirtschaft
- Wasserwirtschaft

Aussagebereichsübergreifend kam zudem die Bearbeitung der Komplexe "Luftqualität" und "Lärm" dazu. Im Rahmen der vorliegenden Studie wird in den folgenden Kapiteln nur auf die Arbeiten im Aussagebereich "Natur- und Landschaftsschutz" eingegangen.

8. Der Aussagebereich "Natur- und Landschaftsschutz" im Rahmen der Fallstudie "Ökologische Planung Bündner Rheintal"

Ziel der Arbeiten im Aussagebereich "Natur- und Landschaftsschutz" war es, die Problematik des Schutzes von Tier- und Pflanzenwelt integral zu behandeln. Dazu sollten als Vorgaben für die Planung nicht nur die besonders schutzwürdigen Biotope erfasst, sondern das gesamte kulturlandschaftliche Nutzungsmuster in die Betrachtung einbezogen werden, da die Erhaltung einer möglichst grossen biotischen Vielfalt im Raum als Beitrag zu einer Stabilisierung und Sicherstellung eines funktionsfähigen Naturhaushaltes angesehen werden kann.

Die Arbeiten gliederten sich in zwei Schwerpunkte. Den ersten Schwerpunkt stellt die Erarbeitung eines Inventars schützenswerter und geschützter Naturobjekte und Landschaften dar. Der zweite Schwerpunkt war die flächendeckende Analyse der Region hinsichtlich der Bedeutung von Teilräumen aus der Sicht eines breiten Biotopschutzes.

Die Ausgangsüberlegung für die Bearbeitung des zweiten Schwerpunktes bestand darin, den Biotopbegriff nicht auf speziell schutzwürdige Standorte einzuengen, wie dies bereits im Zusammenhang mit den Begriffsdefinitionen im Kap. 2.1 ausgeführt wurde. Einen solchermassen umfassenden Biotopbegriff zugrundelegend ist der Betrachtungsgegenstand dieses zweiten Schwerpunktes nicht nur das einzelne als wertvoll und schutzwürdig erachtete Biotop, sondern, wie bereits eingangs angedeutet, das kulturlandschaftliche Nutzungsmuster insgesamt.

Damit soll der heute unumstrittenen Tatsache Rechnung getragen werden, dass zur Sicherung des bestehenden Artenspektrums nicht nur die Erhaltung von einzelnen verstreuten Reservaten genügt, sondern dass der Gesamtraum in die Beurteilung der Biotopqualität einbezogen und Möglichkeiten einer weitläufigen biologischen Kommunikation von Tieren und Pflanzen geschaffen werden müssen. Wie richtig diese Aussage ist, zeigte auch eine im Rahmen der Fallstudie durchgeführte Untersuchung zum Landschaftswandel im Bündner Rheintal in der Zeit von 1958 - 1978 anhand von Karten- und Luftbildvergleichen (SCHMUCKI 1988). Es konnte dabei dokumentiert werden, dass in gravierendem Umfang Flächen, die als Standorte für die Erhaltung der Artenvielfalt von Pflanzen und Tieren wichtig sind, zugunsten anderer Nutzungen verloren gingen, zum grossen Teil zugunsten von Überbauungen oder Intensivierungen in der Landwirtschaft. Nur wenige Bereiche des Untersuchungsgebietes sind von den Veränderungen weitgehend verschont geblieben, wie etwa Teile der schlecht zugänglichen linksrheinischen Talseite.

8.1. Erarbeitung eines EDV-gestützten Biotopinformationssystems für das Bündner Rheintal

Für das Gebiet des Kantons Graubünden wurde zu Anfang der siebziger Jahre ein Inventar schützenswerter und geschützter Landschaften und Naturdenkmäler erstellt (ALN 1972). Abb. 25 zeigt als Beispiel ein Objektblatt dieses Inventars. Da es nie systematisch nachgeführt wurde, in der Zwischenzeit aber diverse Grundlagenarbeiten wie Reptilienkartierung, Amphibienkartierung etc. durchgeführt worden sind, stellte es sich zur Erarbeitungsphase der Fallstudie "Ökologische Planung Bündner Rheintal" als weitgehend veraltet und damit unbrauchbar dar. Daher wurde, auch im Hinblick darauf, Anstösse für eine gesamtkantonale Neubearbeitung zu geben, seitens der Projektbearbeiter der Entschluss gefasst, für das Projektgebiet ein neues Inventar zu schaffen. Dieses sollte im Sinne eines Pilotprojektes gleichzeitig als Demonstrationsbeispiel für die Einsatzmöglichkeiten eines geographischen Informationssystems dienen.

Chessirüfiwald und Oberau Zizers 1.08

Gemeinde   Zizers   GR

Landeskarte   Blatt 248   Prättigau

Standort, Ausdehnung   Koordinaten   Höhe m.ü.M.

geschützter   199.750
Chessirüfiwald   761.450   761.600   535
                                199.450

                                199.750
Oberau   761.300   761.650   535
                                198.650

Bedeutung   Auenwald mit typischer Begleitvegetation
                Brutgebiet für Vögel (Nachtigall)
                2 Baggerweiher - wichtiger Amphibienlaichplatz
                (Laubfrosch)
                Rohrkolbenbestand

Bedrohung   Kiesausbeutung
                Auffüllungen, weitere Aufforstungen
                Badebetrieb
                Eventuelle Ueberbauung

Anzustrebender Pflanzenpflückverbot
Schutz   Schlagverbot mit Ausnahme abgehender Bäume
                Schutz der Vögel durch Verbieten von Störungen
                Regelung des Badebetriebes
                Bauverbot

Bestehender   Teilweise durch Vertrag zwischen Gemeinde Zizers
Schutz   und der Bündner Naturschutzkommission
                vom 10.9.63

<u>Abb. 25:</u> Objekt-Datenblatt des Inventars schützenswerter und geschützter Landschaften und Naturdenkmäler im Kanton Graubünden

8.1.1. Datenbasis für das Biotopinventar

Die Sammlung und Zusammenstellung des vorhandenen Wissens über schutzwürdige Flächen wurde im Auftrag an zwei ortsansässige Fachleute vergeben, die einerseits mit den örtlichen Verhältnisse bestens vertraut waren und zudem bereits über gute Kontakte zu den ehrenamtlichen örtlichen Naturschutzkreisen verfügten (JENNY & MUTZNER 1985). Auf diese Art und Weise sollte und konnte der Aufwand für die Durchführung von Feldarbeiten minimiert werden. Vielmehr stand die Sichtung und Aufbereitung des bereits vorhandenen Grundlagenmaterials im Vordergrund, ergänzt durch gezielte stichprobenartige Erhebungen im Feld. Im einzelnen war Gegenstand des Auftrages an die Herren Jenny und Mutzner:

- Überprüfung und Korrektur des bestehenden und veralteten Inventars;
- Erschliessung und Zusammenstellung von allem auf lokaler und regionaler Ebene verfügbaren Wissen über Schutzwürdigkeiten;
- Erschliessung des nicht publizierten Wissens durch Befragung von lokalen Experten.

Das vorhandene Rohmaterial wurde von den Bearbeitern zunächst gegliedert nach verschiedenen ökologischen Merkmalsebenen (Lebensraumtypen) zusammengestellt:
- Feuchtgebiete, wie
  . Fliessgewässer
  . Seen, Teiche
  . Sumpfgebiete, Moorflächen
- Grünland, wie
  . Feuchtwiesen
  . Trockenwiesen
- Baum- und Strauchvegetation, wie
  . Hecken
  . Hochstamm-Obstgärten
  . Waldbiotope

Für jede dieser 3 Merkmalsebenen liegt ein Kartensatz im Massstab 1 : 25'000 vor, der die Abgrenzungen wiedergibt. Dieses Material wurde dem Bündner Naturmuseum in Chur zwecks Archivierung zur Verfügung gestellt und liegt dort zur Einsicht bereit. Die genannten Einzelzusammenstellungen bildeten die Grundlage für die Objektabgrenzung des neugefassten

Inventars der schützenswerten und geschützten Naturobjekte und Landschaften im Bündner Rheintal, welches derzeit 139 Objekte umfasst, die flächenmässig ca. 8 % der Region resp. 20 % des in der Landnutzungskartierung (siehe Kap. 8.2.2.1) erfassten Gebietes repräsentieren.

Es handelt sich bei der Inventarisierung jedoch nicht um eine vollständige und lückenlose Erfassung des Untersuchungsraumes. Vielmehr wurden, um den Aufwand in Grenzen zu halten, Prioritätsüberlegungen einbezogen. Zwei Aspekte spielten dabei eine wichtige Rolle. Zum einen wurde versucht, alle Gebiete zu erfassen, in denen das Vorkommen seltener Tier- und Pflanzenarten nachgewiesen war. Zum anderen wurden Objekte aufgenommen, deren Lage auf ihre wichtige Funktion als Rückzugsgebiet, Korridor oder Leitlinie im intensiv genutzten Landwirtschaftsgebiet hindeutet. Da es sich um eine regionale Erhebung handelt, wurden Gebiete von lokaler Bedeutung im wesentlichen nur dort mit aufgenommen, wo ohnehin eine Mangelsituation vorliegt, der Verlust selbst der überkommunal weniger bedeutsamen Gebiete mithin als besonders gravierend empfunden werden muss. Generell umfasst die Erhebung lediglich den Talraum als gegenüber Fremdeingriffen besonders exponierten Bereich. Dabei diente jedoch nicht eine bestimmte Höhenlinie als Begrenzung, vielmehr wurde die Erfassung in den Hanglagen dort ausgesetzt, wo der geschlossene Hochwald beginnt.

8.1.2. Realisierung der EDV-Unterstützung des Biotopinventars

Die Entwicklung des alten Bündner Inventars zeigt, wie die vieler anderer Inventare auch, ein grundlegendes Problem. Einmal erstellt und nie systematisch nachgeführt sinkt der Gebrauchswert innerhalb weniger Jahre. Für eine argumentationsstarke Naturschutzarbeit ist aber der Zugriff auf möglichst aktuelle Informationen unerlässlich. Die dazu notwendigen Nachführungsarbeiten sind mit Hilfe eines Computers erheblich effizienter zu bewerkstelligen als auf konventionellem Wege. Darüberhinaus bietet der Computereinsatz die Möglichkeit der gezielten Abfrage der gespeicherten Datenbestände hinsichtlich bestimmter Merkmalsausprägungen, welche die Übersichtsgewinnung im Rahmen konzeptioneller Naturschutzarbeit unterstützt.

Daher wurde, auch um die zuständigen kantonalen Amtsstellen vom Nutzwert einer EDV-Unterstützung des Inventars überzeugen zu können, eine Demonstrationsanwendung unter Zuhilfenahme des im Projekt verwendeten geographischen Informationssystems ARC/INFO konzipiert und implementiert. Folgende Daten sollten dabei für jedes Objekt gespeichert werden:
- Objektnummer
- Objektname
- Objekttyp (codiert und im Klartext)
- Räumliche Lage (Gemeinde, Landeskarte, Höhe über Meer)
- Nutzung und umgebende Nutzung
- Bedeutung (codiert und im Klartext)
- Bedrohung
- Bestehender Schutz (codiert und im Klartext)
- Anzustrebender Schutz (codiert und im Klartext)
- Eigentümer
- Vorkommen von Tieren und Pflanzen, soweit bekannt
- Notwendige Pflegemassnahmen
- Ergänzende Bemerkungen
- Quellenhinweise

Im Anhang II sind für diejenigen Merkmalsfelder, in denen nicht die Speicherung freier, erläuternder Texte vorgesehen ist, die zulässigen Wertebereiche der Merkmalsausprägungen zusammengestellt.

Unter Ausnützung der von ARC/INFO vorgegebenen Datenstruktur wurde das digitale Biotopinventar folgendermassen gestaltet (Abb. 26):

Zunächst wurde die Geometrie digitalisiert, d.h. alle Objekte in ihrem genauen Lagebezug koordinatenmässig erfasst und im Computer gespeichert. ARC/INFO legt dabei eine sog. Polygon-Attribut-Tabelle (PAT) an, die für jede erfasste Fläche eine Zeile enthält. Automatisch generiert das System in dieser Tabelle Spalten mit Grösse und Umfang der einzelnen Flächen (AREA und PERIMETER), weiterhin Spalten mit einer systemintern benötigten laufenden Flächennummer (#) sowie einem vom Benutzer bei der Digitalisierung zugeordneten Flächenidentifikationscode (ID). Benutzerseitig wurde diese Tabelle durch eine weitere Spalte ergänzt, die die Zuordnung der im Inventar verwendeten Objektnummern zu den einzelnen Flächen enthält.

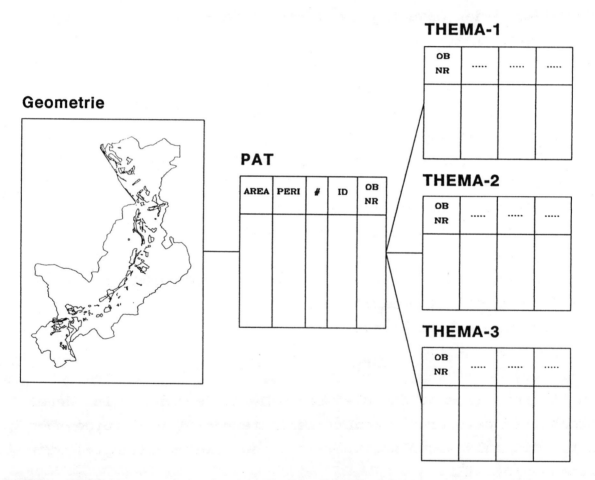

Abb. 26: Struktur der Datenbank für das Biotopinventar

Die Speicherung der thematischen Information (Inhalt der Objektblätter) erfolgt in drei weiteren Tabellen. Diese enthalten ebenfalls jeweils eine Spalte mit den Objektnummern der einzelnen Biotope. Der Zusammenhang zwischen der thematischen

Information und dem Lagebezug der Objekte (Geometrie) ist über die dazwischen geschaltete Polygon-Attribut-Tabelle (PAT) hergestellt. Eine Aufgliederung der thematischen Information auf 3 verschiedene Tabellen wurde gewählt, um eine Trennung von kategorisierenden und charakterisierenden Merkmalen sowie ergänzender, beschreibender Information (längere freie Texte) vornehmen zu können. Dies ist sinnvoll, da für die kartographische Darstellung in der Regel nur die kategorisierenden Merkmale benötigt werden, während bei der Arbeit mit dem rein thematischen Teil des Inventars je nach Fragestellung neben diesen auch die charakterisierenden Merkmale und/oder die in freien Texten formulierten ergänzenden Erläuterungen herangezogen werden müssen.

Die Arbeit mit dem thematischen Teil des digitalen Biotopinventars gestaltet sich folgendermassen:

In der Datenbankprogrammiersprache der INFO-Datenbank wurde unter dem Namen NLMENU ein menügesteuertes Programm zur Eingabe, Speicherung, Nachführung und Abfrage der Objektblattinformationen entwickelt. Der Benutzer braucht dadurch lediglich den Aufruf der INFO-Datenbank sowie den Aufruf des Programmes NLMENU zu kennen. Es erscheint dann am Bildschirm das Hauptmenü, welches dem Benutzer eine Auswahl der zur Verfügung stehenden Funktionen anbietet (Abb. 27). Je nach Auswahl wird ein entsprechender Dialog zwischen Benutzer und Programm initiiert.

Abb. 28 etwa zeigt den ersten Teil der Bildschirmmaske, die bei der Auswahl der Funktion "Neue Objektdatenblätter eingeben" aufgerufen wird. Sie muss mit dem Inhalt des einzugebenden Objektblattes ausgefüllt werden. Der Benutzer kann sich in dieser Maske mit bestimmten Steuerbefehlen bewegen, um eventuelle Eingabefehler wieder zu korrigieren oder einfach um Felder zu überspringen. Bei der Dateneingabe sind in verschiedenen Feldern bereits Plausibilitätsprüfungen vorgesehen, die sicherstellen, dass nur zulässige Eingaben gemacht werden. Wenn die Maske vollständig ausgefüllt ist, erkundigt

sich das Programm nochmals beim Benutzer, ob die eingegebenen
Daten abgespeichert werden sollen oder nicht.

```
Willkommen im BIOTOP-INVENTAR-MANAGER am  8. 3.1989
===================================================

Moegliche Funktionen sind:

        1  Neue Objekt-Datenblaetter eingeben
        2  Bestehende Objekt-Datenblaetter veraendern
        3  Ein Objekt-Datenblatt anzeigen
        4  Ein Objekt-Datenblatt selektieren
        5  Mehrere Objekt-Datenblaetter selektieren
        6  Selektierte Objekt-Datenblaetter drucken
        7  Ein Objekt-Datenblatt loeschen
        8  z. Zt. nicht belegt
        9  Objekt-Nummern auflisten
       99  ENDE

Ihre Wahl bitte:
```

<u>Abb. 27:</u> Hauptmenü des Biotopinventar-Verwaltungsprogramms


```
Objekt-Nr.:   |_____|  Schutz: exis.:_ gepl.:_  Urteil: r:_ f:_  Prio:_

Objekt-Name:  |_____|

Typcode:      |____|_____|
Biotoptyp:    |_____|
              |_____|
Grundnutzung:           Ueberlagernde Nutzung:
|_____|  |_____|
Umgebung:     |_____|

Gemeinden:    |_____|
LK - Nr:      |___|_|   |___|_|   |___|_|   |___|_|
Name(n):      |_____|

Koordinaten:  XMin: |_____|  XMax: |_____|  YMin: |_____|  YMax: |_____|
Hoehe:        Min:  |___|_   Max:  |___|_

Eigentuemer:  Typ: |_____|  Wer: |_____|

^ : Beenden, Rest wie vorher  | @ : Beenden, Rest leer
> : Sprung ein Feld weiter    | < : Sprung zurueck
= : Gleicher Wert wie letzte Eingabe
```

<u>Abb. 28:</u> Bildschirmmaske zur Dateneingabe

Ein weiteres Beispiel für den Dialog mit dem Programm gibt Abb. 29. Sie zeigt die Vorgehensweise bei der Abfrage der gespeicherten Objektdatenblätter. Nach Aufruf der Funktion "Mehrere Datenblätter selektieren" wird der Benutzer aufgefordert, die gewünschten Datenblätter zu spezifizieren. Dies geschieht über die Angabe des Wertebereichs der gesuchten Thematik. Die Eingabe des Selektionsausdruckes ist die einzige Stelle im Programm, an der der Benutzer ein Kommando in INFO-Sprachsyntax formulieren muss. Beispiele, wie eine solche Formulierung auszusehen hat, werden dem Benutzer am Bildschirm geliefert. Die Formulierung "RESELECT FOR OB-TYP CN 'W'" etwa bedeutet: suche alle Datenblätter, die im Merkmalsfeld OB-TYP (= Objekttyp) den Buchstaben "W" enthalten ("CN" heisst contains; "W" steht für Waldbiotop).


```
   Bitte Reselektionsformel eingeben !
   Beispiele: RESELECT FOR SCHUTZ-EXIS EQ 3
              RESELECT FOR OB-TYP CN 'W'

   RES SCHUTZ-EXIS = 3

      11 Datenblaetter mit bezeichneter Charakteristik gefunden.
     Weitere Auswahl gewuenscht ? :      N
     Ausgabe auch am Bildschirm ? :      J
   Liste der Suchbegriffe:
   OB-NR            OB-NAME           OB-TYP            SUB-TYP
   BED-KAT          SCHUTZ-EXIS       SCHUTZ-GEPL       SCHUTZ-URT-RECHT
   SCHUTZ-URT-FAKT  PRIORITAET        EIG-TYP           GEMEINDEN
   LK-NR-1          LK-NAMEN          HMIN              HMAX
   GRUND-NUTZUNG    UEBERL-NUTZUNG    UMGEBUNG          T-P-VORKOMMEN
```

Abb. 29: Bildschirmdialog bei der Objekt-Datenblatt-Recherche

Der Benutzer muss also zweierlei kennen:
- die Bezeichnung der Merkmalsfelder, nach denen eine Auswahl getroffen werden kann, diese können mit dem Befehl HILFE angefordert werden, sie erscheinen dann im unteren Bereich des Bildschirms (Abb. 29);
- die Wertebereiche (d.h. die Codierung) der thematischen Informationen in den einzelnen Merkmalsfeldern (z.B. "W" im Merkmalsfeld OB-TYP heisst "Waldbiotop" oder "3" im Merkmalsfeld SCHUTZ-EXIS heisst "Gebiet unter Naturschutz"). Eine Hilfe für den Benutzer zur Abfrage dieser Wertebereiche ist derzeit nicht implementiert, eine entsprechende Ergänzung aber möglich.

Nachdem der Benutzer eine Auswahl getroffen hat, wird ihm die Anzahl der Objekte angezeigt, die das gewünschte Kriterium erfüllen, sowie die Frage gestellt, ob eine weitere Auswahl gewünscht ist. Man kann nun weiterselektieren, bis man genau die Datenblätter zusammengestellt hat, die man braucht. So können beispielsweise in einem zweiten Schritt von den Waldbiotopen nur diejenigen ausgewählt werden, die aktuell unter Naturschutz stehen.

Nach Abschluss der Auswahl werden die herausgesuchten Objektdatenblätter auf Wunsch am Bildschirm angezeigt sowie zusätzlich in einem Zwischenspeicher abgelegt. Dieser Zwischenspeicher kann über das Hauptmenü durch Auswahl der Funktion "Selektierte Datenblätter drucken" auf einem angeschlossenen Drucker ausgegeben werden. Die Gestaltung der Druckausgabe wurde eng an das Layout der Objektblätter des alten, noch nicht digitalen Inventars angelehnt (Abb. 30). Der Grund dafür bestand darin, neben die Verunsicherung, die beim Benutzer ohnehin häufig mit dem Umsteigen auf eine EDV-Lösung verbunden ist, nicht noch eine weitere treten zu lassen, die in der Gewöhnung an ein neu gestaltetes Objektblatt begründet ist. Der gesamte Objektblattinhalt ist auf einem DIN A4 Blatt untergebracht.

Inventar der schuetzenswerten und geschuetzten Biotope und Landschaften
im Buendner Rheintal

Oberau   Nr.: 76119903
Objekttyp: W,G   15,16,55,56
                  Weichholz-, Hartholzaue, 2 Baggerweiher

Gemeinden: Zizers

Landeskarte(n):   1176
                  Schiers

Ausdehnung:

Grundnutzung: Kiesgewinnung
Ueberl. Nutzung: Intensiv-Erholung
Umgebung: Gewaesser, Eisenbahn, Wald, Sportanlage

Bedeutung: Kategorie: U
                  Feuchtgebiet mit noch grossartiger Fauna

Bedrohung: Deponie/Auffuellung, Aufforstung, Intensiv-Erholung (Bade-
                  betrieb), Wasserbau (Wuhrbau)

Best. Schutz: Status: 0   Urteil: U (rechtl.), U (fakt.)
                  Rechtsgrundlage: KS

Anzust. Schutz: Status: 3   Prioritaet: 2
                  Naturschutzgebiet Obj.Nr.76119902 sollte um ein Feuchtgebiet
                  erweitert werden

Eigentuemer: ?   /
Tiere/Pflanzen: P,W,A,R,V
                  Pflanzen:Laichkraut,Froschloeffel,Schilf,Rohrkolben,Rohr-
                  glanzgras,kriech.Gipskraut;Wirbellose:Libellen1),Flusskrebs,
                  Stabwanzen,Pferdeegel;2)Amphibien:letzter Beobachtungsort d.
                  Laub-,Grasfrosch,Erdkroete,Gelbbauchunke,Berg-,Teichmolch;
                  3)Reptilien:Ringelnatter,Zauneidechse;Voegel:Nachtigall,
                  Zwergtaucher,Teichhuhn,Blaesshuhn

Pflege: Gestaltungsplan mit Schutzzonen, neues Feuchtgebiet fuer
                  Amphibien, die nicht wandern muessen, schaffen (NW-Ecke).
                  Naturlehrpfad, Badebetrieb erhalten, aber regeln,
                  klare Ausscheidung Erholungsgebiet - Naturschutzgebiet

Bemerkungen: Wert der jetzigen Baggerweiher beschraenkt (Steilufer,fisch-
                  reich).Die bisher vorh. kleinen Tuempel besassen wichtige
                  Funktion.Heute sind sie arg bedraengt,sodass solche geschaf-
                  fen werden muessen,um den Wert des Gebietes zu erhalten.

Quellen: 1) Literatur(Bischof,1973), 2)AI-GR, 3)RI-GR,
                  SBN-I, NL-GR

<u>Abb. 30:</u> Druckerausgabe eines gespeicherten Objekt-Daten-
          blattes

Durch Einbezug der kartographischen Komponente von ARC/INFO (ARCPLOT) besteht die Möglichkeit, die thematischen Auswertungen und Selektionen im Biotopinventar direkt auch auf den räumlichen Lagebezug zu übertragen. Jedes der für die einzelnen Objekte gespeicherten Merkmale kann für die kartographische Darstellung verwendet werden. Es gibt also nicht nur eine einzige Karte, wie dies bei einem herkömmlichen Inventar üblich ist, sondern je nach Fragestellung ganz verschiedene Ausgabemöglichkeiten. Karte 2 zeigt ein Beispiel, das einer herkömmlichen Inventarübersichtkarte entspricht. Dargestellt sind die Objekte mit Angabe der Objektnummern, wobei die Schraffur den derzeitigen sowie den zukünftig angestrebten Schutzstatus wiedergibt. Die Karten 3 bis 6 zeigen Beispiele für die Umsetzung thematischer Selektionen in die kartographische Darstellung, indem jeweils nur die Objekte mit einem Punktraster hervorgehoben sind, in denen ein bestimmter Lebensraumtyp vorkommt. Dies hilft wesentlich dabei, einen Überblick über die Struktur der Verteilung bestimmter Typen im Raum zu gewinnen.

Einen weiteren Aspekt der analytischen Arbeit mit dem Biotopinventar stellt die Bilanzierung für verschiedene Teilräume dar. Durch den Einsatz eines geographischen Informationssystems ist es beispielsweise möglich, durch Verschneidung der Biotopgeometrie mit der Geometrie der ebenfalls digitalisierten Gemeindegrenzen die Anteile der einzelnen Gemeinden am biotischen Potential der Gesamtregion herauszuarbeiten.

Derzeit stehen lediglich ca. 0.3 % des bearbeiteten Untersuchungsraumes unter Naturschutz und ca. 9 % unter Landschaftsschutz. Eingeschränkt auf den intensiv genutzten Kernraum im Talboden untersteht sogar nur 0.1 % der Fläche rechtlich gesichertem Naturschutz. Gemäss den Inhalten des Biotopinventars verdienten jedoch ca. 4 % des Kernraumes aufgrund der Bedeutung eine Unterschutzstellung als Naturschutzgebiete, wobei diese Zahlen je nach Gemeinde variieren. In einzelnen Gemeinden ist nur rund 1 % der Talfläche als naturschutzwürdig ausgewiesen, wie etwa in Bonaduz, Chur, Jenins und

Tamins. In einigen Gemeinden liegt dagegen der Anteil schutzwürdiger Flächen am Talraum um 10 % und höher, nämlich in Zizers, Trimmis, Domat/Ems und Mastrils.

Dieser Zahlenvergleich belegt, dass die Schaffung einer verbesserten Information über das Vorhandensein wertvoller Biotope lediglich den ersten Schritt darstellt. Ein zweiter muss folgen, wenn man dem Ziel eines verbesserten Biotopschutzes näher kommen will, nämlich die planerische Umsetzung der erarbeiteten Informationen im Rahmen der Ortsplanungen. Dazu sind die Kantone und Gemeinden klar aufgrund der jüngsten Revisionen der eidgenössischen Natur- und Heimatschutzgesetzgebung aufgefordert (vgl. die Ausführungen in Kap. 2).

8.2. Indikatorkonzept für eine flächendeckende Analyse des "biotischen Regulationspotentials" aus regionaler Sicht

Mit dem im Kap. 8.1 vorgestellten Biotopinventar wurden lediglich die als besonders schützenswert eingestuften Teilbereiche des Bündner Rheintales erfasst. Dies sind ca. 8 % der gesamten Region. Von der knapp 330 km² Fläche umfassenden Region wurden in der Fallstudie rund 130 km² detaillierter bearbeitet, nämlich der eigentliche Kernraum im Talboden und den unteren Hanglagen. Denn dort spielen sich die wesentlichen Nutzungskonflikte ab. Reduziert auf diesen Kernraum repräsentieren die im Biotopinventar erfassten Flächen ca. 20 % des Untersuchungsgebietes.

Das im folgenden dargestellte Vorgehen soll dazu dienen, Daten über die restlichen 80 % des kulturlandschaftlichen Nutzungsmusters so aufzubereiten, dass eine flächendeckende Interpretation der biotischen Qualität möglich wird.

Ausgangspunkt der Überlegungen ist der bereits im Kap. 5.4 diskutierte Begriff des Naturpotentials, wie er von HAASE (1978) verwendet wird. Wie dort ausgeführt wurde, differenziert HAASE das Naturpotential in verschiedene partielle Naturpotentiale, von denen hier lediglich das biotische Regulationspotential relevant ist. Da dessen Definition für die folgenden Ausführungen von zentraler Bedeutung ist, soll diese hier nochmals wiederholt werden. HAASE (1978, S. 120) bezeichnet mit dem Begriff biotisches Regulationspotential das "Vermögen eines Naturraumes zur Aufrechterhaltung und Steuerung oder auch zur Wiederherstellung der Lebensprozesse, der biotischen Diversität und Komplexität sowie der Stabilität der Ökosysteme ..., wofür insbesondere in naturnahen und besonders geschützten Bereichen ... das für die weitere Entwicklung organischen Lebens entsprechende genetische Material zur Verfügung gehalten wird."

Das biotische Regulationspotential bezeichnet also die Leistungsfähigkeit des Naturhaushaltes hinsichtlich der

Regenerationsfunktion für die Tier- und Pflanzenwelt. Damit gilt grundsätzlich die folgende Feststellung: Eine Fläche ist um so höher einzustufen, je eher zu erwarten ist, dass sie als Standort / Rückzugsort für die Tier- und Pflanzenwelt geeignet resp. von Bedeutung ist.

Dieser Grundsatz enthält 2 Aspekte, die unterschieden werden müssen:

- Die Sicherstellung der Lebensmöglichkeiten von Arten mit einem engen Spektrum an Standortansprüchen muss auf geeigneten Flächen erfolgen. Die Sicherstellung der Flächen selbst ist als eine Aufgabe der Raumplanung als integrierender Planung resp. der Landschaftsplanung als deren freiraumbezogener Komponente anzusehen. Die Erhaltung resp. Verbesserung der Lebensmöglichkeiten für Flora und Fauna ist dann eine eigentliche Aufgabe des Naturschutzes, der gezielt das Instrumentarium des Biotopmanagements einsetzt. Die Bewertung der einzelnen Biotope hinsichtlich ihrer Bedeutung für die Regeneration der Tier- und Pflanzenwelt eines Raumes erfolgt unmittelbar bezogen auf den zu erreichenden Schutzzweck. Hier spielen auch Gesichtspunkte wie Seltenheit, Gefährdungsgrad, Repräsentanz etc. eine Rolle. Dies kann als "spezifischer Biotopschutz" bezeichnet werden.

- Ein zweiter Aspekt ist der "breite oder allgemeine Biotopschutz", dessen Ziel die Erhaltung vielfältiger Lebensmöglichkeiten von Flora und Fauna generell ist. Betrachtungsgegenstand muss hierbei nicht nur das einzelne, als wertvoll und schutzwürdig erachtete Biotop sein, sondern das kulturlandschaftliche Raumnutzungsmuster in seiner Gesamtheit. Die Erhaltung einer möglichst grossen biotischen Vielfalt kann als Beitrag zu einer Stabilisierung und Sicherstellung eines funktionsfähigen Naturhaushaltes angesehen werden.

Während das im Kap. 8.1 behandelte Biotopinventar schwerpunktmässig dem ersten Aspekt dient, bezieht sich die im folgenden dargestellte Analyse auf den zweiten Aspekt. Die Problematik der Bedeutung einer ökologischen Vielfalt wurde bereits ausführlich im Kap. 5.1 behandelt, worauf an dieser Stelle verwiesen sei.

8.2.1. Bewertung des Raumes aus der Sicht eines breiten Biotopschutzes

Die Bedrohung der Lebensmöglichkeiten vieler Tier- und Pflanzenarten lässt sich im wesentlichen mit 2 Stichworten umreissen:

- Verdrängung durch bauliche Tätigkeit in der Landschaft.

- Verdrängung durch Nivellierung der Standortbedingungen hin zu einem typischen nährstoffreichen, mittelfeuchten Durchschnittsstandort als Folge der modernen Landwirtschaft.

Wie im Kap. 2 ausführlich dargestellt, definiert das Bundesgesetz über die Raumplanung (RPG) als Ziele der Raumplanung u.a. den Schutz der natürlichen Lebensgrundlagen. Wenn bei den Planungsgrundsätzen dann die Rede ist von der Erhaltung naturnaher Landschaften sowie der Sicherung der Waldfunktionen, ist damit neben der Bedeutung für die landschaftsorientierte Erholung auch die Sicherung eines funktionsfähigen Naturhaushaltes angesprochen. Namentlich sollen bei der Standortfindung für öffentliche und im öffentlichen Interesse liegende Bauten und Anlagen nachteilige Auswirkungen auf den Naturhaushalt vermieden werden.

Das Bundesgesetz über den Natur- und Heimatschutz (NHG) beinhaltet durch neuere Ergänzungen ebenfalls einen erweiterten Auftrag in Richtung eines breiten Biotopschutzes, so durch den mit der Verabschiedung des Bundesgesetzes über den Umweltschutz (USG) neu in Kraft getretenen Absatz 1bis des Art. 18, der den Schutz von Standorten fordert, die eine ausgleichende Funktion im Naturhaushalt erfüllen. Die jüngste, im Jahre 1987 in Kraft getretene Revision des NHG führt diesen Aspekt weiter aus und verlangt von den Kantonen explizit Massnahmen zum ökologischen Ausgleich in intensiv genutzten Gebieten inner- und ausserhalb von Siedlungen.

Ziel aller dieser Bestrebungen ist die Sicherung eines im Gleichgewicht befindlichen und nachhaltig funktionsfähigen Naturhaushaltes. Zur Beurteilung eines Raumes im Hinblick auf dieses Ziel braucht es zunächst einen Massstab, mit dem das "biotische Regulationspotential" erfasst werden kann. Dieser Massstab soll auch Vergleiche verschiedener Räume und Raumausschnitte hinsichtlich ihrer Ausstattung erlauben. Es müssen also Indikatoren gesucht werden, die eine Bestimmung des "biotischen Regulationspotentials" ermöglichen.

Folgende Aspekte spielen im Hinblick auf die Sicherung eines nachhaltig funktionsfähigen Naturhaushaltes und damit auch für die Bestimmung des biotischen Regulationspotentials eine Rolle:
- Natürlichkeit der Vegetation
- Fehlen menschlicher Beeinflussung resp. nur gezielte und zurückhaltende menschliche Beeinflussung
- Maturität der Ökosysteme
- Artenvielfalt von Flora und Fauna
- räumliche Diversität

Da der menschliche Einfluss in der Landschaft hauptverantwortlich ist für die Nivellierung der Standortbedingungen mit der Folge einer Verdrängung von Arten mit spezifischen Standortansprüchen, scheint der Grad des menschlichen Einflusses einen geeigneten Indikator darzustellen, um die Bedeutung einer Fläche hinsichtlich ihrer Regenerationsfunktion für die Tier- und Pflanzenwelt insbesondere bezogen auf einen breiten Biotopschutz zu messen.

8.2.2. Erfassung der Aspekte "Natürlichkeit der Vegetation" und "anthropogene Beeinflussung"

8.2.2.1. Landnutzungskartierung

Als Grundlage für die Beurteilung des Raumes hinsichtlich der Aspekte Natürlichkeit der Vegetation und anthropogene Beeinflussung wurde flächendeckend für den rund 130 km^2 umfassenden Kernraum des Bündner Rheintales eine Landnutzungskartierung durchgeführt. Diese fand jedoch nicht nur im Aussagebereich "Natur- und Landschaftsschutz" als Datengrundlage Verwendung, sondern wurde ebenfalls auf die Bedürfnisse der anderen Aussagebereiche abgestimmt. Die Differenzierung der Kartierungseinheiten erfolgte daher nicht nur aus der Sicht des Biotopschutzes.

Folgende Quellen wurden für die Landnutzungskartierung herangezogen:
- Landeskarte der Schweiz, Ausgabe 1978 resp. 1979, Massstab 1 : 25'000;
- Schwarz-Weiss-Luftbilder, erstellt durch die eidgenössische Vermessungsdirektion am 13. 6. 1984, Bildmassstab ca. 1 : 14'000;
- Infrarot-Farb-Luftbilder, erstellt im Rahmen der Befliegung für das SANASILVA-Programm am 2. 9. 1984, Bildmassstab ca. 1 : 11'000;
- Karte aller in den Ortsplanungen ausgeschiedenen Bauzonen, inkl. Überbauungsstand 1984, zusammengestellt vom kantonalen Amt für Raumplanung, Massstab 1 : 10'000;
- Karte der Fruchtfolgeflächen und geeigneten Landwirtschaftsgebiete, erarbeitet vom kantonalen Amt für Raumplanung in Zusammenarbeit mit der Zentralstelle für Ackerbau an der Landwirtschaftlichen Schule "Plantahof" in Landquart, Massstab 1 : 25'000;
- Diverse Feldbegehungen der Projektmitarbeiter, insbesondere bezogen auf die Grenzlagen zwischen Fruchtfolgegebieten und Dauerwiesland, auf Reb- und Obstkulturen sowie auf die Gebiete gemäss dem im Kap. 8.1 dargestellten

Biotopinventar, vorwiegend in den Vegetationsperioden 1985 und 1986.

Als Darstellungsmassstab für die Landnutzungskarte wurde als der regionalen Betrachtungsebene angemessen der Massstab 1 : 25'000 gewählt, die Erarbeitung selber erfolgte jedoch im Hinblick auf die bei der Digitalisierung gewünschte Erfassungsgenauigkeit im Massstab 1 : 10'000. Mit der Massstabswahl verbunden war die Entscheidung, im Prinzip nur Flächen zu erfassen, deren Grösse 2500 m^2 überschreitet. Dies entspricht im Massstab 1 : 25'000 einer Darstellungsgrösse von 2 x 2 mm. In Einzelfällen liess sich jedoch die Abweichung von dieser Grundmaxime nicht immer vermeiden, insbesondere dort, wo z.B. im Umfeld von Verkehrsflächen kleinere Restflächen auftraten, die nicht sinnvoll einer angrenzenden Nutzungsart zugeschlagen werden konnten. Ausserdem wurden sehr schmale, langgezogene Nutzungsflächen nur ab einer durchschnittlichen Breite von 20 m berücksichtigt. Auch hierbei gab es jedoch Ausnahmen bei Objekten von überörtlicher Bedeutung oder mit speziellem Schutzstatus.

Die in der Landnutzungskarte erfassten insgesamt 43 Nutzungsarten sind aus Tab. 8 ersichtlich. Die mit einem Stern (*) gekennzeichneten Codes und Erläuterungen stellen dabei die tatsächlichen Kartierungseinheiten dar, während die übrigen Angaben zusammenfassende Oberbegriffe repräsentieren.

Eine Übersicht über die Landnutzung im Bündner Rheintal gibt Karte 7. Für die Schwarz-Weiss-Darstellung im Massstab 1 : 100'000 mussten die Kartierungseinheiten z. T. zusammengefasst werden.

Tab. 8: Codierschlüssel der Landnutzungskartierung Bündner Rheintal

Code	Spezifizierung der Nutzungsart
100	Überbaute Flächen
110	Wohnen, Kleingewerbe, öffentliche Bauten + Anlagen
111 *	hohe Dichte
112 *	mittlere Dichte
113 *	geringe Dichte
120 *	Gebäude ausserhalb der Bauzone
130	Industrie (überbautes Industriegebiet)
131 *	hohe Dichte
132 *	mittlere Dichte
133 *	geringe Dichte
135 *	Industrielagerplätze, Freiluftschaltstation
140 *	Ver- und Entsorgungsanlagen
200	Kulturland
210	Fruchtfolgegebiete
211 *	Weitgehend ausgeräumte Fruchtfolgegebiete
212 *	Mit belebenden Kleinstrukten durchsetzte Fruchtfolgegebiete
220 *	Für mechanische Bewirtschaftung gut geeignetes Wiesland
230 *	Übriges Wies- und Weideland
240 *	Rebland
250	Obstbau
251 *	Intensivobstanlagen
252 *	Geordnete Obstbaumbestände
253 *	Streuobstflächen
260	Gärtnerische Kulturen
261 *	Kulturen unter Glas, Treibhäuser
262 *	Flächen für Erwerbsgartenbau
263 *	Baumschulen
270 *	Fischzucht
300	Bestockte Flächen
310 *	Normalwald (geschlossene Bestockung)
320 *	Aufgelöste Bestockung
330 *	Gebüsche
340 *	Feldgehölze, Hecken
400	Erholungsflächen, Grünflächen
410 *	Sportanlagen, Fussball, Tennis, Spielplätze
420 *	Schrebergärten
430 *	Camping
440 *	Parks, Friedhöfe u. a. Grünanlagen
450 *	Schwimmbäder
460 *	Pferdesportanlagen
500	Verkehrsflächen
510 *	Autobahnen
520 *	Hauptverbindungsstrassen
530 *	Anschlusswerke
535 *	Bewachsene Flächen im Bereich von Verkehrsinfrastrukturen
540	Eisenbahnareale
541 *	Gebäude im Eisenbahnareal
542 *	Gleisanlagen
550 *	grosse Parkplätze
600 *	Gewässernetz
700 *	Vegetationslose Flächen
800 *	Abbau und Deponien
900 *	Militärische Übungsgelände / grössere Schiessplätze
950 *	Nassstandorte

8.2.2.2. Klassifizierung der Landnutzung gemäss dem Hemerobiestufenkonzept

Im Kap. 5.6 wurde bereits das von JALAS (1955) formulierte und von anderen Autoren weiterentwickelte Konzept der Hemerobiestufen dargestellt, worauf an dieser Stelle verwiesen sei. Ursprünglich für eine Betrachtung von Pflanzengesellschaften im grossen Massstab konzipiert, haben in der Vergangenheit verschiedene Autoren versucht, das Konzept der Hemerobie auch in kleineren Massstäben anzuwenden und damit ganze Nutzungsmuster zu beurteilen.

Die Klassifizierung der Landnutzung gemäss dem Hemerobiegrad stellt ein Messmodell dar, das zwar subjektive Elemente enthält, indem bei der Zuordnung Grenzfälle auftreten, bei denen verschiedene Bearbeiter zu unterschiedlichen Entscheidungen kommen können. Dennoch beinhaltet es einen objektiven Massstab und stellt so eine werturteilsfreie Einschätzung dar. Nominale Kategorien werden dabei auf eine ordinale Skala abgebildet. Die damit erreichte Aussage stellt eine Rangfolge der Landnutzungsarten hinsichtlich ihrer Naturnähe resp. Naturferne dar.

Ein Werturteil ist dies für sich allein genommen noch nicht. Ein solches ergibt sich erst dadurch, dass der Grad der Naturnähe resp. des anthropogenen Einflusses positiv oder negativ eingeschätzt wird. Diese Transformation in ein Werturteil erfolgt durch die Abbildung der Hemerobieskala auf eine ebenfalls ordinale Skala der Bedeutung hinsichtlich der Zielgrösse des biotischen Regulationspotentials.

Ganz bewusst wird darauf verzichtet, diesen Schritt mittels einer Abbildung auf eine kardinale Skala zu vollziehen, da dies weder aus grundsätzlichen methodischen Überlegungen heraus sinnvoll, noch aus sachlichen Überlegungen heraus nötig ist. Nachvollziehbarkeit und Transparenz sind bei einem solchen 2-stufigen Bewertungsverfahren eher gewährleistet als bei einem Verfahren, wie es BECHET (1976) beschreibt. Dieser hatte verschiedene Experten aufgefordert, die Bewertung direkt durch Abbildung der (nominal skalierten) Landnutzungsarten auf eine kardinale Werturteilsskala vorzunehmen, wobei die Einzelwerte anschliessend gemittelt wurden.

Im Gegensatz dazu lässt das hier eingesetzte Verfahren jederzeit den Einbezug neuer Kategorien und bei verändertem Wissen über die Sachzusammenhänge Korrekturen zu, welche bei dem von BECHET gewählten Vorgehen aus methodischen Gründen schwer durchführbar sind. Die sachlichen Hintergründe, aus denen heraus ein Experte eine Einschätzung vorgenommen hat, sind nicht direkt zugänglich. Ein objektiv veränderter Stand des Wissens lässt sich nicht direkt in das Messmodell von BECHET einbeziehen. Vielmehr müsste von der Methode her das ganze Verfahren erneut durchlaufen werden. Dieses hat jedoch schwerwiegende Konsequenzen im Hinblick auf eine planungspraktische Verwendbarkeit der Methode.

Tab. 9 gibt die Zuordnung der Landnutzungsarten zu Hemerobiestufen wieder. Den nächsten Schritt stellt die Umsetzung der Hemerobiestufen in Werturteile hinsichtlich der Zielgrösse des biotischen Regulationspotentials dar. Diese Zuordnung ist aus Tab. 10 ersichtlich. Das Ergebnis der Bewertung wurde in der digitalen Landnutzungskarte unter der Bezeichnung LNUTZ-WERT abgespeichert.

Tab. 9: Zuordnung der Kategorien der Landnutzungskartierung zu Hemerobiestufen

Code	Hemerobiestufe
111	meta-hemerob
112	poly-hemerob
113	α-eu-hemerob
120	α-eu-hemerob
131	meta-hemerob
132	meta-hemerob
133	poly-hemerob
135	poly-hemerob
140	poly-hemerob
211	α-eu-hemerob
212	β-eu-hemerob/α-eu-hemerob
220	β-eu-hemerob
230	meso-hemerob
240	α-eu-hemerob
251	α-eu-hemerob
252	β-eu-hemerob
253	β-eu-hemerob
261	poly-hemerob
262	α-eu-hemerob
263	β-eu-hemerob/α-eu-hemerob
270	α-eu-hemerob
310	meso-hemerob/β-eu-hemerob
320	meso-hemerob
330	oligo-hemerob
340	meso-hemerob
410	α-eu-hemerob
420	α-eu-hemerob
430	poly-hemerob
440	β-eu-hemerob
450	poly-hemerob
460	β-eu-hemerob
510	meta-hemerob
520	meta-hemerob
530	poly-hemerob
535	β-eu-hemerob
541	poly-hemerob/meta-hemerob
542	poly-hemerob
550	poly-hemerob/meta-hemerob
600	meso-hemerob
700	oligohemerob
800	poly-hemerob
900	α-eu-hemerob
950	meso-hemerob

Tab. 10: Umsetzung der Hemerobiestufen in Werturteile hinsichtlich der Zielgrösse des biotischen Regulationspotentials

Hemerobiestufe	Werturteil	Code
a-hemerob	unverzichtbar	6
oligo-hemerob	sehr hoch	5
meso-hemerob	hoch	4
β-eu-hemerob	mässig	3
α-eu-hemerob	unwesentlich	2
poly-hemerob	keine Bedeutung	1
meta-hemerob	keine Bedeutung	1

Die skizzierte Bewertung basiert auf der Vorstellung, dass der Grad des anthropogenen Einflusses resp. die Naturnähe als primärer Indikator für die Bedeutung einer Fläche hinsichtlich der Regenerationsfunktion für die Tier- und Pflanzenwelt verwendet werden kann. Für einzelne der kartierten Landnutzungsarten trifft diese Einschätzung jedoch nicht vollumfänglich zu. Sie bedarf vielmehr einer Korrektur, um der spezifischen Bedeutung bestimmter Nutzungsarten gerecht zu werden. Diese sind:

- Streuobstflächen:
  Ausgewiesener Hemerobiegrad: β-eu-hemerob
  Daraus abgel. Bewertung: mässig
  Spezifische Bedeutung: avifaunistische Bedeutung
  Korrigierte Bewertung: hoch

- Feldgehölze, Hecken:
  Ausgewiesener Hemerobiegrad: meso-hemerob
  Daraus abgel. Bewertung: hoch
  Spezifische Bedeutung: Zwar sind viele Hecken und Feldgehölze aufgrund der Umgebungseinflüsse weniger naturnah als schwach durchforstete Wälder, jedoch kommt ihnen generell eine grosse Bedeutung als Trittsteine in der intensiv genutzten Kulturlandschaft zu.
  Korrigierte Bewertung: sehr hoch

8.2.2.3. Korrektur und Ergänzung der Landnutzungsbewertung durch zusätzliche Informationen aus dem Biotopinventar

Neben der im vorangegangenen Kapitel dargestellten kategorischen Bewertung der Landnutzung gemäss der Bedeutung für die Regeneration der Tier- und Pflanzenwelt erfolgte in einem parallelen Arbeitsgang eine analoge Einstufung der im Biotopinventar Bündner Rheintal (vgl. Kap. 8.1) erfassten und charakterisierten Objekte. Auch dabei wurde der Hemerobiegrad als primärer Indikator für die Zielgrösse des biotischen Regulationspotentials verwendet. Die Einstufung erfolgte gemäss der Übersicht in Tab. 11. Die Bewertung der einzelnen Objekte wurde jedoch nicht schematisch vorgenommen, sondern unter Ausnützung der detaillierten Informationen, die im jeweiligen Objektblatt zur Verfügung standen. Es konnte also die spezifische Charakteristik der kartierten Objekte berücksichtigt werden, um ggf. die rein auf der Hemerobiestufe beruhende Bewertung zu korrigieren. Hierbei spielen eine Rolle:

- Seltenheit eines Objekttyps im Gebiet
- Besondere faunistische Bedeutung
- Besondere floristische Bedeutung
- Besondere Repräsentanz (z. B. Gebiete von nationaler Bedeutung)
- etc.

Das Ergebnis wurde in der digitalen Biotopkarte unter der Bezeichnung BIOT-WERT abgespeichert.

Tab. 11: Zuordnung der Objekttyp-Kategorien der Biotopkartierung zu Hemerobiestufen

Objekttyp	Hemerobiestufe
Sumpf: Moor, Hangried, Schilffläche, Nasswiesen	oligo-hemerob
Grasland, Grünland:	
Felsensteppe	oligo-hemerob (i.d.R.)
Trockenrasen, Halbtr.rasen	meso-hemerob
Allmenden	meso-hemerob/β-eu-hemerob (je nach Intensität der Nutzung)
Fettwiese	β-eu-hemerob
Baum-, Strauchvegetation, Feldrain, Gebüsch:	
Einzelbäume, Baum- und Strauchhecken, Feldgehölz	meso-hemerob/oligo-hemerob
Obstgarten	β-eu-hemerob
Obstbaumallee	β-eu-hemerob/meso-hemerob (je nach Intensität der Nutzung)
Wald: Laubmischwald, Eichenwald, Buchenwald, Föhren-Trockenwald, Hart- und Weichholzauenwald	oligo-hemerob (wenn naturnah und schwach durchforstet) meso-hemerob (wenn stärker durchforstet)
Vegetationsarm:	siehe Fussnote *
Gewässer:	siehe Fussnote **

---

* In nur 4 Objekten kommt der Typ "Vegetationsarm" mehr oder weniger dominant vor, von denen 3 durch Kiesgewinnung genutzt sind (diese könnten bei entsprechender Rekultivierung resp. Gestaltung zu wertvollen Biotopen entwickelt werden, sind es aber derzeit nicht. Ansonsten kommt der Objekttyp "Vegetationsarm" nur in Teilbereichen von Objekten anderen Typs vor. Deren Bewertung ergibt sich aus der Einschätzung der dominanten Objekttypen.

** Zur Messung des menschlichen Einflusses auf die Qualität der Gewässer ist in der Limnologie das Saprobiensystem entwickelt worden, welches mit Indikatororganismen die Stärke der Wasserverunreinigung erfasst und eine ähnliche Systematik besitzt wie das Konzept der Hemerobiestufen. Informationen über die Einstufung der Fliessgewässer liegen im Bündner Rheintal für den Rhein, die Landquart und die Plessur vor. Der Vorderrhein und die Plessur weisen die Güteklasse I (=Wassergüte "sehr gut") auf, während Hinterrhein, Alpenrhein und Landquart in Güteklasse II (=Wassergüte "gut brauchbar") eingestuft sind. Der Objekttyp "Gewässer" kommt aber nie alleine vor, sondern immer zusammen mit einem Typ, der die Umgebung des Gewässers charakterisiert (z.B. Schilf, Nasswiesen etc.). Die Einstufung eines Objektes mit Gewässeranteil wird daher aus dem Kontext des gesamten Biotops heraus vorgenommen unter Vernachlässigung der jeweiligen Gewässerqualität.

Für den Untersuchungsraum lagen damit zwei unabhängig voneinander durchgeführte Bewertungen vor (LNUTZ-WERT + BIOT-WERT), die zu einem einzigen, konsistenten Werturteil zusammenzufassen waren. Dazu war für jeden Raumausschnitt zu prüfen, welche der beiden Bewertungen im Falle einer Diskrepanz die verlässlichere Information darstellt. Dies geschah unter Verwendung der analytischen Möglichkeiten des geographischen Informationssystems ARC/INFO. Zunächst wurden die Landnutzungskarte und die Karte der Biotopobjekte miteinander verschnitten sowie die bei der Verschneidung entstandenen Artefakte (Kleinstflächen) bis zu einer Grösse von 100 m^2 herausgefiltert. Anschliessend erfolgte für die entstandene "kleinste gemeinsame Geometrie" (KGG) die Aggregation der beiden jeweiligen Einzelwerte zum BRP-WERT. Es wurden folgende Kriterien für die Aggregation herangezogen:

Für diejenigen Nutzungsarten der Landnutzungskartierung, die sehr differenziert abgegrenzt worden sind, wurde die aus der Landnutzungskarte abgeleitete Bewertung als BRP-WERT übernommen. Im einzelnen sind dies:
- Siedlungs- und Industrieflächen;
- Schrebergärten, Schwimmbäder, Sport- und Campinganlagen;
- Rebflächen, Intensivobstanlagen und geordnete Obstbaumbestände;
- Gärtnerische Kulturen und Fischzuchtanlagen;
- Verkehrsflächen;
- Abbau und Deponieflächen.

Bei folgenden Nutzungsarten wurde das jeweils höhere der beiden Werturteile als BRP-WERT übernommen:
- Übriges Wies- und Weideland;
- Streuobstflächen;
- Bestockte Flächen;
- Parks und öffentliche Grünanlagen;
- Gewässer und Nassstandorte;
- Vegetationslose Flächen;
- Militärische Übungsgelände;

Für die Fruchtfolgegebiete und das für mechanische Bewirtschaftung gut geeignete Wiesland musste eine spezielle Vorgehensweise konzipiert werden, um eine konsistente Gesamtbewertung zu erzielen. In ganz bestimmten definierbaren Fällen sind nämlich unterschiedliche Werte aus beiden Bewertungen zu erwarten. Es gibt einerseits den Fall, dass die Biotopkartierung den Wert bestimmen muss, z.B. bei kleineren Feldgehölzen in der Ackerflur, welche bei der Biotopkartierung erfasst wurden, bei der Landnutzungskartierung jedoch unberücksichtigt blieben, da ihre durchschnittliche Breite unter dem festgelegten Grenzwert von 20 m liegt.

Andererseits tritt aber auch der Fall auf, bei dem ein Objekt der Biotopkartierung einen Biotopkomplex unterschiedlicher Qualität einschliesslich landwirtschaftlich genutzter Parzellen darstellt, deren Bedeutung durch den LNUTZ-WERT spezifischer repräsentiert wird als durch den "gemittelten" BIOT-WERT.

Um alle diese Fälle in einer computergestützten Analyse adäquat berücksichtigen zu können, wurde als Hilfsgrösse für die Beurteilung die jeweilige ursprüngliche Flächengrösse gemäss Landnutzungskartierung sowie die Grösse des Gesamtbiotops gemäss Biotopkartierung herangezogen. Folgende 2 Fälle lassen sich unterscheiden:

- Die zugrundeliegende Landwirtschaftsfläche ist grösser als die zugrundeliegende Biotopfläche. Es wird davon ausgegangen, dass damit ein Biotop innerhalb oder am Rande eines intensiv landwirtschaftlich genutzten Gebietes vorliegt und daher der BIOT-WERT als BRP-WERT für die Fläche übernommen.
- Die zugrundeliegende Landwirtschaftsfläche ist kleiner als die zugrundeliegende Biotopfläche. Es wird davon ausgegangen, dass das Biotop einen grösseren Lebensraum darstellt, der keine homogene Struktur hat, sondern von landwirtschaftlich genutzten Parzellen durchsetzt ist. In diesem Falle stellt der LNUTZ-WERT die schärfere Informa-

tion dar, welche als BRP-WERT übernommen wird. Es erfolgt also eine lokale Korrektur der Bewertung gemäss Biotopkartierung, da andernfalls unrealistisch hohe Flächenanteile als naturnah angenommen würden.

8.2.3. Beurteilung des biotischen Regulationspotentials

Die Einstufung der Kategorien einer Landnutzungskarte gemäss ihrem Hemerobiegrad und deren Bewertung wie auch die vorgenommene Bewertung der kartierten Biotope und Biotopkomplexe stellt für sich allein genommen lediglich eine Analyse des kulturlandschaftlichen Nutzungsmusters dar. Das Ergebnis ist eine Übersicht über die räumliche Verteilung der Flächenbedeutung, wie sie in Karte 8 dargestellt ist. Diese zeigt zwar die räumliche Verteilung, sagt aber direkt noch nichts über die Qualität der Ausstattung bestimmter Teilräume aus. Die Karte muss also in einem nächsten Schritt einer Interpretation unterzogen werden. Dazu ist es notwendig, die darin enthaltenen Informationen im Hinblick auf eine Beurteilung der räumlichen Verteilung zu verdichten.

Zwar finden sich in der Literatur eine Vielzahl von Hinweisen, die die Bedeutung naturnaher Strukturen in der Kulturlandschaft aufzeigen und dies anhand konkreter Untersuchungen über die ökologischen Qualitäten wie auch die Wechselwirkungen etwa zwischen einer Hecke und dem angrenzenden Acker belegen. Aus landschaftsplanerischer Sicht mangelt es jedoch an Massstäben, mit denen es möglich wäre, einen ganzen Raumausschnitt hinsichtlich der Qualität seiner biotischen Ausstattung zu beurteilen, vor allem wenn man über eine rein verbale Beschreibung hinaus will. Vom regionalplanerischen Ansatz der Fallstudie "Ökologische Planung Bündner Rheintal" her war insbesondere die Frage von Interesse, im Sinne einer Übersicht eine vergleichende Beurteilung der einzelnen Regionsgemeinden resp. von Teilräumen der Gemeinden zu erhalten.

BECHET (1976), dessen Studie bereits an anderer Stelle angesprochen wurde, hat einen Schritt in diese Richtung versucht, indem er die für die einzelnen Flächennutzungen definierten Biotopwerte (skaliert von 0 bis 100) mit deren Flächenanteil multipliziert, die so ermittelten Teilwerte aufaddiert und anschliessend mittels einer Division durch die Gesamtfläche normiert hat:

$$B_{gem} = \frac{\sum_{i=1}^{n} F_i * B_i}{F_{gem}}$$

wobei: B_{gem} = Biotopwert der Gemeinde
               B_i = Biotopwert der Flächennutzungsart i
               F_i = Fläche der Flächennutzungsart i
               F_{gem} = Gesamtfläche der Gemeinde

Dies ergibt Biotopwerte, die definitionsgemäss zwischen 0 und 100 liegen können.

An diesem Vorgehen ist jedoch zu kritisieren, dass eine solchermassen aggregierte Aussage allzu stark nivelliert und damit schwer interpretierbar ist. Zwar soll nicht der Wert einfach zu handhabender Faustzahlen bestritten werden, verschiedene Beispiele in der Planung belegen deren Schlagkraft im politischen Kontext.

Dennoch scheint das Problem der Charakterisierung der biotischen Qualität vielschichtiger zu sein, als dass es mit allzu einfachen Faustzahlen gelöst werden könnte. So impliziert beispielsweise das Vorgehen von BECHET, dass 3 Hektaren Sonderkulturen etwa den gleichen Anteil an den Biotopwert einer Gemeinde liefern wie 1 Hektare extensives Grünland oder dass 1 Hektare mehrschichtiger Wald gleich viel wert ist wie 6 Hektaren Ackerland. Es ist daher die Frage zu stellen, ob das von BECHET gewählte Vorgehen als Informationsverdichtung in einem positiven Sinn verstanden werden kann oder ob dabei nicht letztlich eine Verdeckung der eigentlich interessierenden Information erfolgt.

Auch die von BECHET aufgrund einer Expertenbefragung vorgenommene Festlegung von Mindestanteilen einzelner Nutzungsarten zur Erreichung eines "absolut befriedigenden" Wertes an landschaftlicher Vielfalt befriedigt nicht, wenn in dieser Aufstellung auch die als eher belastend einzuschätzenden Nutzungen mit einem wünschbaren Mindestanteil vorkommen. Den daraus berechneten Biotopwert der "Ideallandschaft" als Massstab für die Beurteilung heranzuziehen, muss als vermessen bezeichnet werden. Aus den genannten Gründen erscheint auch die Vorgehensweise von BUGMANN et al. (1986) zur Bestimmung des "bio-dynamischen Potentials der Landschaft" auf der Basis eines Flächenrasters problematisch. Diese bezieht zwar auch Aspekte wie Stützpunktwert kleiner Habitate und Zerschneidungsgrad in die Analyse ein, baut jedoch in wesentlichen Teilen auf den von BECHET formulierten Vorstellungen auf.

Im folgenden soll ein Vorgehen dargestellt werden, wie die vergleichende Charakterisierung des biotischen Regulationspotentials verschiedener räumlicher Einheiten (Gemeinden, Gemeindeteile, Naturräume etc.) gestützt auf graphische Darstellungen und mit Hilfe differenzierter, aber dennoch einfacher Analysen vertieft werden kann.

Statt eine Informationsverdichtung in Form einer Indexbildung durchzuführen, wurden die Flächenanteile der einzelnen Bedeutungsstufen (BRP-WERT) bilanziert (Tab. 12) und in Form von BRP-WERT-Spektren graphisch gegenübergestellt (Abb. 31). Eine gemeindeweise Interpretation der Bewertungs- und Bilanzierungsergebnisse ist nicht unbedingt sinnvoll, da die Gemeindegrenzen keine naturräumlichen Grenzverläufe widerspiegeln, sondern rein administrativer Art sind. Sinnvoll ist ein solcher Gemeindevergleich erst, wenn man die Gemeinden naturräumlich differenziert und dann Gemeindeteile innerhalb vergleichbarer Naturräume gegenüberstellt. Dies wurde in einem zweiten Schritt durchgeführt, auf dessen Ergebnisse später eingegangen wird.

Tab. 12: Verteilung der prozentualen Flächenanteile der BRP-Werte nach Gemeinden und Subregionen

	BRP-Werte (= Bedeutungskategorien)						
	1	2	3	4	5	6	Gesamt
Gemeinden							
Fläsch	1.5%	20.1%	13.3%	53.9%	6.6%	4.6%	100.0%
Maienfeld	6.2%	37.4%	20.4%	31.3%	4.6%	0.0%	100.0%
Jenins	3.3%	28.9%	29.8%	31.7%	6.1%	0.1%	100.0%
Malans	4.5%	37.8%	18.6%	31.8%	3.1%	4.3%	100.0%
Igis	12.8%	44.8%	12.3%	28.8%	1.2%	0.0%	100.0%
Zizers	7.7%	39.7%	18.3%	23.5%	5.6%	5.3%	100.0%
Trimmis	6.6%	20.5%	17.7%	44.1%	11.2%	0.0%	100.0%
Says	3.1%	0.7%	58.4%	30.0%	7.8%	0.0%	100.0%
Mastrils	2.2%	2.3%	24.8%	53.4%	1.1%	16.3%	100.0%
Untervaz	9.9%	32.5%	9.1%	26.5%	18.1%	3.9%	100.0%
Haldenstein	3.0%	14.4%	7.5%	47.5%	27.6%	0.0%	100.0%
Felsberg	4.4%	23.4%	10.7%	41.7%	19.8%	0.0%	100.0%
Chur	24.6%	29.5%	11.2%	32.9%	1.8%	0.0%	100.0%
Domat/Ems	10.0%	26.2%	8.9%	45.5%	2.1%	7.3%	100.0%
Tamins	3.6%	6.4%	24.2%	49.7%	16.1%	0.0%	100.0%
Bonaduz	5.3%	16.7%	7.5%	59.3%	6.6%	4.7%	100.0%
Rhäzüns	4.3%	11.8%	19.6%	44.9%	3.7%	15.8%	100.0%
Herrschaft	3.9%	30.4%	18.4%	39.6%	5.2%	2.5%	100.0%
Mitte rechts	8.8%	33.1%	18.0%	32.4%	6.1%	1.5%	100.0%
Mitte links	6.0%	21.7%	11.5%	38.7%	18.0%	4.1%	100.0%
Süd	6.7%	17.9%	12.9%	49.7%	5.7%	7.1%	100.0%
Region	8.7%	26.5%	15.0%	39.6%	6.8%	3.3%	100.0%

<u>Erläuterung der Bedeutungskategorien (BRP - Werte):</u>

Bedeutung für den Naturhaushalt	1 = keine
	2 = unwesentlich
	3 = mässig
	4 = hoch
	5 = sehr hoch
	6 = unverzichtbar

Für einen ersten Überblick ging es zunächst um den Vergleich verschiedener Subregionen des Bündner Rheintales. Die Region wurde zu diesem Zweck in 4 Teilgebiete gegliedert, die jeweils 4 Gemeinden umfassen (in Klammern die Abkürzungen in den folgenden Balkendiagrammen (Abb. 31 bis 34)):

- Bereich "Bündner Herrschaft" (Herr.):

    Fläsch   (Flä)
    Maienfeld   (Mai)
    Jenins   (Jen)
    Malans   (Mal)

- Bereich "Mitte rechtsrheinisch" (Mit. r.):

    Igis   (Igis)
    Zizers   (Ziz)
    Trimmis   (Tri)
    Says   (Says)

- Bereich "Mitte linksrheinisch" (Mit. l.):

    Mastrils   (Mas)
    Untervaz   (Unt)
    Haldenstein   (Hal)
    Felsberg   (Fels)

- Bereich "Süd" (Süd):

    Domat/Ems   (Dom)
    Tamins   (Tam)
    Bonaduz   (Bon)
    Rhäzüns   (Rhä)

Die Stadt Chur ist aus dieser Einteilung herausgenommen worden, da sie mit ihrem hohen Überbauungsanteil ohnehin eine Sonderstellung einnimmt.

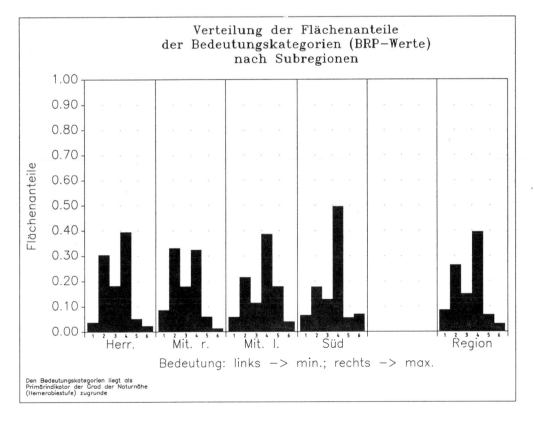

Abb. 31: Verteilung der Flächenanteile der BRP-Werte nach Subregionen (Gesamtfläche = 1 (100 %))

Vorweg eine Bemerkung zur Y-Achsen-Skalierung in den Balkendiagramm-Darstellungen der Wertspektren: Die betrachtete Gesamtfläche jeder räumlichen Bilanzierungseinheit ergibt den Wert 1 (= 100 %). Die Verteilung auf die einzelnen Wertstufen ist demgemäss theoretisch von 0 - 1 skaliert. So ist beispielsweise der Anteil der Stufe 4 (= "hohe Bedeutung") in der Bündner Herrschaft mit 0.396 angegeben, d.h. 39.6 % der betrachteten Fläche entfallen auf diese Stufe.

Beim Vergleich der 4 Subregionen fällt zunächst auf, dass in der Region ein klarer Nord-Süd-Gradient hinsichtlich der biotischen Qualität vorherrscht. In den Flächenanteilen der 3 oberen Stufen ("hohe Bedeutung" bis "unverzichtbar") treten die beiden Subregionen "Mitte linksrheinisch" und "Süd" positiv in den Vordergrund. Rund 60 % der jeweiligen Fläche sind diesen Kategorien zugeordnet. Dagegen fallen die beiden anderen Subregionen mit 47 % ("Bündner Herrschaft") und 40 % ("Mitte rechtsrheinisch") deutlich ab.

Betrachtet man nur die beiden oberen Stufen 5 und 6, so tritt der Bereich "Mitte linksrheinisch" mit 22 % am deutlichsten in dem Vordergrund, wobei der grössere Anteil mit 18 % von der Stufe 5 gestellt wird. Im Bereich "Süd" kehrt sich das Verhältnis dann um: als einzige Subregion weist diese in der Stufe 6 einen höheren Anteil auf als in der Stufe 5. Dies ist vor allem auf das wichtige Gebiet der Hinterrheinauenlandschaft bei Rhäzüns zurückzuführen, das als Objekt von nationaler Bedeutung (BLN-Objekt) eine entsprechende Bewertung erfahren hat. Knapp 16 % der betrachteten Fläche von Rhäzüns fallen dadurch in die Kategorie "unverzichtbar". Die beiden anderen Subregionen "Herrschaft" und "Mitte rechtsrheinisch" steuern nur je ca. 7.5 % ihrer Fläche in den Stufen 5 und 6 bei und liegen damit deutlich unter dem gesamtregionalen Schnitt von 10.1 %.

Damit kommen wir zu einer Betrachtung der Bewertungsstufen 1 bis 3 ("keine" bis "mässige" Bedeutung). Für die Subregionen

"Mitte linksrheinisch" und "Süd" zeigt sich das oben Gesagte in inverser Darstellung. Gegenüber dem gesamtregionalen Mittel von ca. 50 % Flächenanteil dieser 3 Stufen stechen die beiden Subregionen durch niedrige Anteile (39.2 resp. 37.5 %) heraus.

Wenn auch der Bereich "Süd" insgesamt recht positiv in Erscheinung tritt, so darf dabei die gemeindeweise Differenzierung nicht übersehen werden. Dann nämlich fällt auf, dass Domat/Ems mit seinen 10 % in der Stufe 1 im Vergleich aller 17 Gemeinden an dritter Stelle steht und nur von Chur (24.6 %) und Igis (12.8 %) übertroffen wird, eine Folge des hohen Überbauungsgrades, der wesentlich durch den Chemiekomplex der Emser Werke mitbegründet ist. Auch in der Stufe 2 hebt sich Domat/Ems aufgrund der intensiven Landwirtschaft mit 26.2 % deutlich von den anderen 3 Gemeinden dieser Subregion ab.

Ähnliches gilt für den Bereich "Mitte linksrheinisch", bei dem der Flächenanteil der Stufe 1 von Untervaz mit 9.9 % deutlich höher ist als die Werte der anderen 3 Gemeinden. Untervaz steht damit in dieser Stufe direkt hinter Domat/Ems an vierter Stelle. In der Stufe 2 weist Untervaz Flächenanteile auf (32.5 %), die alle anderen Gemeinden der Subregionen "Mitte linksrheinisch" und "Süd" deutlich übertreffen und eher vergleichbar wären mit den auf der anderen Rheinseite und in der "Herrschaft" erreichten Werten. In diesen Zahlen schlägt sich der grosse überbaute Komplex der Zementwerke nieder (Stufe 1) sowie die intensive landwirtschaftliche Nutzung in der Ebene (Stufe 2). Auch Felsberg drückt mit seinen Rebflächen den Anteil der Stufe 2 in die Höhe, sodass in dieser Stufe eine Nebenspitze entsteht, die im Bereich "Süd" nur abgeschwächt auftritt.

Die Subregionen "Mitte rechtsrheinisch" und "Bündner Herrschaft" fallen insgesamt durch ihre hohen, über dem regionalen Durchschnitt liegenden Flächenanteile in den Stufen 1 bis 3 auf. Dies betrifft insbesondere die Stufe 2, aber auch die

Stufe 3. Hier zeigt sich der typische Charakter dieser Subregionen als Bereiche intensiver landwirtschaftlicher Nutzung, einschliesslich dem dazuzählenden, besonders in der "Herrschaft" ausgedehnten Weinbau. Im Falle der Subregion "Mitte rechtsrheinisch" träte dieses Gesamtbild ohne die Gemeinde Says noch markanter in Erscheinung, da diese mit ihrem stärker extensiv landwirtschaftlichen Charakter nivellierend wirkt.

Damit ist ein besonderes Problem dieser Subregionen aus der Sicht des Biotopschutzes angesprochen, handelt es sich hierbei doch um weitgehend ausgeräumte Nutzungsformen, die nur noch wenig Lebensmöglichkeiten für die Pflanzen- und Tierwelt bieten. Insofern kann es auch nicht als kompensierend angesehen werden, dass die "Herrschaft" in der Stufe 1 (vor allem überbaute Flächen von hoher bis mittlerer Dichte) den im Vergleich zu den anderen Subregionen niedrigsten Flächenanteil mit knapp 4 % aufweist.

Eine Gemeinde aus der Region "Mitte rechtsrheinisch" bedarf noch einer speziellen Erwähnung. Es ist dies die Gemeinde Igis, welche in der Stufe 1 mit 12.8 % den zweiten Rang aller 17 Gemeinden einnimmt und in der Stufe 2 mit 44.8 % Flächenanteil Spitzenreiter ist. Hierin schlägt sich einerseits der hohe Anteil an intensiv genutzten ausgeräumten Fruchtfolgeflächen nieder, andererseits das Siedlungszentrum Landquart mit seinen Industrieflächen und dem Bahnareal.

In die Gliederung des Bündner Rheintals in Subregionen wurde, wie eingangs bereits erwähnt, die Stadt Chur nicht mit einbezogen, da sie einen Sonderstatus einnimmt, wie das Profil der Flächenanteile der BRP-WERT-Stufen in Tab. 12 deutlich zeigt. Der Anteil der anthropogen am stärksten überprägten Flächen (Stufe 1) ist bei 24.6 % mit keiner der anderen Gemeinden vergleichbar. Auf der anderen Seite liegt der Anteil der Spitzenwerte (Stufe 5 und 6) mit 1.8 % der Fläche extrem niedrig, er wird lediglich von Igis unterboten. Mit einem Anteil von 33 % in der Stufe 4 steht Chur im Vergleich mit anderen Bereichen des "Bündner Rheintals" aber gar nicht so schlecht dar, insbesondere im Vergleich mit dem Bereich "Mitte rechtsrheinisch".

KAULE (1986, S. 319), der sich intensiv mit Fragen des Arten- und Biotopschutzes auch in planungsstategischer Hinsicht auseinandergesetzt hat, postuliert Sollwerte für die Anteile von Flächen bestimmter Biotopqualitäten. Diese sind zwar bezogen auf die Verhältnisse in der BRD formuliert, vom Grundatz her haben sie jedoch auch für die Schweiz Gültigkeit.

Als Sollanteil von für den Artenschutz bedeutsamen Flächen (dies entspricht den BRP-Wertstufen 4 - 6) fordert KAULE ca. 40 %, davon ein Viertel Flächen mit besonders hoher Bedeutung. Diese "10 %-Forderung" an Flächen mit Vorrang für den Naturschutz findet sich auch bei zahlreichen weiteren Autoren (z. B. RAT DER SACHVERSTÄNDIGEN FÜR UMWELTFRAGEN 1985; FINKE 1987; BROGGI & SCHLEGEL 1989), wobei immer wieder betont wird, dass es sich dabei um eine Minimalforderung handelt.

Für den Artenschutz negative Flächen (Stufen 1 und 2) sollten einen Flächenanteil von ca. 10 % nicht überschreiten. Für die hinsichtlich des Artenschutzes weniger bedeutsamen, aber auch noch nicht negativen Flächen (Stufe 3) verbleiben dann ca. 50 % Flächenanteil als Wunschziel.

Derzeit machen die "Negativflächen" im Bündner Rheintal, wesentlich begründet durch die intensive Landwirtschaft, einen Anteil von ca. 35 % aus, ein Wert, der auch mit dem Status quo im Durchschnitt der BRD korrespondiert. Hinsichtlich der biotopbedeutsamen Flächen entspricht das erfasste Potential den zitierten Sollvorstellungen resp. es übertrifft sie sogar. Allerdings steht, wie bereits im Kap. 8.1.2 ausgeführt wurde, dieses vorhandene Potential in krassem Gegensatz zu dem Anteil der unter rechtlichem Schutz stehenden Flächen.

Die bisher betrachtete Bilanzierung hatte die jeweilige Gemeindefläche, d. h. die in der Landnutzungskartierung berücksichtigten Teile der Gemeindeflächen als räumliche Bezugsbasis sowie als Zusammenfassung 4 Subregionen mit jeweils 4 Gemeinden. Die Interpretation auf dieser Basis bietet aber, wie bereits ausgeführt, gewisse Schwierigkeiten, da die Gemeinden als räumlichen Bezugseinheiten nicht wirklich vergleichbar sind. Das Nutzungsmuster ist zwangsläufig aufgrund der unterschiedlichen naturräumlichen Lage sehr verschieden.

Es ist klar, dass eine Gemeinde wie z. B. Igis mit grossen Flächenanteilen in der intensiv nutzbaren Ebene bei einem Gemeindevergleich schlechter abschneidet als eine Gemeinde, die grosse Flächenanteile auf den Schuttkegeln oder gar in nicht mehr landwirtschaftlich nutzbaren Steillagen aufweist.

Ziel der weiteren Untersuchungen musste es also sein, eine räumliche Bezugseinheit zu finden, die den Vergleich der verschiedenen Gemeinden zulässig und sinnvoll macht. Mit Hilfe einer solchen Bezugseinheit sollte man in der Lage sein, die Qualität der verschiedenen Gemeinden aus der Sicht des Biotopschutzes zu beurteilen und auch Material für Handlungsempfehlungen zur allfälligen Verbesserung der Situation bereitzustellen. Daneben sollte eine solche Bezugseinheit möglichst einfach sein, damit die Übersichtlichkeit nicht verloren geht.

Es wäre zwar aus methodisch-analytischer Sicht interessant, eine möglichst differenzierte landschaftsökologische Raumgliederung durchzuführen und diese als Bezugsbasis der Bilanzierung zu verwenden. Im Hinblick auf die planerische Umsetzung auf der Ebene der Regionalplanung ist es aber fraglich, ob dies letztlich zu mehr Klarheit oder aber eher zu einer solchen Materialfülle führen würde, bei der die Transparenz für den politischen Entscheidungsträger nicht mehr gegeben ist.

Gemäss der Maxime "Soviel Differenzierung wie nötig, sowenig Differenzierung wie möglich" wurden die Gemeinden in nur je 2 naturräumlich begründete Teilgebietstypen differenziert. Es sind dies aggregierte Einheiten der potentiellen Nutzungsintensität. Zur Ausscheidung dieser Einheiten wurde auf die im Aussagebereich "Landwirtschaft" der Fallstudie erarbeitete "Übersichtskarte der Landwirtschaftseignung" zurückgegriffen, in die topographische, bodenkundliche und klimatische Parameter einbezogen wurden (vgl. GFELLER 1988).

Eine der beiden Einheiten sollte den Teil der Region umfassen, der sich aufgrund seiner natürlichen Ausstattung zu intensiver bis sehr intensiver landwirtschaftlicher Nutzung eignet, also einerseits entsprechende Bodenqualitäten aufweist und gleichzeitig von der Hangneigung her die rationelle maschinelle Bewirtschaftung ermöglicht.

Dies sind gleichzeitig auch jene Bereiche, die sich durch eine bevorzugte Eignung für die Siedlungsnutzung, die Verkehrsinfrastruktur, die industrielle Produktion und andere Intensivnutzungsformen auszeichnen. Damit ist also der Teil der Region angesprochen, in dem die naturnahen Strukturelemente dem grössten Nutzungsdruck ausgesetzt sind.

Die folgenden Einheiten der "Übersichtskarte der Landwirtschaftseignung" wurden gemäss dieser Zielsetzung zu einer "Intensiv - Nutzungszone" zusammengefasst:

Q: Weite Alpentäler (Breite > 1 km)
   Q1: feinkörnige Alluvionen   Hangneigung < 3 %
   Q2: kiesige Alluvionen   Hangneigung < 3 %
   Q3: grundnasse Alluvionen   Hangneigung < 3 %
   Q4: Schwemmfächer   Hangneigung < 17 %

R: Enge Alpentäler (Breite < 1 km)
   R1: feinkörnige Alluvionen   Hangneigung < 3 %
   R2: kiesige Alluvionen   Hangneigung < 10 %

Kleinere Inseln anderer Ausprägungen innerhalb dieser grossräumigen Zone wurden vernachlässigt. Ebenfalls dazugenommen wurden zwei Bereiche der Charakteristik U4 (= flachere Südhänge im Kalkgebiet unter 1500 m), nämlich die Reblagen von Felsberg sowie Bereiche bei Haldenstein / Oldis, die von ihrer Nutzung her dieser Intensivzone zugehören.

Alle anderen Einheiten des innerhalb der Landnutzungskartierung erfassten Perimeters wurden einer zweiten Zone zugeordnet, die als "Extensiv nutzbare Hanglagen" bezeichnet werden kann. Auch hier bleiben kleinere Inseln, die sich zur intensiveren landwirtschaftlichen Nutzung eignen, unberücksichtigt.

Um eine möglichst kurze und unkomplizierte Bezeichnung der beiden Zonen zu erreichen, wurde ein wesentliches Kriterium für die Differenzierung quasi indikatorartig zur Bezeichnung verwendet, nämlich die Hangneigung. Entsprechend werden die Zonen im folgenden als "Talraum" und "Hanglage" bezeichnet, auch wenn in diesen Benennungen nicht der ganze Inhalt zum Ausdruck kommt.

Die Ergebnisse der naturraumbezogenen, gemeindeweisen Bilanzierung sind in den Tab. 13 und 14 sowie in den Abb. 32 und 33 wiedergegeben. Die folgenden Ausführungen hinsichtlich der Interpretation dieser Ergebnisse beschränken sich auf den "Talraum", da dieser den Bereich der eigentlichen Nutzungskonfliktproblematik darstellt und damit von besonderem planerischen Interesse ist.

Tab. 13: Verteilung der prozentualen Flächenanteile der BRP-Werte nach Gemeinden und Subregionen im "Talraum"

	BRP-Werte (= Bedeutungskategorien)						
	1	2	3	4	5	6	Gesamt
Gemeinden							
Fläsch	4.8%	48.7%	10.4%	22.1%	2.9%	11.0%	100.0%
Maienfeld	8.2%	51.3%	22.0%	12.0%	6.4%	0.0%	100.0%
Jenins	5.5%	52.5%	26.7%	12.3%	3.0%	0.0%	100.0%
Malans	5.9%	56.0%	16.8%	17.9%	3.3%	0.0%	100.0%
Igis	16.4%	57.0%	13.0%	12.7%	0.9%	0.0%	100.0%
Zizers	9.4%	48.2%	17.9%	11.5%	6.5%	6.5%	100.0%
Trimmis	12.7%	37.9%	18.7%	23.9%	6.9%	0.0%	100.0%
Says	0.0%	0.0%	0.0%	0.0%	0.0%	0.0%	100.0%
Mastrils	1.0%	0.0%	6.2%	13.7%	0.0%	79.2%	100.0%
Untervaz	12.8%	57.3%	5.0%	6.5%	11.7%	6.8%	100.0%
Haldenstein	6.7%	33.2%	15.8%	31.6%	12.7%	0.0%	100.0%
Felsberg	7.9%	41.1%	17.6%	28.9%	4.4%	0.0%	100.0%
Chur	37.7%	44.7%	7.4%	8.6%	1.6%	0.0%	100.0%
Domat/Ems	16.2%	45.2%	11.4%	19.3%	1.2%	6.7%	100.0%
Tamins	7.0%	24.3%	24.4%	23.0%	21.3%	0.0%	100.0%
Bonaduz	8.5%	29.1%	13.0%	37.3%	4.1%	8.1%	100.0%
Rhäzüns	7.6%	31.0%	23.6%	2.0%	1.8%	34.0%	100.0%
Herrschaft	6.8%	52.0%	19.3%	15.1%	4.8%	1.9%	100.0%
Mitte rechts	13.0%	49.0%	16.2%	15.2%	4.4%	2.3%	100.0%
Mitte links	9.5%	44.4%	10.4%	17.7%	9.3%	8.6%	100.0%
Süd	11.8%	36.5%	14.5%	22.8%	3.4%	10.9%	100.0%
Talraum ges.	14.5%	45.8%	14.6%	16.2%	4.4%	4.5%	100.0%

Erläuterung der Bedeutungskategorien (BRP - Werte):

Bedeutung für den   1 = keine
Naturhaushalt   2 = unwesentlich
                         3 = mässig
                         4 = hoch
                         5 = sehr hoch
                         6 = unverzichtbar

Tab. 14: Verteilung der prozentualen Flächenanteile der BRP-Werte nach Gemeinden und Subregionen in den "Hanglagen"

	BRP-Werte (= Bedeutungskategorien)						
	1	2	3	4	5	6	Gesamt
Gemeinden							
Fläsch	0.5%	11.2%	14.2%	63.8%	7.7%	2.6%	100.0%
Maienfeld	1.3%	2.7%	16.4%	79.5%	0.1%	0.0%	100.0%
Jenins	0.8%	2.4%	33.4%	53.5%	9.7%	0.1%	100.0%
Malans	2.3%	8.5%	21.4%	53.9%	2.7%	11.2%	100.0%
Igis	0.0%	0.7%	9.9%	86.9%	2.5%	0.0%	100.0%
Zizers	0.0%	1.2%	20.3%	77.5%	1.1%	0.0%	100.0%
Trimmis	0.3%	2.4%	16.6%	65.0%	15.7%	0.0%	100.0%
Says	3.1%	0.7%	58.4%	30.0%	7.8%	0.0%	100.0%
Mastrils	2.5%	2.8%	29.5%	63.5%	1.3%	0.3%	100.0%
Untervaz	6.4%	1.4%	14.3%	51.7%	26.1%	0.1%	100.0%
Haldenstein	0.3%	0.4%	1.4%	59.3%	38.6%	0.0%	100.0%
Felsberg	0.0%	1.1%	2.0%	57.8%	39.1%	0.0%	100.0%
Chur	4.5%	6.3%	16.9%	70.3%	2.0%	0.0%	100.0%
Domat/Ems	2.3%	2.6%	5.7%	78.1%	3.2%	8.0%	100.0%
Tamins	2.9%	2.4%	24.1%	55.7%	15.0%	0.0%	100.0%
Bonaduz	0.9%	0.0%	0.2%	88.9%	10.1%	0.0%	100.0%
Rhäzüns	2.4%	0.5%	17.2%	69.8%	4.8%	5.1%	100.0%
Herrschaft	0.9%	8.3%	17.4%	64.8%	5.6%	3.1%	100.0%
Mitte rechts	0.6%	1.6%	21.7%	66.6%	9.5%	0.0%	100.0%
Mitte links	2.8%	1.4%	12.5%	57.5%	25.7%	0.1%	100.0%
Süd	2.2%	1.5%	11.5%	73.3%	7.8%	3.8%	100.0%
Hanglage ges	1.9%	4.0%	15.5%	67.1%	9.6%	2.0%	100.0%

Erläuterung der Bedeutungskategorien (BRP - Werte):

Bedeutung für den Naturhaushalt
- 1 = keine
- 2 = unwesentlich
- 3 = mässig
- 4 = hoch
- 5 = sehr hoch
- 6 = unverzichtbar

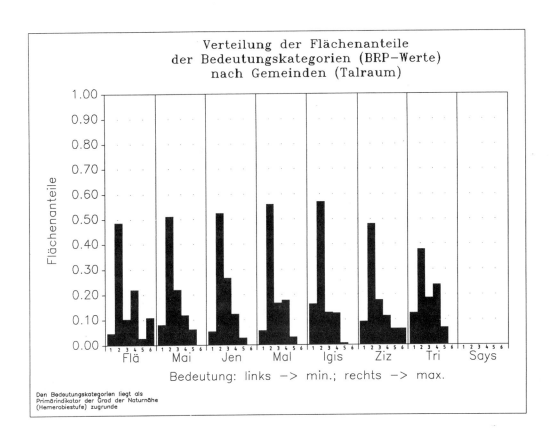

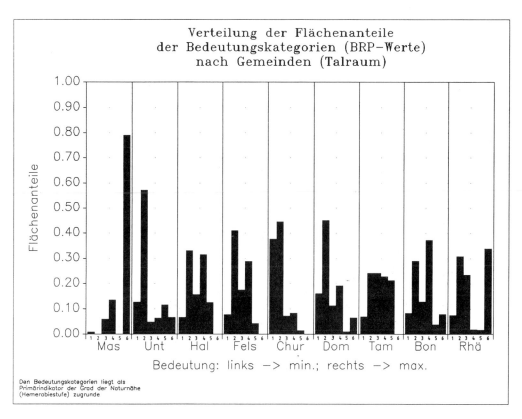

Abb. 32: Verteilung der Flächenanteile der BRP-Werte im "Talraum" (Gesamtfläche = 1 (100 %))

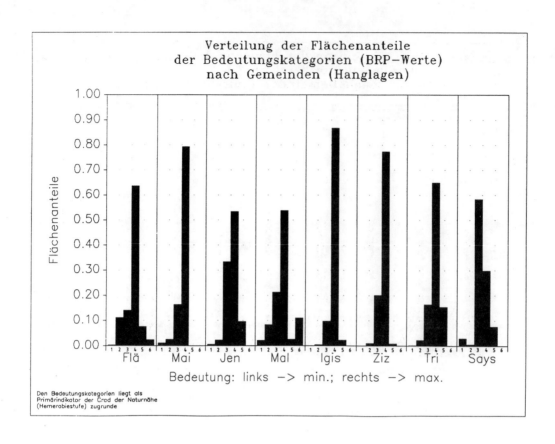
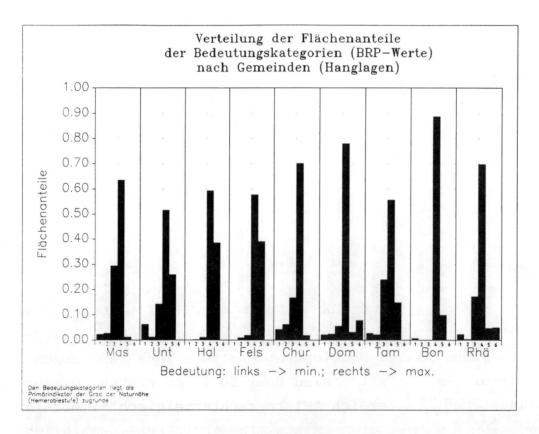

Abb. 33: Verteilung der Flächenanteile der BRP-Werte in den "Hanglagen" (Gesamtfläche = 1 (100 %))

Erwartungsgemäss sehen die Spektren für den "Talraum" im Vergleich zu denen des Gesamtperimeters deutlich anders aus, sowohl für die Region insgesamt wie auch für die Differenzierung in die 4 Subregionen.

Am auffälligsten beim Vergleich der Spektren für die Gesamtregion ist, dass statt der 2 Spitzen in den BRP - Wertstufen 2 und 4 im Talraum nur noch eine einzige, dafür sehr ausgeprägte Spitze in der Stufe 2 übrigbleibt (45.8 % der Fläche). Auch der Anteil der Stufe 1 ist im Talraum mit 14.5 % recht erheblich, sodass im regionalen Schnitt ca. 60 % der Talraumfläche keine oder unwesentliche Bedeutung aus der Sicht des Biotopschutzes aufweisen. Rechnet man noch den Anteil der Stufe 3 (= mässige Bedeutung) dazu, so ergibt sich ein Flächenanteil der Bereiche von geringer bis mässiger Bedeutung von ca. 75 %.

Immerhin 4.5 % des Talraumes weisen aus der Sicht des Biotopschutzes eine Qualität auf, die als "unverzichtbar" bezeichnet werden muss. Weitere knapp 4.5 % sind als Flächen von "sehr hoher" Bedeutung eingestuft. Der Rest (16.2 %) bleibt für Flächen, die "hohe" Bedeutung für das "biotische Regulationspotential" der Region haben. Stellt man dies dem Anteil derzeit unter rechtlich gesichertem Schutz stehender Flächen gegenüber (0.1 % unter Naturschutz, 5 % unter Landschaftsschutz), so zeigt sich in aller Deutlichkeit, dass noch viel Arbeit für den Biotopschutz bleibt, um das vorhandene Potential auch für die Zukunft zu sichern.

Die erwähnte Spitze in der BRP - Wertstufe 2 zeigt sich gleichermassen bei der Differenzierung nach Subregionen, allerdings mit einem klaren Gradienten, von Nord nach Süd abnehmend. In der "Herrschaft" sind über 50 % der Fläche dieser Stufe zuzuordnen, im Bereich "Mitte rechtsrheinisch" immerhin noch knapp 50 %. Im Bereich "Mitte linksrheinisch" entfallen 44.4 % der Fläche auf diese Stufe und im Bereich "Süd" sind es nur noch 36.5 %. Jedoch ist auch dies, gemessen an den bereits zitierten Vorstellungen von KAULE (1986, S. 319), ein vergleichsweise hoher Anteil.

Die Subregion "Mitte rechtsrheinisch" weist im übrigen in der Stufe 1 mit 13 % den höchsten Wert auf und die Stufen 1 bis 3 zusammengenommen machen 78.2 % aus, was ebenfalls einer Spitzenreiterposition gleichkommt.

Im Bereich der hohen Wertstufen fallen die beiden Subregionen "Mitte linksrheinisch" und "Süd" am stärksten positiv auf. Dies ist natürlich insbesondere auf die beiden als besonders wertvoll eingestuften Abschnitte des Rheins zurückzuführen, nämlich das BLN-Objekt der Hinterrheinauen bei Rhäzüns sowie der im Inventar der Auengebiete von nationaler Bedeutung erfasste Rheinabschnitt bei Mastrils.

Kommen wir damit zu einer näheren Betrachtung und zum Vergleich der verschiedenen Gemeindeteile, die innerhalb der "Intensiv - Nutzungszone" im Talraum liegen:

Bereits beim subregionalen Vergleich fiel auf, dass die "Herrschaft" den Spitzenreiter in der Stufe 2 bildet. Hohe Werte in dieser Stufe werden von allen Gemeinden der "Herrschaft" erreicht, bis auf Fläsch (48.7 %) durchwegs über 50 %, in Malans sogar 56 %.

Die Spektren von Maienfeld und Jenins weisen im Vergleich der 4 "Herrschäftler" Gemeinden die grössten Ähnlichkeiten auf, allerdings hat Maienfeld einen höheren Anteil in der Stufe 1. In beiden Gemeinden gibt es im Talraum keine als "unverzichtbar" eingestuften Flächen, jedoch 18 resp. 15 % Flächenanteile in den Stufen 4 und 5.

Fläsch fällt mit 11 % in der Stufe 6 (= "unverzichtbar") positiv aus dem Rahmen, hierfür ist das Auenwald- und Feuchtgebiet im nordwestlichen Teil verantwortlich. Auch in der Stufe 4 tritt mit 22 % ein hoher Anteil auf, sodass Fläsch als die Gemeinde mit dem höchsten biotischen Regulationspotential der "Herrschaft" bezeichnet werden kann.

Die Spektren der Gemeinden im Bereich "Mitte rechtsrheinisch" unterscheiden sich relativ stark voneinander. Von den 4 Gemeinden dieses Bereiches sind hier nur 3 Gegenstand der Betrachtung, da Says keine Flächenanteile im Talraum aufweist.

In Igis und Zizers finden sich über dem Durchschnitt liegende Flächenanteile in der Stufe 2 (57 resp. 48.2 %). Igis liegt damit sogar auf dem zweiten Platz in der Rangfolge aller Gemeinden und nimmt diesen Platz auch in der Stufe 1 mit 16.4 % direkt hinter Chur ein. Die Flächenanteile in den aus Biotopschutzsicht wichtigeren Stufen sind entsprechend gering (0 % in der Stufe 6 und 0.9 % in der Stufe 5). Igis stellt sich damit im Talraum als eine sehr problematische Gemeinde dar, in der dringend Massnahmen zur Verbesserung des biotischen Regulationspotentials durchgeführt werden sollten.

Die Gemeinde Zizers stellt sich im Vergleich der Region als eine regelrechte "Durchschnittsgemeinde" heraus. In der Rangfolge der Gemeinden liegt sie in praktisch allen Stufen im Mittelfeld.

Beim Spektrum der Gemeinde Trimmis ist augenfällig, dass diese Gemeinde als Pendlerwohnort nahe Chur mit 12.7 % einen vergleichsweise hohen Anteil in der Stufe 1 aufweist. Trimmis liegt damit auf dem fünften Platz in der Rangfolge der Gemeinden. Auf der anderen Seite sind aber auch die Flächenanteile in den Stufen 4 und 5 mit fast 24 resp. 7 % klar über dem Durchschnitt. Ebenfalls überdurchschnittlich ist die Stufe 3 mit 18.7 % vertreten. Diese Stufe repräsentiert vor allem mit Kleinstrukturen durchsetzte Fruchtfolgeflächen sowie für mechanische Bewirtschaftung gut geeignetes Wiesland. Zusammen mit unterdurchschnittlichen Anteilen in der Stufe 2 widerspiegelt das Spektrum von Trimmis sehr spezifisch den Charakter dieser Gemeinde mit ihrer Nähe zur Stadt Chur, aber dennoch einem hohem Anteil an weniger intensiver landwirtschaftlicher Nutzung.

Im Bereich "Mitte linksrheinisch" können 2 Spektren als "Extrembilder" bezeichnet werden, nämlich die von Mastrils und Untervaz. Die Gemeinde Mastrils ist insofern ein spezieller Fall, als sie sich nur mit einem kleinen Flächenanteil in der Talzone befindet. Davon werden beinahe 80 % von dem Rheinabschnitt eingenommen, der aufgrund seiner Zugehörigkeit zum Inventar der Auengebiete von nationaler Bedeutung in die Kategorie "unverzichtbar" aufgenommen wurde. Entsprechend rangiert die Gemeinde Mastrils in den unteren Stufen auf den hintersten Plätzen der Rangliste.

Auch das Spektrum von Untervaz stellt einen recht speziellen Fall dar. In den oberen wie in den unteren zwei Stufen rangiert Untervaz ziemlich weit oben auf der Rangliste, in der Stufe 2 mit 57.3 % sogar auf dem ersten Platz, während die beiden mittleren Stufen nur geringe Flächenanteile belegen. Es zeigt sich hierin die ausgeräumte, intensiv landwirtschaftlich genutzte Ebene sowie der hohe Überbauungsgrad, insbesondere schlägt hier das Areal der Zementwerke zu Buche. Gleichzeitig stellt Untervaz aber auch einen grossen Anteil an dem bereits für Mastrils erwähnten bedeutenden Rheinabschnitt sowie an weiteren wertvollen Flächen, sodass gut 18 % in die Stufen 5 und 6 aufgenommen sind. Insgesamt kann Untervaz also als eine "Gemeinde der Extreme" bezeichnet werden.

Der von der Gemeinde Haldenstein im Talraum befindliche Anteil zeichnet sich durch ein relativ kleinstrukturiertes Nutzungsmuster aus, was sich auch im Spektrum der BRP-Werte niederschlägt. Vergleichsweise geringe Flächenanteile finden sich in den Stufen 1 (6.7 %) und 2 (33.2 %), die dritte Stufe liegt mit 15.8 % in der Rangfolge der Gemeinden gerade im Mittelfeld und etwas über dem regionalen Durchschnitt. In den Stufen 4 (31.6 %) und 5 (12.7 %) nimmt Haldenstein dagegen einen sehr hohen Rang ein, nämlich jeweils den 2. Platz. Die Stufe 6 ist nicht vertreten. Haldenstein verdient aufgrund dieser Analyse die Charakterisierung als Gemeinde mit ausgewogenem Nutzungsmuster und einem im regionalen Vergleich relativ hohen biotischen Regulationspotential.

Felsberg stellt ähnlich wie Zizers von der Flächenbilanz her eine "Durchschnittsgemeinde" dar, insofern als sie bei allen Stufen ausser der Stufe 4 mittlere Plätze in der Rangfolge der Gemeinden einnimmt. Unterschiede zu Zizers bestehen aber einerseits in dieser Nebenspitze in der Stufe 4, aber auch darin, dass keine grossflächig ausgeräumten Fruchtfolgeflächen auftreten, wie das in der Ebene zwischen dem Rhein und der Ortslage Zizers der Fall ist.

Zwischen den Subregionen der Mitte und dem Bereich "Süd" liegt die Stadt Chur, die aufgrund ihrer speziellen Situation als Stadt bei den subregionalen Betrachtungen immer ausgeklammert blieb. Chur bildet, dies ist nicht anders zu erwarten, mit 37.7 % der Fläche den Spitzenreiter in der Stufe 1. Der Anteil der Stufe 2 liegt mit 44.7 % knapp unter dem regionalen Durchschnitt. In allen anderen Stufen werden von Chur hintere Rangplätze eingenommen.

Damit bleiben noch die 4 Gemeinden des Bereiches "Süd", deren Spektren recht unterschiedlich ausfallen.

Domat/Ems zeigt mit seinem Spektrum gewisse Parallelen zu Untervaz. Auch hier treten deutliche Gegensätze in Erscheinung. Auf der einen Seite weist Domat/Ems einen hohen Überbauungsstand und entsprechend einen hohen Wert (16.2 %) in der Stufe 1 auf, der praktisch identisch ist mit dem von Igis. Der Flächenanteil der Stufe 2 liegt zwar mit 45.2 % ziemlich genau im regionalen Durchschnitt, die betroffenen Flächen, insbesondere die ausgeräumten, intensiv genutzten Fruchtfolgegebiete liegen jedoch sehr konzentriert im Umfeld der Ortslage und sind im wesentlichen nur durch die Tuma unterbrochen.

Auf der anderen Seite steht ein relativ hoher Anteil an Flächen in der Stufe 6. Dies ist darauf zurückzuführen, dass Teile des BLN-Gebietes der Hinterrheinauen auf Domat/Emser Gemeindegebiet liegen. Das Nutzungsmuster von Domat/Ems ist daher vergleichbar mit dem von Untervaz, mit ausgedehnten Intensivnutzungsbereichen einerseits und wertvollen naturnahen Flächen andererseits.

Das Spektrum von Tamins fällt deutlich aus dem Rahmen. Es zeigt bis auf die Stufe 1 (7 %) beinahe eine Gleichverteilung der Flächenanteile der einzelnen Stufen (zwischen 21.3 und 24.4 %). Hier spiegelt sich vor allem das beinahe vernachlässigbare Vorhandensein von ausgeräumten Fruchtfolgeflächen wieder, die in den meisten Gemeinden zu einer Spitze in der Stufe 2 führen. In der Stufe 5 nimmt Tamins die Spitzenreiterposition in der Rangliste der Gemeinden ein. Flächenanteile in der Stufe 6 sind nicht vorhanden. Auch wenn nur ein schmaler Streifen des Gemeindegebietes von Tamins im "Talraum" liegt, so kann für diesen wie für das gesamte Gemeindegebiet festgehalten werden, dass sich relativ wenig Probleme aus der Sicht des biotischen Regulationspotentials stellen.

Die beiden südlichsten Gemeinden Bonaduz und Rhäzüns sind von ihrer Nutzungsstruktur her relativ ähnlich. Dies kommt in den Spektren auf den ersten Blick nicht unbedingt zum Ausdruck, da Bonaduz aufgrund grösserer Waldanteile im Talraum eine Spitze in der Stufe 4 aufweist (mit 37.3 % der grösste Anteil aller Gemeinden). In Rhäzüns ist diese Spitze in die Stufe 6 verlagert, aufgrund des grossen Anteils, den Rhäzüns an dem BLN-Objekt der Hinterrheinauen hat. Rhäzüns liegt damit für die Stufe 6 in der Rangfolge der Gemeinden auf dem 2. Platz.

8.2.4. Erfassung und Bilanzierung von potentiell vielfältigen Grenzstrukturen als ergänzender Indikator zur Charakterisierung des biotischen Regulationspotentials

In den vorangegangenen Kapiteln wurde das Vorgehen für eine Charakterisierung des biotischen Regulationspotentials mittels einer Flächenbilanzierung dargestellt. Neben der Flächenbilanzierung spielen für die Beurteilung des biotischen

Regulationspotentials aber noch weitere Gesichtspunkte eine Rolle. Ein solcher Aspekt qualitativer und quantitativer Art ist im Hinblick auf die räumliche Diversität das Vorhandensein und die Verteilung von Grenzstrukturen. Gemeint sind damit Grenzlinien zwischen verschiedenen Nutzungskomplexen, die als Standorte besonderer Vielfalt angesprochen werden können, vor allem Waldränder im Übergang zur offenen Flur, Feldgehölze, Hecken etc. Dies betrifft sowohl die Vegetation (Saumgesellschaften) als auch die Tierwelt, für die solche Übergangsbereiche von grosser Bedeutung sind, wie verschiedene Untersuchungen nachgewiesen haben.

Eine detaillierte Analyse und Ansprache aller solcher Strukturen im Feld ist vom Aufwand her für ein Untersuchungsgebiet von rund 130 km^2 ausgesprochen aufwendig und vom regionalplanerischen Ansatz der Fallstudie her nicht angemessen. Es sollte daher ein Weg gesucht werden, wie das vorliegende Datenmaterial unter Einsatz computergestützter Analysetechniken für den gewünschten Zweck aufbereitet werden könnte. Dieser Weg wurde gefunden in einem Computerprogramm, welches die Nachbarschaftsbeziehungen der Flächen in der digitalen Landnutzungskarte analysiert und auf diese Weise die interessierenden Grenzlinien ermittelt. Diese konnten dann kartographisch dargestellt und hinsichtlich der gewünschten Bezugsräume bilanziert werden.

Die Auswertung ist also in erster Linie quantitativer Art. Eine qualitative Differenzierung erfolgte lediglich insofern, als Grenzsäume, bei denen von der Nutzung her eine geringe Belastung durch Pestizide, mechanische Beeinflussung etc. erwartet werden kann, von sonstigen Grenzen unterschieden wurden. Im einzelnen wird bei folgenden an Wald, Hecken und Gebüsche angrenzenden Nutzungen von einer solchen Höherwertigkeit ausgegangen (in Klammern die Codes der Landnutzungskartierung):

- Aufgelöste Bestockungen (320)
- Mit belebenden Kleinstrukturen durchsetzte Fruchtfolge-

gebiete (212)
- Wies- und Weideland (220 und 230)
- Geordnete Obstbaumbestände (252)
- Streuobstflächen (253)
- Gewässer (600)
- Vegetationslose Flächen (700)
- Nasstandorte (950)

Im einzelnen Fällen können die so ermittelten Grenzsäume durchaus schlechter sein als hier unterstellt, insofern müsste man richtiger und konkreter von "erwartungsgemäss höherwertigen Grenzsäumen" reden. Bei allen anderen an Wald, Hekken und Gebüsch angrenzenden Nutzungen wird diese Höherwertigkeit nicht angenommen. Diese werden als "Grenzsäume niedriger Qualität" bezeichnet.

Auch wenn hierbei die Berücksichtigung der Qualität der Grenzstrukturen nur bedingt möglich war, so liefern dennoch bereits diese Längenwerte gute Ergebnisse für einen qualitativen Vergleich der Gemeinden resp. Gemeindeteile pro Naturraum. Die Ergebnisse der Analyse sind in Karte 9 dargestellt. Die naturraumbezogenen, gemeindeweisen Bilanzen zeigen Tab. 15 sowie Abb. 34.

Um die Ergebnisse der Analyse richtig zu verstehen, darf allerdings nicht vergessen werden, dass in die Landnutzungskartierung nur solche linearen Gehölzstrukturen Eingang fanden, welche eine Mindestbreite von 20 Metern erreichen, andernfalls wäre bei dem verwendeten Darstellungsmassstab von 1 : 25000 eine flächenhafte Darstellung und damit flächenmässige Bilanzierung nicht möglich gewesen. Die dargestellte Analyse erfasst also nicht das vollständige Potential an biotoprelevanten Gehölzstrukturen und deren Rändern.

Tab. 15: Länge von Wald-, Hecken- und Gebüschrändern nach Naturräumen und Gemeinden

Naturraum	Gemeinde	Fläche (qm)	Grenzlänge in Meter (Niedrige Qualität)	Grenzlänge in Meter (Hohe Qualität)	Grenzlänge in km/qkm (Niedrige Qualität)	Grenzlänge in km/qkm (Hohe Qualität)
TALRAUM	FLAESCH	2 972 965	6 854	9 344	2.306	3.143
	MAIENFELD	8 870 280	14 905	14 343	1.680	1.617
	JENINS	1 684 086	1 317	2 745	0.782	1.630
	MALANS	3 895 386	3 157	5 682	0.811	1.459
	IGIS	7 431 543	10 490	5 887	1.412	0.792
	ZIZERS	6 644 647	14 259	8 841	2.146	1.331
	TRIMMIS	4 843 316	9 219	9 783	1.903	2.020
	SAYS	keine Flächenanteile im Talraum				
	MASTRILS	566 658	179	3 558	0.315	6.279
	UNTERVAZ	4 024 130	4 761	6 789	1.183	1.687
	HALDENSTEIN	1 733 267	2 063	6 041	1.190	3.486
	FELSBERG	2 117 625	3 853	4 795	1.820	2.264
	CHUR	10 582 576	10 965	7 460	1.036	0.705
	DOMAT/EMS	7 287 642	15 225	15 238	2.089	2.091
	TAMINS	934 454	2 071	6 837	2.216	7.317
	BONADUZ	5 139 219	14 344	19 933	2.791	3.879
	RHAEZUENS	2 414 688	2 248	10 531	0.931	4.361
	REGION	43 873 534	76 938	89 275	1.754	2.035
HANGLAGE	FLAESCH	9 514 325	10 902	46 746	1.146	4.913
	MAIENFELD	3 542 453	3 927	11 392	1.109	3.216
	JENINS	1 495 875	409	7 257	0.274	4.851
	MALANS	2 431 425	1 088	11 149	0.447	4.585
	IGIS	2 050 121	203	6 693	0.099	3.265
	ZIZERS	1 471 208	38	6 913	0.026	4.699
	TRIMMIS	4 667 239	1 304	23 051	0.279	4.939
	SAYS	1 362 162	397	6 791	0.291	4.986
	MASTRILS	2 225 525	612	21 786	0.275	9.789
	UNTERVAZ	3 212 525	2 897	18 676	0.902	5.814
	HALDENSTEIN	2 339 380	321	18 265	0.137	7.808
	FELSBERG	1 688 362	380	12 884	0.225	7.631
	CHUR	6 900 926	12 588	20 054	1.824	2.906
	DOMAT/EMS	5 832 394	4 800	22 543	0.823	3.865
	TAMINS	4 196 862	4 426	31 018	1.055	7.391
	BONADUZ	3 798 870	2 422	19 267	0.638	5.072
	RHAEZUENS	4 130 722	6 995	21 654	1.693	5.242
	REGION	23 867 326	18 538	128 421	0.777	5.381

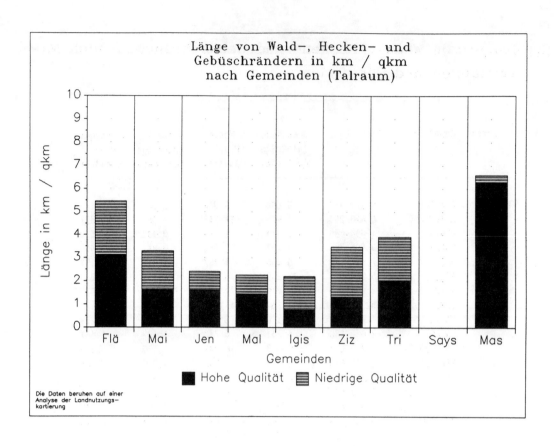

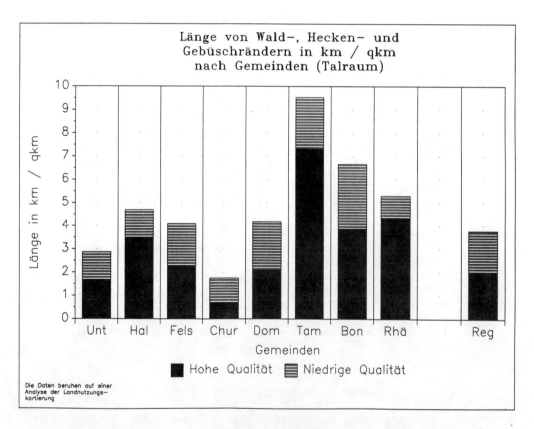

Abb. 34: Länge von Wald-, Hecken- und Gebüschrändern in km / km² nach Gemeindeteilen im "Talraum"

Im Mittel des gesamten als "Intensivnutzungszone im Talraum" bezeichneten Bereiches kommen pro km^2 3789 m solcher Randlinien vor, davon 2035 m mit hoher Qualität und 1754 m mit niedriger Qualität. Dieser durchschnittliche Wert streut allerdings sehr stark, nämlich von 1741 m in Chur bis 9533 m in Tamins.

Deutlich über dem Durchschnitt liegen 3 der Gemeinden des Bereiches "Süd", nämlich Tamins, Bonaduz und Rhäzüns, daneben aber auch Mastrils sowie Haldenstein, insbesondere bei den biotopschützerisch interessanteren Grenzlinien der hohen Qualität. Alle genannten Gemeinden traten schon bei der flächigen Analyse des "biotischen Regulationspotentials" vergleichsweise positiv in Erscheinung, eine Einschätzung, die damit hier bestätigt und ergänzt wird.

Auch die Gemeinde Fläsch, welche bei der Flächenanalyse im Vergleich der Gemeinden der "Bündner Herrschaft" positiv auffiel, weist eine über dem Durchschnitt liegende Länge von Gehölzrändern auf. Dies ist natürlich darauf zurückzuführen, dass Fläsch im Nordwesten über ein grösseres Waldgebiet verfügt, dessen Randlänge den Wert in die Höhe hebt.

Generell ist aber ein Trend vom Norden (Fläsch) bis nach Igis mit abnehmender Länge der Ränder hoher Qualität festzustellen, während in Trimmis in etwa der regionale Durchschnitt erreicht ist. Es ist dies vom Trend her beinahe das Spiegelbild der Werte in der Stufe "2" bei der flächenhaften Analyse, welche die intensive landwirtschaftliche Nutzung repräsentiert. Dabei wird der höchste Wert in Igis erreicht, nach Norden und Süden dagegen nehmen die Flächenanteile dieser Stufe ab.

Die Randlänge von Untervaz liegt zwar klar unterhalb des regionalen Durchschnitts, was angesichts der grossen ausgeräumten Intensivnutzungsflächen der Landwirtschaft nicht erstaunt. Sie ist aber mit knapp 1700 resp. 1200 m / km^2 nicht ganz unbeachtlich. Dieser Wert wird im wesentlichen von an den Rhein angrenzenden Waldstücken erbracht und darf nicht darüber hinwegtäuschen, dass die Ebene von Untervaz arm an linearen Gehölzstrukturen ist.

Ähnliches gilt für Domat/Ems. Auch dort sind es die gewässerbegleitenden Gehölzflächen sowie zusätzlich die Tuma, welche zu einer relativ grossen Randlänge führen, die leicht vergessen lassen könnte, dass weite Teile von Domat/Ems eine ausgeräumte Intensiv - Agrarlandschaft darstellen.

Felsberg liegt mit seinem Randlängenwert knapp oberhalb des regionalen Durchschnitts. Auch dies stimmt mit den Ergebnissen der flächenmässigen Analyse überein, aus der Felsberg als "Durchschnittsgemeinde" hervorging.

Es bleibt die Stadt Chur, die bei der Randlängenanalyse - dies war nicht anders zu erwarten - das Schlusslicht in der Rangliste der Gemeinden darstellt. Lediglich 705 m / km^2 von Randlinien mit hoher Qualität sowie 1036 m / km^2 mit niedriger Qualität befinden sich im Talraum der Stadt Chur. Auch hier sind es fast ausschliesslich die rheinnahen Gehölzflächen, auf die dieser Wert zurückzuführen ist.

Zusammenfassend kann gesagt werden, dass bei der Randlängenanalyse fast alle Gemeinden des Bündner Rheintals beachtliche Werte erzielen, im Durchschnitt über 2000 m / km^2 von Randlinien hoher Qualität. Dies darf aber nicht von der Tatsache ablenken, dass diese Randlinien durchaus nicht homogen verteilt sind, und auch nicht zu dem Fehlschluss verleiten, es stehe alles zum besten. Denn die meisten Gemeinden weisen eine mehr oder weniger grosse ausgeräumte Intensivnutzungszone im Talboden auf, für die diese Mittelwerte bei weitem nicht zutreffen und die damit im Hinblick auf den Biotopschutz als Problemzonen zu bezeichnen sind.

In den Hanglagen zeigt die Randlängenanalyse ein anderes Bild als im Talraum. Der grösste Teil der Randlinien ist der Kategorie "hohe Qualität" zugeordnet (im Durchschnitt fast 5400 m pro km^2) und widerspiegelt den Wechsel zwischen Waldflächen und Wies- resp. Weideland. Die Streuung zwischen den Gemeinden ist weniger stark ausgeprägt als im Talraum.

Lediglich 4 Gemeinden weisen einen deutlich über dem Durchschnitt liegenden Wert auf, nämlich Mastrils, Haldenstein, Felsberg und Tamins. Chur auf der anderen Seite weicht am deutlichsten nach unten vom Mittel ab, etwas weniger ausgeprägt auch Maienfeld und Igis sowie Domat/Ems. Dies ist darauf zurückzuführen, dass in diesen Gemeinden in der Hangzone relativ grosse, geschlossene Waldflächen auftreten, was natürlich nicht zu einer Erhöhung der Randlängen beiträgt.

Im Hinblick auf anzustrebende landschaftsplanerische Massnahmen im Sinne einer Anreicherung mit biotischen Strukturelementen sind die Gemeindeteile in der Hangzone weniger relevant. Der eigentliche Problemraum aus landschaftsplanerischer Sicht ist, wenn man einmal von der nicht mit landschaftsplanerischen Mitteln zu lösenden Waldschadensproblematik absieht, die Intensivnutzungszone im Talraum.

Die Herleitung von Entwicklungszielen für die Landschaft aus der Analyse des biotischen Regulationspotentials wird im Kap. 8.4 noch zu behandeln sein. Damit sind dann konkrete Ansatzpunkte für raumplanerische Handlungsempfehlungen gegeben. Im folgenden soll jedoch zunächst die Analyse durch die Ermittlung von Belastungen der Regenerationsfunktion für die Tier- und Pflanzenwelt vervollständigt werden.

8.3. Indikatorkonzept für die Analyse der Belastungen der Regenerationsfunktion für die Tier- und Pflanzenwelt

Ganz generell ergibt sich eine Aussage über die Belastungssituation hinsichtlich der Regenerationsfunktion für die Pflanzen- und Tierwelt bereits aufgrund einer Analyse des kulturlandschaftlichen Nutzungsmusters. Je grösser der Anteil intensiv genutzter, naturfremder bis künstlicher Ökosysteme gegenüber naturnahen Strukturen ausfällt, desto eher muss damit gerechnet werden, dass verschiedene Pflanzen- und Tierarten, insbesondere solche mit spezifischen Standortansprüchen, keinen geeigneten Lebensraum mehr finden. Eine solche Aussage ist genaugenommen nichts anderes als die inverse Betrachtung des bereits im Kap. 8.2 behandelten Vorgehens zur Erarbeitung vergleichender Aussagen bezüglich des biotischen Regulationspotentials.

Eine solche Betrachtung für sich allein genommen könnte bereits Anstösse geben, die auf eine Verbesserung der Situation in der einen oder anderen Gemeinde hinzielen. Jedoch sollte die Betrachtung damit nicht aufhören, sondern sie muss durch gezielte Analysen weiter vertieft werden. Dabei spielt neben der Erfassung von belastenden Störfaktoren auch die Einschätzung der Empfindlichkeit eine Rolle.

8.3.1. Zur Erfassung der "Empfindlichkeit"

Überlegungen zur Empfindlichkeit von Ökosystemen gegenüber Störungen setzen insbesondere im Zusammenhang mit naturschützerischen Fragen üblicherweise bei der Empfindlichkeit von Tier- und Pflanzenarten an. Gemeint sind Arten, die sich auszeichnen durch Stenökie, d.h. geringe ökologische Amplitude, beschränktes Verbreitungsgebiet, spezialisierte Fortpflanzungsbedingungen und geringe Konkurrenzkraft (SUKOPP 1972, zit. in SEIBERT 1978, S. 332). Bezogen auf die BRD sind insgesamt ca. 40 % der Blütenpflanzen als gefährdet bis akut bedroht anzusehen.

Der Planer wünscht auf der anderen Seite eine möglichst integrale Aussage zur Empfindlichkeit eines Biotoptyps als ganzem, d. h. unbesehen der Art der auf das Biotop einwirkenden Einflüsse. Diese Erwartungsdiskrepanz aufzulösen dürfte nicht möglich sein, es soll aber im folgenden versucht werden, einen Weg zu skizzieren, wie die jeweils spezifischen Aussagen der Ökologie planerisch in stärker aggregierte Empfindlichkeitsaussagen umgesetzt werden können. Dabei kann nicht der Anspruch gestellt werden, die massstäbliche Genauigkeit der Ökosystemforschung zu erreichen. Vielmehr wird eine Beschränkung auf grobe Einschätzungen nötig sein, so dass das Vorgehen eher den Charakter eines Orientierungsrahmens aufweist.

GIGON (1981) hat in seiner Arbeit über die ökologische Stabilität deutlich gemacht, dass es nicht möglich ist, von Stabilität schlechthin zu sprechen. Es lassen sich vielmehr verschiedene Grundtypen der Reaktion eines Ökosystems auf äussere Störeinwirkungen unterscheiden:
- Resistenz: das System reagiert nicht oder nur unwesentlich auf die Störeinwirkung;
- Elastizität: das System reagiert auf die Störung, kehrt jedoch nach Wegfallen des Störfaktors ganz oder teilweise in den Ausgangszustand zurück;
- Veränderung: das System reagiert auf die Störung irreversibel, kehrt also auch nach Wegfall des Störfaktors nicht in den ursprünglichen Zustand zurück.

Die wissenschaftliche Diskussion über diese Konzepte ist, wie GIGON (1981, S. 5) mit Verweis auf eine Vielzahl namhafter Autoren ausführt, noch sehr im Fluss und längst nicht abgeschlossen. Die vorliegende Studie ist nicht angelegt und kann es als planerische Arbeit auch nicht sein, diese Diskussion voranzutreiben. Im vollen Bewusstsein der begrifflichen Vorläufigkeit soll im folgenden unter "Empfindlichkeit" die Toleranz des jeweiligen Biotoptyps gegenüber Änderungen und Schwankungen der Standort- und Umweltbedingungen verstanden werden. Eine solche Grösse lässt sich, sofern überhaupt quantifizierbar, nicht generell und losgelöst vom jeweiligen Störfaktor definieren, sondern nur als spezifische Empfindlichkeit gegenüber einem einzelnen Störfaktor.

Als wesentliche Aspekte, die als potentiell die "Regenerationsfunktion für die Pflanzen- und Tierwelt" belastende Faktoren aufgefasst werden müssen, sind die folgenden zu nennen:

- Schadstoffbelastung durch Luftschadstoffe, Biozide etc.
- Eutrophierung durch lateralen landw. Nährstoffeintrag
- Nutzungsintensivierung, etwa der Landwirtschaft
- Wasserentzug
- Zerschneidung
- Lärm
- Störung, wie ständige Unterschreitung von Fluchtdistanzen
- Überbauung, Versiegelung

Die Zusammenstellung in Tab. 16 versucht, unter Vereinheitlichung zahlreicher Einzelangaben in der Literatur, einen Überblick über eine mögliche, pragmatische Empfindlichkeitseinschätzung zu geben. Die Liste der aufgeführten Biotoptypen erhebt dabei keinen Anspruch auf Vollständigkeit, vielmehr wurden lediglich die bei der Biotopinventarisierung des Bündner Rheintales differenzierten Typen berücksichtigt. Die Einstufung erfolgte auf einer fünfstufigen Skala, wobei die Stufe 1 die "Nicht-Empfindlichkeit" repräsentiert. Ebenfalls der Stufe 1 wurden jene Aspekte zugeordnet, die sich aufgrund des Fehlens von Daten und damit mangelnder Kenntnis einer Empfindlichkeitseinschätzung entziehen.

Tab. 16: Empfindlichkeit verschiedener Biotoptypen gegenüber Störfaktoren

Erläuterung:
- 5 = hoch
- 4 = mittel
- 3 = mässig
- 2 = gering
- 1 = nicht vorhanden bzw. nicht eingestuft, da entsprechende Daten fehlen

Biotoptyp	Schadstoffbelastung	Eutrophierung	Nutzungsintensivierung	Wasserentzug	Zerschneidung	Lärm	Störung
Grasland/Grünland							
Felsensteppe	3	1	1	1	1	1	1
Trockenrasen	4	5	5	1	1	1	1
Halbtrockenrasen	3	4	4	1	1	1	1
Allmenden	2	2	3	1	1	1	1
Fettwiesen	2	2	2	1	1	1	1
Baum/Strauch etc.							
Einzelbäume	3	2	2	1	1	1	1
Baum-/Strauchhecken	3	2	2	1	3	1	1
Feldgehölz	3	2	2	1	3	1	1
Obstgarten/Obstallee	3	2	3	1	1	1	1
Sumpf/Feuchtgebiete							
Moor	5	5	5	5	5	1	1
Hangried	4	4	5	5	4	1	1
Schilffläche	4	4	5	5	5	1	1
Nasswiesen	3	5	5	5	3	1	1
Wald							
Laubmischwald	3	2	4	2	4	1	1
Eichenwald	3	2	4	2	4	1	1
Buchenwald	3	2	4	2	4	1	1
Föhren-Trockenwald	3	2	4	2	4	1	1
Hartholzauenwald	3	2	5	5	5	1	1
Weichholzauenwald	3	2	5	5	5	1	1
Gewässer							
Freifliessender Fluss	5	4	2	4	4	1	1
Fliessgew. > 5 m mit Wuhr	4	3-5	2	3	3	1	1
Fliessgew. < 5 m	5	3-5	3	4	4	1	1
Quelle	5	4	5	5	4	1	1
Weiher (> 100 qm)	4-5	4-5	3	4-5	3-5	1	1
Tümpel (< 100 qm)	4-5	4-5	5	4-5	5	1	1
Vegetationsarm							
Kies- und Sandbank	2	1	2	1	1	1	1
Blockwuhrufer	1	1	1	1	1	1	1
Felsgebiete	3	1	1	1	1	1	1
Lehm- und Kiesgruben	2	1	4	3-5	1	1	1
Trockenmauern	3	1	4	1	1	1	1
Biotope mit spezifischer faunistischer Bedeutung	5	1	3-5	3-5	5	5	5

8.3.2. Die Analyse von Belastungen im einzelnen

8.3.2.1. Belastung durch Luftverunreinigungen

Als Ergebnis des Teilprojektes "Bioindikation", welches im Rahmen der Fallstudie "Ökologische Planung Bündner Rheintal" durchgeführt wurde (PETER 1988; THÖNI et al. 1989), liegen flächendeckend Informationen über die lufthygienische Situation des Untersuchungsraumes vor. An 704 Bäumen wurde zu diesem Zweck die Flechtenflora kartiert, welche als sensibler Indikator für die Charakterisierung der Gesamtluftbelastung seit langem bekannt ist. Die erhobenen Daten wurden mittels multivariater statistischer Methoden anhand der Luftschadstoffmessungen an 10 Messstationen geeicht. Mit Absorptions- und Depositionsmessgeräten erfolgte an diesen Stationen eine Erfassung 9 wichtiger Luftschadstoffe, nämlich HCl, NO_2, NH_4, SO_2, Cd, Cu, Pb, Zn und Staubniederschlag.

Die aus der Flechenkartierung durch Eichung entstandene Karte, die die räumliche Verteilung der Luftgüte in 5 Stufen darstellt, kann direkt für die Beurteilung des Belastungsrisikos der Biotopfunktion des Raumes verwendet werden. Gleichzeitig muss aber in diese Beurteilung auch die Empfindlichkeit der verschiedenen Biotoptypen gegenüber Luftschadstoffen einbezogen werden. Die verwendete Einstufung ergibt sich aus Tab. 16 im Kap. 8.3.1 unter "Schadstoffbelastung".

Zur Durchführung der Risikobewertung wurde die in Abb. 35 wiedergegebene Bewertungsmatrix erarbeitet. Diese beinhaltet folgende grundsätzliche Überlegungen: Aufgrund noch im Detail unsicherer Informationslage über die kausalen Zusammenhänge hinsichtlich des Belastungsrisikos von Flora und Fauna gegenüber Luftverunreinigungen hat es wenig Sinn, Bewertungsskalen mit sehr vielen Stufen zu verwenden. Man hätte sonst Mühe, diese Stufen gut begründet mit verbalen Prädikaten zu hinterlegen. Es wurden daher lediglich 3 Risikostufen differenziert:

- erhöhtes Risiko (Stufe 3)
- erwartetes Risiko (Stufe 2)
- vernachlässigbares Risiko (Stufe 1)

Die Bezeichnung "erwartetes Risiko" soll signalisieren, dass zwar ein Risiko angenommen werden muss, welches planerische Beachtung finden sollte. Dieses ist jedoch nicht als sehr gravierend anzusehen.

Gesamtimmissionsbelastung

		hoch	mittel	klein
Empfindlichkeit	hoch bis mittel	3	2	1
	mässig bis gering	2	1	1

<u>Abb. 35:</u> Bewertungsmatrix für das Risiko der Belastung der Biotopfunktion durch Luftverunreinigungen
  Erläuterung: Die gemäss Flechtenkartierung auf einer 5-stufigen Skala angegebene Gesamtimmissionsbelastung wurde für die Risikobewertung dergestalt vereinfacht, dass jeweils die beiden oberen und unteren Stufen zusammengefasst wurden. Auch hinsichtlich der Empfindlichkeitseinschätzung gemäss Tab. 16 erfolgte eine solche Zusammenfassung.

Karte 10 gibt einen Überblick über die in der Biotopinventarisierung erfassten Objekte (vgl. Kap. 8.1), für die gemäss vorstehendem Analysekonzept ein Belastungsrisiko angenommen werden muss.

8.3.2.2. Belastung durch Lärm

Die Beurteilung möglicher Belastungen der Tierwelt durch den Störfaktor Lärm ist ein schwieriges Problem. Denn hier wirkt ein Störfaktor auf schwer erfassbare Betroffene ein. Auswirkungen von Lärmimmissionen sind, wenn überhaupt, nicht sehr leicht durch Daten über den Artenrückgang belegbar, da dies minutiöse Vorher - Nachher - Erhebungen voraussetzen würde.

Eine Sichtung der einschlägigen Literatur hinsichtlich der Einstufung der Empfindlichkeit gegenüber Lärmwirkungen ergibt auch wenig konkrete Hinweise. Lediglich werden für bestimmte Tierarten solche Empfindlichkeiten nachgewiesen resp. vermutet. Es kann zwar von der Vermutung ausgegangen werden, dass bestimmte Tierarten noch empfindlicher auf Lärm reagieren als der Mensch, jedoch ist der Nachweis, wie bereits angedeutet, sehr schwierig und aufwendig. Als Hinweis darauf, wie lang diese Problematik schon vom Grundsatz her erkannt ist, sei nur erwähnt, dass eine Herstellerfirma für Lärmschutzanlagen schon vor über 10 Jahren ihre Produkte mit der makaberen Feststellung angepriesen hat, es sei bereits in den 60er Jahren notwendig geworden, den Elefanten im Londoner Zoo Ohrenschützer aufzusetzen, um den Lärm auf ein für sie erträgliches Mass herabzusetzen (ACROW/WOLF, o.J.).

Eine Untersuchung von van der ZANDE et al. (1980) belegt für einen niederländischen Untersuchungsraum anhand mehrerer Vogelarten, dass die Individuendichte in der Umgebung von Verkehrsstrassen signifikant geringer ist als in weiter entfernten Bereichen. Die Studie versucht allerdings nicht herauszufiltern, inwieweit dieser Störeffekt allein auf den Lärm zurückgeführt werden kann, sondern belegt vielmehr die Störung durch die Strasse insgesamt. Eine Isolierung der Lärmwirkung dürfte im Freilandversuch auch kaum möglich sein. Auch muss von einem vermutlichen Gewöhnungseffekt gegenüber Lärmimmissionen ausgegangen werden.

Eine Differenzierung des Belastungsgrades durch Lärm kann also nur unter Verzicht auf die Einschätzung unterschiedlicher Empfindlichkeiten verschiedener Biotoptypen erfolgen. Es ist vielmehr auf das mögliche Risiko einer Beeinträchtigung abzustellen. Dabei werden alle bzgl. des biotischen Regulationspotentials als "hoch", "sehr hoch" und "unverzichtbar" eingestuften Flächen berücksichtigt. Die Verlärmung wird, entsprechend der Unsicherheit der Wirkungseinschätzung, lediglich diffenziert in:

- stark verlärmte Bereiche   (> 65 dB(A))
- verlärmte Bereiche   (46 - 65 dB(A))
- lärmfreie Bereiche   (<= 45 dB(A))

Die Daten über die Lärmsituation stammen aus einem eigens für die Anwendung im regionalen Massstab entwickelten Lämausbreitungsmodell (KIAS, RIHM & SCHMUCKI 1989). Mit einem solchen Modell ist es möglich, integrale Gesamtübersichten unter Einbezug des gesamten Strassen- und Schienennetzes einer Region mit vergleichsweise geringem Aufwand zu erarbeiten.

Durch Überlagerung der lärmbeeinflussten Flächen mit den Flächen erhöhten biotischen Regulationspotentials wird das Risiko der Beeinträchtigung der Biotopfunktion durch Lärm (insbesondere der Tierwelt) bewertet:

- Flächen im stark verlärmten Bereich -> erhöhtes Risiko
- Flächen im verlärmten Bereich   -> erwartetes Risiko
- Flächen im lärmfreien Bereich   -> kein Risiko

Karte 11 gibt einen Überblick über die gemäss vorstehendem Analysekonzept herausgearbeiteten, lärmbetroffenen Bereiche des Untersuchungsgebietes.

8.3.2.3. Belastung durch die räumliche Lage im Einflussbereich von Verkehrsträgern (genereller Störeffekt)

Teilaspekte der im folgenden anzusprechenden Belastung sind bereits bei der Bewertung der Belastungen durch Luftverunreinigungen und Lärm berücksichtigt worden. Neben diesen Faktoren beeinflusst ein Verkehrsträger seine Umgebung durch eine Vielzahl weiterer Effekte, namentlich die Schadstoffanreicherung im Boden, die direkte Schädigung der Vegetation durch kontaminiertes Spritzwasser sowie die indirekte durch Kontamination des Oberflächen- und Grundwassers, die Störung der Fauna über die reine Lärmwirkung hinaus (z.B. optische Störung, visuelle Unruhe in der Landschaft), die Veränderung des floristischen und faunistischen Artenspektrums durch Beeinflussung der Konkurrenzsituation u. a. m. Eine aufgeschlüsselte Beurteilung aller ökologischen Effekte des Verkehrs, wie dies im Zusammenhang mit Umweltverträglichkeitsprüfungen üblich und gefordert ist, würde den Rahmen einer regionalen Betrachtung sprengen. Die massstäbliche Aussageschärfe und die Datenlage erlauben derart detaillierte Aussagen nicht.

An einem Einzelprojekt, nämlich der Evaluation von Varianten einer Ortsumfahrung der Gemeinde Zizers im Bündner Rheintal, wurde dieser Problemkreis auf der Objektplanungsebene basierend auf den gleichen, im Kap. 7.2 ausführlich dargestellten methodischen Grundprinzipien gezielt behandelt (RIHM 1989). Im folgenden soll dagegen lediglich im Sinne von Faustzahlen die Beeinflussung der Regenerationsfunktion des Raumes für die Tier- und Pflanzenwelt durch den Nutzungsanspruch Verkehr integral dargestellt werden.

Alle genannten Faktoren werden dabei pauschal in eine Belastungsbewertung eingebracht, die im Gegensatz zu einer einzelobjektbezogenen Betrachtung, wie sie in der UVP stattfindet, nicht das Ziel hat, eine genaue räumlich abgegrenzte Analyse der einzelnen Belastungsfaktoren vorzunehmen. Vielmehr wird dem regionalplanerischen Massstab angemessen das

Ziel verfolgt, im Sinne einer Grössenordnung eine Übersicht über die vom Strassenverkehr beeinflussten Bereiche zu erstellen.

Konsequenterweise kann diesem Ziel entsprechend die dabei verwendete Skala nur wenige Differenzierungen beinhalten, da eine vielstufige Skala inhaltlich nicht begründet werden könnte. Bereits die vorgenommene Differenzierung kann lediglich im dem Sinne begründet werden, dass damit in etwa die vermuteten Grössenordnungen wiedergegeben werden.

Streng naturwissenschaftlich würde das vorliegende empirische Material (vgl. z. B. van der ZANDE et al. 1980; MAURER 1973) für eine abgesicherte Grenzwertbildung kaum ausreichen. Van der ZANDE et al. versuchen zwar einen regressionsanalytischen Ansatz, um aufgrund des Verkehrsvolumens auf die Distanz einer Störung bestimmter Vogelarten zu schliessen. Erstens sind aber die holländischen Verhältnisse nicht ohne weiteres auf die Schweiz übertragbar und zweitens rechtfertigt an sich der Stichprobenumfang eine solche Regression nicht.

Dennoch postulieren van der ZANDE et al. aufgrund ihrer eigenen und von ihnen zitierter weiterer Untersuchungen die grundsätzliche Richtigkeit einer weitreichenden Störung empfindlicher Vogelarten. Dieses Postulat kann aufgrund des vorliegenden Materials kaum zurückgewiesen werden. Eine zusammenfassende Übersicht über die Ergebnisse der Untersuchungen von van der ZANDE et al. (1980) gibt Tab. 17.

In Anlehnung an die Untersuchungen von von der ZANDE et al. wurde auch für das Bündner Rheintal versucht, die durch den Nutzungsanspruch Verkehr mutmasslich beeinflussten Bereiche herauszuarbeiten. Zu diesem Zweck erfolgte eine Differenzierung der Strassenverkehrsträger in 2 Klassen:

- stark befahrene Strasse
- lokal bedeutsame Strasse

Tab. 17: Die Reichweite der Störwirkung von Verkehrsstrassen auf empfindliche Arten der Avifauna in Abhängigkeit vom Verkehrsaufkommen (n. van der ZANDE et al. 1980)

Testgebiet	Verkehrsaufkommen (ca. FZ pro Tag)	max. Stördistanz (Meter. gerundet)
1	54000	2000
2	4600	600
3	7300	1000
4	50	500

Unter der Kategorie "stark befahrene Strasse" ist das Autobahn- und Hauptstrassennetz mit einem Verkehrsaufkommen zwischen 7000 und 22000 Fahrzeugen pro Tag zusammengefasst worden. Als "lokal bedeutsame Strasse" wurde das restliche Strassennetz bezeichnet, dessen Verkehrsaufkommen zwischen 200 und 7000 Fahrzeugen pro Tag liegt.

Differenziert nach den angesprochenen Kategorien konnten dann um diese Strassen Abstandszonen generiert werden, die wie folgt zu interpretieren sind:

- Bereich erhöhter Beeinflussung   (Zone 1)
- Bereich mutmasslicher Beeinflussung (Zone 2)

Die Zone 1 gibt dabei den Bereich stärkerer Störung und zugleich erhöhter Gefährdung durch Strassenverkehrsimmissionen wieder, während die Zone 2 relativ weit gezogen und als durchschnittliche Reichweite einer Störung empfindlicher Tierarten zu interpretieren ist.

Die Breite der Abstandszonen wird wie in Abb. 36 dargestellt festgelegt.

	stark befahrene Strasse	lokal bedeutsame Strasse
Bereich erhöhter Beeinflussung (Zone 1)	100 m	50 m
Bereich mutmassl. Beeinflussung (Zone 2)	1000 m	500 m

Abb. 36: Breite der Abstandszonen in Abhängigkeit vom Verkehrsaufkommen

Durch Überlagerung der potentiellen Beeinflussungszonen mit der Karte des biotischen Regulationspotentials wurde der Grad der aktuellen Beeinflussung bestimmt. Die dazu verwendete Bewertungsmatrix ist in Abb. 37 wiedergegeben.

Biot. Regula-tionspotential	Abstandszonen	
	Zone 1	Zone 2
hoch bis un-verzichtbar	3	2
mässig	2	1
unwesentlich und weniger	1	1

Abb. 37: Matrix zur Bewertung des Beeinflussungsrisikos der Biotopfunktion durch den Strassenverkehr
Erläuterung: 3 = erhöhtes Risiko; 2 = erwartetes Risiko; 3 = vernachlässigbares Risiko

Karte 12 gibt einen Überblick über die gemäss vorstehendem Analysekonzept herausgearbeiteten verkehrsbeeinflussten Bereiche des Untersuchungsgebietes.

8.3.2.4. Gesamtbelastung

Die voranstehenden Kapitel widmeten sich ausgewählten Aspekten der Belastung biotischer Ressourcen und deren Ermittlung mit Hilfe eines geographischen Informationssystems. Um einen Überblick im Sinne einer Zusammenfassung zu erreichen, wurde zusätzlich eine Verschneidung der dargestellten Einzelaspekte durchgeführt. Eine solche Verknüpfung darf dabei nicht in dem Sinne verstanden werden, dass durch die Gesamtaussage die Einzelaussagen überflüssig würden. Die Sanierung einer Belastungssituation kann selbstverständlich nur an der Sanierung der einzelnen Belastungsfaktoren ansetzen, die aber in einem Bild der Gesamtbelastung untergehen.

Dennoch kann eine Gesamtaussage sinnvoll sein, indem sie einen Überblick über die Intensität und räumliche Konzentration der Belastungssituation insgesamt vermittelt. In Karte 13 ist diese Zusammenschau der Einzelbelastungsaspekte wiedergegeben.

8.3.2.5. Minderung des biotischen Regulationspotentials durch zukünftige Überbauung

Bereits im Kap. 7.1 wurde auf die Charakteristik des Bündner Rheintales als Hauptentwicklungsraum im Kanton Graubünden hinsichtlich der Siedlungsexpansion durch Wohn- sowie industriell-gewerbliche Nutzung hingewiesen. In den meisten Gemeinden sind im Zuge einer Expansionseuphorie früherer Jahre Bauzonen in einem Umfang ausgewiesen worden, die über das gemäss Art. 15 RPG vorgesehene Mass hinausgehen. Zwecks Sicherung der Freiraumfunktionen erfolgte daher seitens des kantonalen Amtes für Raumplanung eine Aufforderung an die Gemeinden, anlässlich der Revision der Ortsplanungen eine Redimensionierung der Bauzonen vorzunehmen. Damit sollte insbesondere das Ziel verfolgt werden, die Sicherung von Fruchtfolgeflächen gemäss der Verordnung über die Raumplanung vom 26. 3. 1986 zu gewährleisten. Bezogen auf das Bündner Rheintal hat sich GFELLER (1990) damit ausführlich auseinandergesetzt.

Eine Ortsplanungsrevision sollte sich jedoch nicht eindimensional von einem einzigen Aspekt leiten lassen. Vielmehr muss dies zum Anlass genommen werden, das gesamte Wirkungsgefüge der Freiraumfunktionen in die Betrachtung miteinzubeziehen. Im Rahmen der vorliegenden Studie lag es daher nahe, das in den ausgewiesenen Bauzonen vorhandene biotische Regulationspotential zu analysieren und zu bilanzieren. Dies sollte Hinweise zuhanden der kommunalen Planung geben, wo aus der Sicht der biotischen Ressourcen eine Redimensionierung der Bauzonen im Besonderen wünschenswert erscheint.

Karte 14 gibt einen Überblick über das vorhandene biotische Regulationspotential innerhalb der ausgewiesenen Bauzonen. Im Anhang III findet sich zudem eine gemeindeweise Bilanzierung.

8.4. Herleitung von Entwicklungszielen für die Landschaft aus der Analyse des biotischen Regulationspotentials

Im Kap. 2 wurden die derzeitigen rechtlichen Grundlagen des Biotopschutzes auf eidgenössischer wie auf kantonaler Ebene ausführlich vorgestellt und diskutiert. Grundlegende Voraussetzung für eine Sicherung der vorhandenen Ressourcen ist zunächst einmal deren Erfassung. Ein GIS-gestützter Weg dazu wurde für die Ebene der regionalen Richtplanung in diesem Kapitel aufgezeigt. Aus planerischer Sicht kann die Arbeit damit jedoch nicht zu Ende sein. Vielmehr muss es darum gehen, aus der Analyse heraus Handlungsanweisungen und Empfehlungen auszusprechen, um das vorhandene Potential zu sichern und weiterzuentwickeln sowie Defizite auszugleichen.

Art. 3 RPG formuliert dazu Planungsgrundsätze hinsichtlich der natürlichen Ressourcen, die es in diesem Zusammenhang zu konkretisieren gilt. Operationalisiert und bezogen auf die Ebene der regionalen Richtplanung könnte dies heissen, Entwicklungsziele für die Landschaft zu formulieren und diese wo möglich räumlich zu konkretisieren.

In der vorliegenden Arbeit wurde umfangreiches Material zur flächendeckenden Analyse und Bewertung der biotischen Ressourcen erarbeitet und in das geographische Informationssystem Bündner Rheintal integriert. Es lag daher nahe, auch den Schritt der Formulierung und räumlichen Konkretisierung von landschaftlichen Entwicklungszielen - immer bezogen auf die Fragestellung des breiten Biotopschutzes - GIS-gestützt anzugehen.

Als Entwicklungsziele werden dabei keine flächen- resp. parzellenscharf formulierten Massnahmen verstanden, sondern vielmehr generelle Aussagen, die über das Schwergewicht der im jeweiligen Raumausschnitt zu erfüllenden Aufgaben der Landschaftsentwicklung Auskunft geben sollen, um zu einer Verbesserung der Situation bezüglich des biotischen Regulationspotentials zu kommen.

Folgende Entwicklungsziele wurden zu diesem Zwecke formuliert (in Anlehnung an die Vorstellungen des "Gesetzes zur Sicherung des Naturhaushaltes und zur Entwicklung der Landschaft" von Nordrhein-Westfalen / BRD):

- Erhaltung: Hierbei liegt das Schwergewicht der Landschaftsentwicklung in der Erhaltung einer insgesamt mit natürlichen und naturnahen Landschaftselementen reich oder vielfältig ausgestatteten Landschaft mit vielfältig strukturiertem Nutzungsmuster in einem möglichst wenig gestörten und belasteten Zustand.

- Anreicherung: Das Schwergewicht der Landschaftsentwicklung liegt in der Anreicherung einer intensiv agrarisch genutzten Landschaft, die aufgrund ihres Erscheinungsbildes und aus der Sicht des Biotopschutzes Probleme aufweist, mit biotischen Strukturen. Damit soll das Ziel einer besseren Vernetzung der naturnahen Landschaftsteile erreicht werden, was insgesamt zu einer Erhöhung des biotischen Regulationspotentials führt.

- Wiederherstellung: Das Schwergewicht der Landschaftentwicklung liegt in der Wiederherstellung einer in ihrem Wirkungsgefüge und Erscheinungsbild stark geschädigten resp. vernachlässigten Landschaft, z.B. als Folge von Abgrabungen etc. Das Ziel der Erhöhung des biotischen Regulationspotentials soll erreicht werden durch Änderung einer ökologisch problematischen Nutzungsstruktur und ergänzend Anreicherung mit biotischen Strukturelementen.

Zur GIS-gestützten räumlichen Konkretisierung der genannten Entwicklungsziele wurde folgendermassen vorgegangen. Eine Verschneidung des biotischen Regulationspotentials mit der Landnutzung diente zunächst dazu, das Siedlungsgebiet vom Nichtsiedlungsgebiet zu trennen, da die Ausweisung von Landschaftsentwicklungszielen sich nur auf letzteres beziehen sollte.

Bereiche mit mindestens hohem biotischem Regulationspotential wurden im folgenden mit den Entwicklungsziel "Erhaltung" belegt. Bereiche, die hinsichtlich des biotischen Regulationspotentials als "mässig" eingestuft wurden, erhielten das Entwicklungsziel "Erhaltung mit Anreicherung in Teilbereichen" zugeordnet, für die übrigen wurde "Anreicherung" vorgeschlagen. Eine Sonderstellung nehmen die durch Abbau und Deponie genutzten Flächen ein, welche das Entwicklungsziel "Wiederherstellung" zugewiesen bekamen.

Es wurde bereits ausgeführt, dass Entwicklungsziele keine flächenscharfen Aussagen darstellen sollen. Dementsprechend wurden bei den Entwicklungszielen "Erhaltung mit Anreicherung in Teilbereichen" sowie "Anreicherung" Flächen unterhalb eines Schwellenwertes von 1.5 ha herausgefiltert und dem umgebenden Entwicklungsziel zugeordnet.

Zusätzlich zur Formulierung und räumlichen Konkretisierung von generellen Entwicklungszielen wurden im Hinblick auf eine wünschenswerte Biotopvernetzung bestehende lineare Strukturen als Basis eines regionalen Biotopverbundsystemes herausgearbeitet. Diese bildeten die Basis für eine Konzeption zu entwickelnder Vernetzungsachsen. Den Ortsplanungen muss es dabei vorbehalten bleiben, die generellen Handlungsempfehlungen weiter zu verfeinern und in konkrete Massnahmen umzusetzen.

Ein Überblick über die Vorschläge zur Landschaftsentwicklung im Bündner Rheintal ist aus Karte 15 ersichtlich.

8.5. Auswertung der Arealstatistik 1985 unter dem Aspekt der Flächenbedeutung für das biotische Regulationspotential

Seit einigen Jahren wird in der Schweiz an der Neuauflage der Arealstatistik gearbeitet, um in Zukunft in einem Turnus von jeweils 6 Jahren eine aktuelle gesamtschweizerische Übersicht über die Landnutzung verfügbar zu haben. Da das vorgehend beschriebene Verfahren zur Bewertung der biotischen Qualität von Landschaftsräumen ebenfalls auf einer Landnutzungserhebung als Datenquelle aufbaut, lag es nahe, sich mit der Frage zu befassen, ob allenfalls die neue Arealstatistik eine geeignete Datenquelle auch für Biotopschutzaspekte darstellt.

Könnte diese Frage positiv beantwortet werden, so hätte dies den Vorteil, dass sich Übersichtsaussagen über die biotische Qualität eines Raumes ausgesprochen schnell und effizient erarbeiten liessen. Die aufwendige Datenerhebung, die eine Landnutzungskartierung mit sich bringt, würde dahinfallen, da die benötigten Daten vom Bundesamt für Statistik (BFS) unmittelbar in digitaler Form zur Verfügung gestellt werden können. In diesem Sinne dient das nachfolgend dargestellte Anwendungsbeispiel auch dazu, einen Beleg für die Möglichkeiten eines solchen Datentransfers und der bewertenden Weiterverarbeitung zu liefern.

Für den weniger eingeweihten Leser seien zunächst in aller Kürze einige Erläuterungen zur Arealstatistik eingeschoben. Die zuletzt publizierte Arealstatistik stammt aus dem Jahre 1972 (EIDGENÖSSISCHES STATISTISCHES AMT 1972). Sie basierte auf der für rund 65 % der Schweiz abgeschlossenen Grundbuchvermessung sowie für das restliche Gebiet auf den Angaben des ORL-Informationsrasters (TRACHSLER & ELSASSER 1982). Differenziert wurden lediglich 10 resp. 12 Landnutzungskategorien.

Einerseits die geringe Differenziertheit und andererseits die mangelnde Erfassungshomogenität und Konsistenz der Landnutzungsdaten führte zusammen mit der Erkenntnis der zunehmend wachsenden Bedeutung aktueller Informationen über die Landnutzung für Raumplanung, Land- und Forstwirtschaft sowie Umweltschutz zu einer grundlegenden Neukonzeption für die Arealstatistik (TRACHSLER et al. 1981; MEYER 1982; KÖLBL 1982; TRACHSLER 1982). Rund 70 verschiedene Landnutzungskategorien werden nun unterschieden.

Kritisiert wurde an der alten Statistik auch das Erhebungsverfahren des ORL-Informationsrasters. Das bei der Hektarrastererfassung angewendete Dominanzprinzip führte dazu, dass insbesondere kleinflächig resp. linear auftretende Landnutzungstypen systematisch unterdrückt und damit unterrepräsentiert wurden. Im Gegensatz dazu kam bei der neuen Arealstatistik ein landesweit einheitliches systematisches Stichprobenverfahren zum Einsatz. Ein dem Luftbild in seiner Geometrie rechnerisch angepasstes Stichprobennetz von 100 m Maschenweite wird diesem mittels einer transparenten Folie überlagert und für jeden Stichprobenpunkt die Bodennutzung bestimmt. Aufgrund der Voruntersuchungen, die auch eine theoretische Fehlerschätzung einschlossen (KÖLBL 1982), kann davon ausgegangen werden, dass die Ergebnisse der neuen Arealstastistik erheblich bessere d. h. repräsentativere Aussagen zulassen als dies bisher der Fall war. Dies gilt speziell für regionale Statistiken, mit der angebrachten Vorsicht aber auch für gemeindeweise Bilanzierungen. Dabei muss man sich natürlich immer vor Augen halten, dass jedes einzelne Datum nur die Nutzung am jeweiligen Stichprobenpunkt wiedergibt, also nicht unbedingt als repräsentativ für die umgebende Hektare aufgefasst werden kann.

Für den Bewertungstest und methodischen Vergleich mit der im Rahmen der Fallstudie "Ökologische Planung Bündner Rheintal" durchgeführten Vollerhebung der Landnutzung wurden die Daten vom Bundesamtes für Statistik (BFS) freundlicherweise bereits vor deren Publikation zur Verfügung gestellt. Es handelt sich somit um vorläufige Daten, bei denen aufgrund einer Endkontrolle seitens des BFS noch geringfügige Korrekturen denkbar sind.

Tab. 18: Nutzungskategorien der neuen Arealstatistik, Bewertung hinsichtlich des biotischen Regulationspotentials und Vorkommen im Bündner Rheintal

Nutzungsgruppe	Nutzung	Code	BRP-Wert	Häufigk. (= ha)
Wald	Normalwald	11	4	4214
	Aufgelöste Bestockungen	12	4	30
	Aufgel. Best. auf Kulturland	13	4	50
	Kleingehölze	14	4	232
	Gebüschwald	15	4	3
	Übriger Wald	10	3	2
Andere Bestockungen	Feldgehölze, Hecken	17	5	325
	Bestocktes Wies- und Weideland	18	4	198
	Übrige Bestockungen	19	4	96
	Gebüsch- und Strauchvegetation	16	5	45
Gebäudeflächen	Industriegebäude	21	1	59
(inklusive Umschwung)	Industrieareal	41	1	169
	Gebäude in Erholungsanlagen	23	1	3
	Gebäude auf bes. Siedl.flächen	24	1	2
	Ein- und Zweifamilienhäuser	25	1	58
	Reihen- und Terrassenhäuser	26	1	4
	Häuser in Wohnsiedlungen	27	1	25
	Bauernhäuser, Scheunen	28	1	17
	Nicht spezifizierte Gebäude	29	1	134
	Ruinen	20	3	1
	Umschwung Ein-/Zweifam.häuser	45	2	219
	Umschwung Reihen-/Terr.häuser	46	2	6
	Umschwung Häuser in Wohnsiedl.	47	2	84
	Umschwung von Bauernhäusern	48	2	43
	Umschwung nicht spez. Gebäude	49	2	198
Verkehrsflächen	Befestigtes Autobahnareal	31	1	65
	Autobahngrün	32	2	29
	Strassen, Wege	33	1	384
	Parkplätze	34	1	29
	Bahnhofareal	35	1	30
	Offene Bahnstrecken	36	1	39
	Befestigtes Flugplatzareal	37	1	nicht vorkommend
	Graspisten, Flugplatzgrün	38	2	nicht vorkommend
Erholungsanlagen	Sportanlagen	51	2	45
	Schrebergärten	52	2	19
	Camping, Caravan	53	1	8
	Golfplätze	54	2	nicht vorkommend
	Friedhöfe	56	3	7
	Parkanlagen	59	3	10
Ver- und Entsorgung	Energieversorgungsanlagen	62	1	10
	Abwasserreinigungsanlagen	63	1	nicht vorkommend
	Übrige Ver-/Entsorgungsanlagen	61	1	nicht vorkommend
Böschungen	Verkehrsgrün	68	3	54
	Übrige Böschungen	69	3	29
Diverse Nutzungen	Abbau und Deponie	65	1	97
	Baustellen	66	1	26
	Militärisches Übungsgelände		2	53
Acker-, Wies und Weideland	Günstiges Wies- und Ackerland	81	2	3156
	Übriges Wies- und Ackerland	82	3	1089
	Dauerweiden	83	4	468
	Verbuschtes Wies- und Ackerland	84	3	12
	Voralpen und Heualpen	85	4	17
	Juraweiden und Alpweiden	88	4	101
	Verbuschte Sömmerungsweiden	86	4	nicht vorkommend
	Versteinte Sömmerungsweiden	89	4	nicht vorkommend
	Alpine Grenzlagen	87	4	nicht vorkommend

Tab. 18 (Fortsetzung)

Nutzungsgruppe	Nutzung	Code	BRP-Wert	Häufigk. (= ha)
Spezialkulturen	Rebanlagen	71	2	353
	Pergolareben	72	2	nicht vorkommend
	Extensivreben	73	3	nicht vorkommend
	Obstanlagen	75	2	58
	Geordnete Obstbaumbestände	76	3	8
	Streuobst	77	4	176
	Gärtnerische Kulturen	78	2	23
	Besondere Produktionsflächen	79	2	2
Gewässer	Stehende Gewässer	91	4	2
	Fliessgewässer	92	4	432
Sonstiges	Ufervegetation	96	4	nicht vorkommend
	Übrige Nassstandorte	95	5	6
	Unproduktive Vegetation	97	5	31
	Vegetationslose Flächen	99	5	109
	Gesamtfläche des bearbeiteten Perimeters:			13194

Zunächst einmal erfolgte in enger Anlehnung an die im Kap. 8.2.2 dargestellte Bewertung eine Abbildung der Landnutzungskategorien der Arealstatistik auf die 6-stufige Ordinalskala zur Bewertung des biotischen Regulationspotentials (Tab. 18). Einschränkend muss jedoch klar gesagt werden, dass die Stufe 6 (= unverzichtbar) nicht vergeben wurde. Eine solche Einstufung ist nur aus der Kenntnis der spezifischen Charakteristik eines Biotopes im Einzelfall möglich und kann nicht über pauschale Landnutzungskategorien erfolgen. Es fehlt insgesamt der bei der Vollerhebung durchgeführte Schritt der Verschneidung der Landnutzungskartierung mit den Inhalten des Biotopinventars (Kap. 8.2.2.3). Dies war aus methodischen Gründen nicht möglich, da wie bereits ausgeführt die Arealstatistik eine Punktstichprobe und keine Flächenerfassung darstellt. Bei Interpretation und Vergleich der Ergebnisse müssen diese grundsätzlichen Unterschiede immer im Auge behalten werden.

Tab. 18 gibt einen Überblick über die im Untersuchungsperimeter vorkommenden Landnutzungstypen sowie deren Häufigkeit. Diese Angabe ist gleichzeitig ein Mass für die Flächengrösse in ha, da ja pro Hektare jeweils ein Stichprobenpunkt angesetzt ist.

Genau wie bei der in Kap. 8.2.3 dargestellten Bilanzierung aufgrund der Landnutzungsvollerhebung und Biotopinventarisierung wurden auch die Daten aus der Arealstatistik mit den Gemeindegrenzen sowie der Gliederung in den intensiv genutzten Talraum und die extensiver genutzten Hanglagen verschnitten. Jedem Stichprobenpunkt ist damit die Gemeindezugehörigkeit sowie der jeweilige Naturraum zugeordnet.

Karte 16 zeigt die Ergebnisse der Analyse im Überblick. Die darauf aufbauende Bilanzierung ist in Tab. 19 in alphabetischer Reihenfolge der Gemeinden wiedergegeben. Ohne die Ergebnisse im einzelnen Gemeinde für Gemeinde interpretierend vergleichen zu wollen, werden im folgenden einige grundlegende Hinweise gegeben, die für das Verständnis wesentlich sind.

Zwar liegen für einige Gemeinden gute Übereinstimmungen mit den Bewertungsergebnissen aus der Landnutzungsvollerhebung vor. Beispiele dafür sind etwa die Gemeinden Chur und Igis, zumindest was den Talraum angeht. Der Vergleich macht aber auch deutlich, das die Unterschiede zwischen den Bewertungsergebnissen zum Teil nicht unerheblich sind.

Tab. 19: Flächenbilanz des biotischen Regulationspotentials aufgrund der neuen Arealstatistik

Gemeinde	BRP-Wert	Talraum Häufigkeit = Fläche (ha)	Talraum % d. betracht. Gemeindefläche	Hanglage Häufigkeit = Fläche (ha)	Hanglage % d. betracht. Gemeindefläche
Bonaduz	1	49	9.7%	2	0.5%
	2	171	33.9%	1	0.3%
	3	56	11.1%	17	4.4%
	4	215	42.7%	345	89.4%
	5	13	2.6%	21	5.4%
	Gesamt:	504	100.0%	386	100.0%
Chur	1	327	30.8%	28	4.1%
	2	501	47.2%	125	18.4%
	3	98	9.2%	46	6.8%
	4	111	10.5%	476	69.9%
	5	25	2.4%	6	0.9%
	Gesamt:	1062	100.0%	681	100.0%
Domat/Ems	1	124	17.0%	11	1.9%
	2	369	50.7%	53	9.0%
	3	47	6.5%	11	1.9%
	4	167	22.9%	502	85.4%
	5	21	2.9%	11	1.9%
	Gesamt:	728	100.0%	588	100.0%
Felsberg	1	14	6.6%	3	1.8%
	2	107	50.7%	7	4.1%
	3	15	7.1%	6	3.5%
	4	62	29.4%	121	71.2%
	5	13	6.2%	33	19.4%
	Gesamt:	211	100.0%	170	100.0%
Fläsch	1	15	5.0%	9	1.0%
	2	144	48.3%	133	14.1%
	3	29	9.7%	40	4.2%
	4	99	33.2%	706	74.6%
	5	11	3.7%	58	6.1%
	Gesamt:	298	100.0%	946	100.0%
Haldenstein	1	13	7.6%	2	0.8%
	2	71	41.5%	4	1.7%
	3	33	19.3%	5	2.1%
	4	46	26.9%	194	81.5%
	5	8	4.7%	33	13.9%
	Gesamt:	171	100.0%	238	100.0%

Tab. 19 (Fortsetzung)

Gemeinde	BRP-Wert	Talraum Häufigkeit = Fläche (ha)	Talraum % d. betracht. Gemeindefläche	Hanglage Häufigkeit = Fläche (ha)	Hanglage % d. betracht. Gemeindefläche
Igis	1	129	17.4%	0	0.0%
	2	444	59.8%	15	7.5%
	3	73	9.8%	6	3.0%
	4	86	11.6%	174	86.6%
	5	11	1.5%	6	3.0%
	Gesamt:	743	100.0%	201	100.0%
Jenins	1	10	6.0%	3	2.0%
	2	111	66.1%	42	27.8%
	3	21	12.5%	30	19.9%
	4	24	14.3%	70	46.4%
	5	2	1.2%	6	4.0%
	Gesamt:	168	100.0%	151	100.0%
Maienfeld	1	83	9.3%	14	3.9%
	2	518	58.3%	44	12.4%
	3	74	8.3%	44	12.4%
	4	187	21.0%	246	69.1%
	5	27	3.0%	8	2.2%
	Gesamt:	889	100.0%	356	100.0%
Malans	1	35	9.0%	8	3.3%
	2	253	65.2%	34	14.1%
	3	41	10.6%	53	22.0%
	4	38	9.8%	139	57.7%
	5	21	5.4%	7	2.9%
	Gesamt:	388	100.0%	241	100.0%
Mastrils	1	0	0.0%	7	3.1%
	2	4	7.4%	2	0.9%
	3	0	0.0%	73	32.3%
	4	48	88.9%	130	57.5%
	5	2	3.7%	14	6.2%
	Gesamt:	54	100.0%	226	100.0%
Rhäzüns	1	21	8.4%	7	1.7%
	2	110	44.0%	25	6.2%
	3	16	6.4%	48	11.9%
	4	101	40.4%	314	77.9%
	5	2	0.8%	9	2.2%
	Gesamt:	250	100.0%	403	100.0%

Tab. 19 (Fortsetzung)

Gemeinde	BRP-Wert	Talraum Häufigkeit = Fläche (ha)	Talraum % d. betracht. Gemeindefläche	Hanglage Häufigkeit = Fläche (ha)	Hanglage % d. betracht. Gemeindefläche
Says	1	0	0.0%	5	3.6%
	2	0	0.0%	7	5.1%
	3	0	0.0%	57	41.6%
	4	0	0.0%	53	38.7%
	5	0	0.0%	15	10.9%
	Gesamt:	0	0.0%	137	100.0%
Tamins	1	4	4.3%	15	3.6%
	2	27	28.7%	56	13.3%
	3	14	14.9%	47	11.2%
	4	45	47.9%	275	65.5%
	5	4	4.3%	27	6.4%
	Gesamt:	94	100.0%	420	100.0%
Trimmis	1	66	13.6%	7	1.5%
	2	231	47.6%	71	15.2%
	3	52	10.7%	31	6.6%
	4	106	21.9%	337	72.0%
	5	30	6.2%	22	4.7%
	Gesamt:	485	100.0%	468	100.0%
Untervaz	1	64	16.2%	19	5.9%
	2	212	53.5%	2	0.6%
	3	38	9.6%	38	11.8%
	4	74	18.7%	252	78.0%
	5	8	2.0%	12	3.7%
	Gesamt:	396	100.0%	323	100.0%
Zizers	1	62	9.3%	3	2.0%
	2	365	54.6%	29	19.6%
	3	48	7.2%	5	3.4%
	4	173	25.9%	102	68.9%
	5	20	3.0%	9	6.1%
	Gesamt:	668	100.0%	148	100.0%
Region	1	1016	14.3%	143	2.4%
	2	3638	51.2%	650	10.7%
	3	655	9.2%	557	9.2%
	4	1582	22.3%	4436	72.9%
	5	218	3.1%	297	4.9%
	Gesamt:	7109	100.0%	6083	100.0%

Talraum und Hanglage: 13192 ha

Eine Reihe von Gründen ist dafür verantwortlich zu machen. Ein erster und ganz wesentlicher Grund ist darin zu suchen, dass die Inhalte des Biotopinventars aus bereits erwähnten methodischen Aspekten nicht in die Bewertung der Arealstatistikdaten einbezogen werden konnten. Dies muss zwangsläufig in den Gemeinden zu Verzerrungen führen, welche hohe Anteile an besonders wertvollen Biotopen aufweisen. Die Unterschiede in den Stufen 4 bis 6 gehen zur Hauptsache auf das Konto dieses Aspektes.

Ein zweiter Grund, der ebenfalls für Wertverschiebungen verantwortlich ist, liegt in der Unterschiedlichkeit der Kartierschlüssel. Die Arealstatistik differenziert zwar 70 Nutzungskategorien, darunter sind jedoch eine ganze Reihe von Unterscheidungen, die zwar in anderen Zusammenhängen statistische Bedeutung haben, für eine Bewertung der biotischen Qualität jedoch irrelevant sind. Dagegen stellen einzelne Nutzungskategorien Komplexe dar, die aus der Sicht des Biotopschutzes differenzierter angesehen werden müssten, um die gewünschten Aussagen zu extrahieren.

Bei der im Rahmen des Projektes durchgeführten Vollerhebung konnten solche Aspekte gezielt berücksichtigt werden, etwa bei der Differenzierung des Kulturlandes. Dabei fand nämlich die Nutzungsstruktur und Durchsetzung mit biotischen Kleinstrukturen Eingang in die Bewertung. Die Kleinstrukturen selber wurden jedoch nur ab einer festgelegten Mindestgrösse resp. Mindestbreite kartiert (vgl. Kap 8.2.2.1), sind also als eigene Landnutzungskategorie unterrepräsentiert.

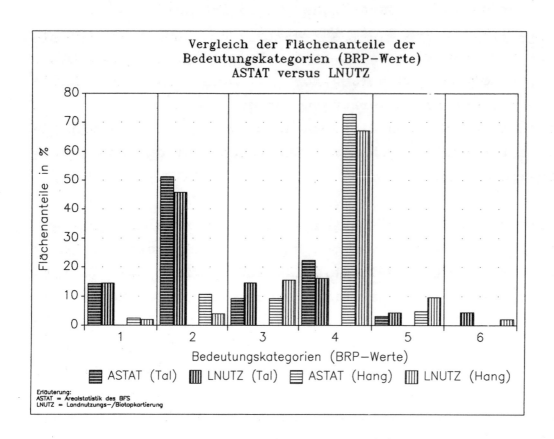

Abb. 38: Vergleich der Flächenanteile der Bedeutungskategorien (BRP-Werte) gemäss der neuen Arealstatistik mit denen gemäss der Vollerhebung Bündner Rheintal

Die Unterschiede seien im folgenden am Beispiel des Kulturlandes im direkten Zahlenvergleich belegt. Gemäss Arealstatistik sind rund 4850 ha des Untersuchungsperimeters Acker-, Wies- und Weideland (Tab. 18). Bei der Landnutzungskartierung Bündner Rheintal sind dagegen insgesamt ca. 5300 ha dieser Nutzungsgruppe zugeordnet. Davon entfallen 2475 ha auf die Nutzungskategorie "Weitgehend ausgeräumte Fruchtfolgegebiete". Dieser wurde der BRP-Wert 2 (= unwesentlich) zugeordnet. Denselben Wert erhielt auch die Arealstatistikkategorie "Günstiges Wies- und Ackerland", welche die intensivste Nutzungsart in der Rubrik "Acker-, Wies- und Weideland" darstellt. 3156 ha entfallen auf diese Kategorie. Dies führt zu markanten Unterschieden in den Anteilen der Wertstufe 2 beim Vergleich beider Bewertungen. Der Unterschied im regionalen Vergleich ist aus Abb. 38 ersichtlich, er liegt in der Grössenordnung von 5 bis 6 %. Das Pendent dazu stellt die Stufe 3 dar. Auch hier liegen die Unterschiede in der genannten Grössenordnung, nur mit umgekehrtem Gradienten.

Um das Ausmass der Unterschiede zwischen den beiden Bewertungen auch quantitativ ausdrücken zu können, wurde eine Korrelationsanalyse durchgeführt. Dabei fanden als Messwertpaare jeweils die Hektarangaben pro Wertstufe und Gemeinde Verwendung, also insgesamt 85 Messwertpaare. Die Analyse ergab einen Korrelationskoeffizienten von 0.96, statistisch gesehen ist die Übereinstimmung insgesamt also noch als gut zu bezeichnen.

Zusammenfassend lässt sich feststellen, dass es durchaus möglich ist, aus den Daten der neuen Arealstatistik Informationen über die biotische Qualität von Landschaftsräumen abzuleiten, wenn es darum geht, lediglich in einer ersten Näherung eine Übersicht zu gewinnen. Keineswegs macht dies die genaue Inventarisierung besonders wertvoller Biotope und Landschaftsstrukturelemente überflüssig. Dies betonen auch TRACHSLER & ELSASSER (1982, S.99) mit Hinweis auf die Arbeiten von EWALD (1978) zur Veränderung schweizerischer Kulturlandschaften. Diese Notwendigkeit findet ihren Niederschlag auch im parallelen Aufbau einer schweizerischen Landschaftsstatistik, worauf bereits im Kap. 4 eingegangen wurde. Für die Arealstatistik als Datenquelle spricht in der Tat der geplante Nachführungszyklus von 6 Jahren, bei dem jeweils nur die Änderungen gegenüber der vorherigen Erfassung aus dem Luftbild interpretiert werden müssen, eine Vorgehensweise, die sich als ausgesprochen effizient und zeitsparend erweisen dürfte.

9. Verfeinerung des Ansatzes zur Charakterisierung des biotischen Regulationspotentials für die Verwendung im subregionalen Massstab - dargestellt am Beispiel der Gemeinde Maienfeld

9.1. Detaillierung der Flächennutzungsbewertung

Im Kap. 8.2 wurde ein Verfahren skizziert und angewendet, dass dazu dienen sollte, die biotische Qualität eines grösseren Raumes zu charakterisieren und zu bilanzieren. Angesichts der Grösse des bearbeiteten Gebietes von rund 130 km^2 waren der inhaltlichen wie auch der räumlichen Differenzierung dabei Grenzen gesetzt. Bei der Betrachtung in einem subregionalen Massstab ist jedoch eine solche Verfeinerung sinnvoll und notwendig. Ziel eines solchen Vorgehens sollte es dabei sein, eine Verfeinerung der Bewertung dergestalt vorzunehmen, dass die Vergleichbarkeit und Konsistenz der subregionalen mit der regionalen Bewertung gegeben ist. Dies setzt gleichartige Wertskalen und gleichartige Werturteile voraus.

Als Beispielraum für die exemplarische Bewertungsverfeinerung im Bündner Rheintal wurde das Gebiet der Gemeinde Maienfeld in der Bündner Herrschaft ausgewählt. Eine wesentliche Rolle bei der Auswahl spielte die Tatsache, dass die Gemeinde Maienfeld hinsichtlich ihrer Nutzungsstruktur ein recht breites Spektrum abdeckt und daher als besonders geeignet angesehen wurde.

Wesentliche Anstösse bei der Konzeption und inhaltlichen Ausgestaltung des Bewertungsrahmens für die verfeinerte Bewertung lieferten die Ausführungen von KAULE (1986, S. 317 ff). Entgegen den Vorstellungen von KAULE, der eine 9-stufige Bewertungsskala vorschlägt, wurde jedoch die schon bei der regionalen Betrachtung verwendete 6-stufige Skala beibehalten. Die Frage der jeweils sinnvollen Anzahl von Stufen auf einer ordinalen Bewertungsskala wurde im Kap. 7.2 bereits diskutiert und soll daher hier nicht wiederholt werden.

Die grundlegende Konzeption des Bewertungsrahmens gestaltete sich wie folgt. Zunächst wurden die vorkommenden Landnutzungsformen differenziert:

- Siedlung, Verkehr und sonstige Infrastruktur
- Fruchtfolgenutzung
- Grünland
- Rebbau
- Obstbau
- Wald
- Gewässer und Nassstandorte
- Kleinstrukturen
- Sonstiges

Für jede dieser Landnutzungsformen wurden die denkbaren Nutzungsausprägungen hinsichtlich ihrer Bedeutung und ihrem Bezug zum Biotopschutz differenziert und wertend eingestuft. Aus Abb. 39 ist die Interpretation der verwendeten ordinalen Wertskala ersichtlich.

Neben den schon bei der Erarbeitung der Landnutzungskartierung erwähnten Grundlagen (Kap. 8.2.2.1) wurden für die subregionale Bewertung folgende weitere Unterlagen hinzugezogen:

- Inventar der Trockenstandorte im Kanton Graubünden (dieses war bei der regionalen Bearbeitung noch nicht verfügbar)
- Bestandeskarte des kantonalen Forstinspektorats
- Waldschadenserhebung im Rahmen des "SANA SILVA" - Programmes
- Entwicklungs- und Schutzkonzept des Bündner Naturschutzbundes für das Biotop-Objekt "Siechenstauden" (Manuskript)
- Übersicht über Klärschlammausbringungsflächen (Amt für Umweltschutz Kt. Graubünden)
- Gesprächsnotizen zahlreicher Diskussionen mit lokalen Kennern im Bündner Rheintal, z.T. mit Manuskriptunterla-

gen über Lebensraumkartierungen, ornithologische Beobachtungen etc.

Anders als bei der regionalen Bewertung wurde hier nicht die Naturnähe resp. der Grad des menschlichen Kultureinflusses als Primärindikator verwendet. Vielmehr erfolgte direkt eine wertende Einstufung der möglichen Landnutzungsausprägungen hinsichtlich der Biotopbedeutung, wie sie in Tab. 20 zusammengestellt ist. Die Differenzierung wurde nicht beschränkt auf die in Maienfeld vorkommenden Landnutzungsausprägungen, sondern es ist jeweils das mögliche Spektrum wiedergegeben. Allerdings war es nicht das erklärte Ziel, einen Anspruch auf Vollständigkeit zu erheben. In diesem Sinne hat der verwendete Bewertungsrahmen grundsätzliche Gültigkeit und kann bei Bedarf ergänzt und erweitert werden.

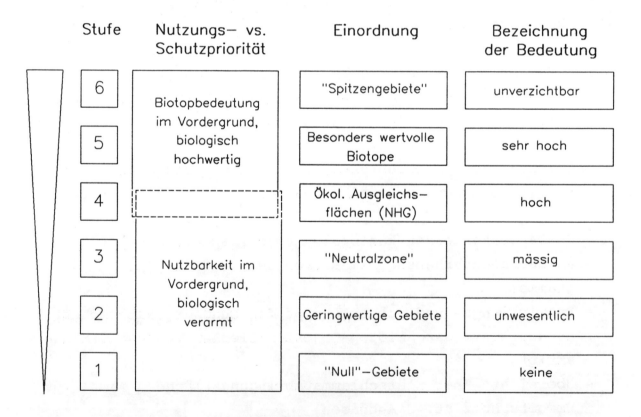

Abb. 39: Differenzierung und Interpretation der Ordinalskala für die Bewertung des biotischen Regulationspotentials

Tab. 20: Bewertungsrahmen für die flächendeckende Bewertung des biotischen Regulationspotentials im subregionalen Massstab

Siedlungsgebiete und Verkehrsflächen

Bedeutung	Stufe	Charakterisierung
unverzichtbar	6	------------
sehr hoch	5	Parkanlagen mit altem Baumbestand; grosse Sukzessionsbiotope
hoch	4	Villengärten mit altem Baumbestand, Anteil überbauter an nicht überbauter Fläche sehr klein; faunistisch besonders wertvolle Bereiche mit altem Mauerwerk (z.B. Ruinen); ruderalisierte Stadtwälder
mässig	3	Alte Siedlungen geringer Dichte; kleinere, alte Dorfkerne (altes Mauerwerk); alte Kleingartengebiete; Gebäude ausserhalb der geschlossenen Siedlung einschl. reich strukturiertem Hofumschwung; bewachsene immissionsbelastete Flächen im Bereich oder am Rande von Verkehrsinfrastrukturen; grössere Ruderalflächen
unwesentlich	2	Siedlungsgebiete mittlerer Dichte; neue Siedlungen mit Zierrasen, Knüppelkoniferen, Cotoneaster etc.; neuere Kleingartengebiete; intensiv gepflegte Grünanlagen, Sportanlagen, Spielplätze, Schwimmbäder
keine	1	Industrieanlagen; Siedlungsflächen hoher Dichte; Strassenverkehrsflächen einschl. Parkplätze; Gleiskörper; Ver- und Entsorgungsanlagen mit weitgehender Flächenversiegelung

Fruchtfolgeflächen

Bedeutung	Stufe	Charakterisierung
unverzichtbar	6	Besonders repräsentative Beispiele von Ackerbaugebieten, in denen stark bedrohte Arten der vorindustriellen Landwirtschaft vorkommen. Zahlreiche Rote-Liste-Arten, weite Fruchtfolge mit Brachephase und geringer Düngung, kein Biozideinsatz, sehr kleine Schläge (< 50 m)
sehr hoch	5	Wie 6, jedoch weniger repräsentativ ausgeprägt, Biozideinsatz nur in besonderen Fällen, Schläge ca. 50 - 100 m
hoch	4	Ackerflächen, auf denen einige standortspezifische Arten noch erhalten sind, weite Fruchtfolge mit Leguminosen, geringer Biozideinsatz, kleine Schläge (< 150 m). Grenzbereich der "positiven" ordnungsgemässen Landwirtschaft im Sinne des Artenschutzes
mässig	3	Mit belebenden Kleinstrukturen durchsetzte Fruchtfolgegebiete mit rel. kleinen Schlägen, spezifische Flora und Fauna durch Düngung nivelliert, mittlerer bis hoher Biozideinsatz, verengte bis enge Fruchtfolgen
unwesentlich	2	Industrielle Landwirtschaft mit weitgehender Ausschaltung standortspezifischer Flora und Fauna, weitgehend ausgeräumte Fruchtfolgegebiete mit enger Fruchtfolge
keine	1	Stark belastete landwirtschaftliche Flächen, auf denen Gülle-, Flüssigmist- oder Klärschlammentsorgung stattfindet; sehr enge Fruchtfolge mit extrem hohem Biozideinsatz

Tab. 20 (Fortsetzung)

Grünland

Bedeutung	Stufe	Charakterisierung
unverzichtbar	6	Trocken- und Halbtrockenrasen; schwach beweidete Hutungen extrem trockener Standorte; Vorkommen von Rote-Liste-Arten
sehr hoch	5	Magere Bergwiesen; trockene Glatthaferwiesen; Extensivweiden; extensiv beweidete Streuobstlagen; evtl. einzelne Rote-Liste-Arten vorkommend
hoch	4	2-schürige Wiesen; Weiden mittlerer bis geringer Intensität
mässig	3	3- und mehrschürige Wiesen eutropher, mittelfeuchter Standorte; Intensivweiden (Standweiden); regionalspezifische Arten sind durch Düngung und Bewirtschaftung verdrängt
unwesentlich	2	Entsorgungsflächen für Gülle aus Massentierhaltung oder Klärschlamm, extrem intensiv genutzte Flächen mit nur 2 - 3 Hauptarten
keine	1	------------

Rebbauflächen

Bedeutung	Stufe	Charakterisierung
unverzichtbar	6	Historische Struktur mit Mauern, Wegen und Treppen vollständig erhalten; Bewirtschaftung, Bodenbearbeitung und Herbizideinsatz so zurückhaltend, dass Rebbergflora, speziell Geophyten existieren kann; geringer Pestizideinsatz; in den Mauern und Böschungen gute Lebensmöglichkeiten für Reptilien
sehr hoch	5	Historische Rebbergstruktur weitgehend erhalten, Bewirtschaftung führt aber zum Rückgang der Rebberggeophyten (Wilde Tulpe, Milchstern, Goldstern ...)
hoch	4	Reichlich noch erhaltene Kleinstrukturen, kleine Parzellierung, in der Regel alternierende Mahd; artenreiche Unkrautflora, jedoch aufgrund der Bewirtschaftung mit weitgehendem Fehlen von Rebberggeophyten; zurückhaltender Biozideinsatz
mässig	3	Nur noch wenige Kleinstrukturen zwischen den Parzellen, relativ kleinparzelliertes Nutzungsmosaik; Bodenschutz durch Mulchen und Zwischensaat; auch Bereiche grösserer Parzellierung, sofern alternierende Mahd durchgeführt wird; artenarme Unkrautflora
unwesentlich	2	Grosse Parzellen ohne nennenswerte Kleinstrukturen; Monokulturen mit befestigten Wegen und technischer Entwässerung; durch Bodenbearbeitung fast alle für Rebberge charakteristischen Begleitarten eliminiert
keine	1	----------------

Obstanlagen

Bedeutung	Stufe	Charakterisierung
unverzichtbar	6	Besonders repräsentativ ausgeprägte Streuobstlagen mit sehr alten Bäumen auf einschürigen Wiesen, die zwar noch genutzt, aber nicht gedüngt werden, Vorkommen oligotrapher Wiesenarten
sehr hoch	5	Streuobstlagen mit alten Bäumen auf mesotrophen Wiesen, nur geringfügige Düngung, kein oder nur sporadischer Pestizideinsatz
hoch	4	Streuobstlagen auf intensiv genutzten Wiesen
mässig	3	Hochstamm- und Halbstammanlagen (geordnete Obstbaumbestände), intensiv gepflegt und genutzt
unwesentlich	2	Niederwüchsige Intensivobstanlagen ohne Kleinstrukturen, intensiver Biozideinsatz
keine	1	------------

Tab. 20 (Fortsetzung)

Wälder

Bedeutung	Stufe	Charakterisierung
unverzichtbar	6	Seltene Waldgesellschaften in naturnaher Ausbildung, mit autochthoner Bestockung; keine oder nur geringe bisherige Beeinflussung durch forstliche oder anderweitige Nutzungen und Massnahmen
sehr hoch	5	Naturkundlich und ökologisch wertvolle, gezielt naturnah genutzte Wälder, auch selten gewordene frühere Waldbewirtschaftungsformen und Bestockungen in Steillagen; Baumartenzusammensetzung standortgemäss; keine wesentliche Beeinträchtigung durch anderweitige Nutzungen und Massnahmen
hoch	4	Mischwälder und Reinbestände aus standortgemässen Baumarten; bisherige forstliche Nutzung und Pflege naturnah, keine wesentliche Beeinträchtigung durch anderweitige Nutzungen und Massnahmen
mässig	3	Durch naturferne forstliche Massnahmen sowie durch Naturereignisse und zivilisatorische Einflüsse deutlich geprägte Wälder, auch grossflächige Aufforstungen, beweidete, durch Wildschäden beeinträchtigte und durch Immissionen stark belastete Wälder (Gebiete mit erheblichen Waldschäden)
unwesentlich	2	Naturferne, künstlich begründete eigentliche Forste mit nicht standortgemässer Bestockung
keine	1	------------

Gewässer, Nassstandorte, Felsgebiete und Kleinstrukturen

Bedeutung	Stufe	Charakterisierung
unverzichtbar	6	Nassstandorte besonders repräsentativer Ausprägung, hervorragende Beispiele oligotropher Gewässer mit typischer Flora und Fauna
sehr hoch	5	Besonders gut ausgeprägte, magere Gras- und Krautraine, gut ausgeprägte, vielfältig strukturierte Hecken und Gebüsche, steile Felsbereiche, Nassstandorte (Moorreste, Riede, Schilfflächen, Nasswiesen), freifliessender Fluss oder Bach, oligotrophe stehende Gewässer mit typischer Flora und Fauna
hoch	4	Weg- und Feldraine, Hecken und Gebüsche mit weniger gut ausgeprägter und weniger vielfältiger bis monotoner Struktur, Fliessgewässer (begradigt, befestigt, aber nicht vollständig verbaut), eutrophierte stehende Gewässer
mässig	3	Verbaute Fliessgewässer mit Sohlenbefestigung
unwesentlich	2	------------
keine	1	------------

Diverse sonstige Flächennutzungen

Bedeutung	Stufe	Charakterisierung
mässig	3	Parks; parkartige Friedhöfe etc.
unwesentlich	2	Gartenbauflächen; Baumschulflächen
keine	1	Kulturen unter Glas; Treibhäuser

9.2. Ergebnisse und Vergleich mit den Daten aus der regionalen Analyse

Die Ergebnisse der Analyse gibt Karte 17 wieder. Zudem sind sie in Form einer Flächenbilanz in Tab. 21 zusammengestellt. Um die Vergleichbarkeit mit der regionalen Bewertung zu gewährleisten, wurde auch hier das bearbeitete Gebiet differenziert in den intensiv genutzten und besiedelten Talraum und die extensiver genutzten Hanglagen (siehe hierzu auch die Ausführungen im Kap. 8.2.3). Dabei ist jedoch zu berücksichtigen, dass die Maienfelder Exklave auf der St. Luzisteig nicht in die Betrachtung einbezogen wurde.

Die zusammenfassende Bilanzierung hinsichtlich der einzelnen Bewertungskategorien zeigt Tab. 22. Um die Ergebnisse der beiden massstäblichen Betrachtungsebenen besser vergleichen zu können, wurden sie in Abb. 40 in Form eines Balkendiagramms einander gegenübergestellt.

Zunächst zum Talraum: Die grundsätzliche Tendenz ist, wie wohl nicht anders zu erwarten war, identisch. In beiden Fällen hat das Spektrum die gleiche Gestalt, mit einer deutlichen Spitze in der Stufe 2. Bei genauerem Hinsehen werden jedoch Unterschiede deutlich, die einer Erläuterung bedürfen. Sie lassen sich in die Aspekte "unterschiedliche räumliche Auflösung" und "unterschiedliche inhaltliche Auflösung" gliedern.

Die Abweichungen in den Stufen 1, 4 und 5 fallen noch ausgesprochen geringfügig aus, sie liegen lediglich für die Stufe 1 über 1 %. Unterschiede in dieser Grössenordnung ergeben sich zwangsläufig durch die massstabsbedingte unterschiedliche räumliche Auflösung der Erhebungen, mit dem Effekt, dass eine ganze Reihe von Kleinstrukturen erfasst wurden, die bei der regionalen Betrachtung durch das Erhebungsraster gefallen sind.

Tab. 21: Flächenbilanz der Landnutzung in Maienfeld im Hinblick auf eine biotopschutzrelevante Bewertung

Naturraum	Nutzungstyp	BRP-Wert	Code	Häufigk.	Fläche (ha)	Fläche (%)
Talraum	Siedlung	1	101	5	10.8	1.2%
	Siedlung	2	102	37	35.5	4.0%
	Siedlung	3	103	18	6.5	0.7%
	Ver-/Entsorgung	1	141	1	0.3	0.0%
	Fruchtfolge	2	212	22	325.0	36.6%
	Fruchtfolge	3	213	22	63.7	7.2%
	Grünland	3	223	48	118.4	13.3%
	Grünland	4	224	6	10.4	1.2%
	Grünland	5	225	2	0.6	0.1%
	Rebbau	2	242	10	31.3	3.5%
	Rebbau	3	243	19	56.0	6.3%
	Obstbau	2	252	6	8.4	0.9%
	Obstbau	3	253	10	16.4	1.8%
	Obstbau	4	254	21	19.1	2.1%
	Gartenbau/Baumschule	2	262	3	0.9	0.1%
	Wald	3	303	3	3.0	0.3%
	Wald	4	304	10	25.4	2.9%
	Wald	5	305	10	39.9	4.5%
	Feldgehölz/Hecke/Gebüsch	4	344	33	10.5	1.2%
	Feldgehölz/Hecke/Gebüsch	5	345	28	16.5	1.9%
	Sport-/Spielplätze	2	402	3	2.4	0.3%
	Verkehrsanlagen	1	501	10	35.0	3.9%
	Anschlusswerke	1	531	5	5.1	0.6%
	Gewässer	4	604	9	33.7	3.8%
	Gewässer	5	605	5	1.3	0.1%
	Vegetationslose Flächen	5	705	1	2.0	0.2%
	Abbau/Deponie	1	801	2	4.8	0.5%
	Nasstandorte	5	955	7	5.8	0.7%
	Gesamtfläche Talraum:				888.8	100.0%
Hanglage	Siedlung	2	102	1	0.6	0.2%
	Siedlung	3	103	6	6.3	2.4%
	Fruchtfolge	3	213	7	9.4	3.5%
	Grünland	3	223	16	60.1	22.7%
	Grünland	4	224	16	15.8	6.0%
	Grünland	5	225	8	19.5	7.4%
	Rebbau	3	243	5	1.6	0.6%
	Obstbau	2	252	1	0.2	0.1%
	Obstbau	4	254	3	1.8	0.7%
	Wald	3	303	8	19.7	7.4%
	Wald	4	304	7	110.0	41.5%
	Wald	5	305	6	12.4	4.7%
	Feldgehölz/Hecke/Gebüsch	4	344	8	1.0	0.4%
	Feldgehölz/Hecke/Gebüsch	5	345	16	4.7	1.8%
	Verkehrsanlagen	1	501	1	1.7	0.6%
	Verkehrsanlagen (bewachsene Randbereiche)	3	503	1	0.2	0.1%
	Gesamtfläche Hanglage:				265.0	100.0%
	Bearbeiteter Perimeter:				1153.8	

Tab. 22: Häufigkeit, Fläche und Verteilung der prozentualen Flächenanteile der BRP-Werte in Maienfeld, differenziert in "Talraum" und "Hanglage"

Naturraum	BRP-Wert	Häufigk.	Fläche (ha)	in %
Talraum	1	23	56.0	6.3%
	2	81	403.5	45.4%
	3	120	264.1	29.7%
	4	79	99.1	11.2%
	5	53	66.1	7.4%
Gesamtfläche Talraum:			888.8	100.0%
Hanglage	1	1	1.7	0.6%
	2	2	0.8	0.3%
	3	43	97.3	36.7%
	4	34	128.6	48.5%
	5	30	36.6	13.8%
Gesamtfläche Hanglage:			265.0	100.0%
Bearbeiteter Perimeter:			1153.8	

Anders sieht es in den Stufen 2 und 3 aus, hier liegen signifikante Verschiebungen vor. Wesentlich sind diese jedoch auf die unterschiedliche Bewertung der Rebbauflächen zurückzuführen, also Unterschiede in der inhaltlichen Auflösung. Während die Rebflächen bei der regionalen Bewertung pauschal der Bewertungsstufe 2 (= unwesentlich Bedeutung) zugeordnet wurden, erfolgte bei der subregionalen Analyse deren differenzierte Ansprache hinsichtlich Parzellierung, Durchsetzung mit Kleinstrukturen, Bewirtschaftungsaspekte etc. Der grössere Teil der Maienfelder Rebflächen, die rund 10 % des "Talraumbereiches" ausmachen, ist dadurch der Stufe 3 zugeordnet worden. Um diesen inhaltlichen Unterschied bereinigt, ergibt sich eine ausgesprochen gute Übereinstimmung der Ergebnisse beider Bewertungen. Der Korrelationskoeffizient liegt bei 0.998. Aber auch beim direkten Vergleich muss noch von einer guten Übereinstimmung gesprochen werden, denn hierbei liegt der Korrelationskoeffizient immerhin bei 0.96.

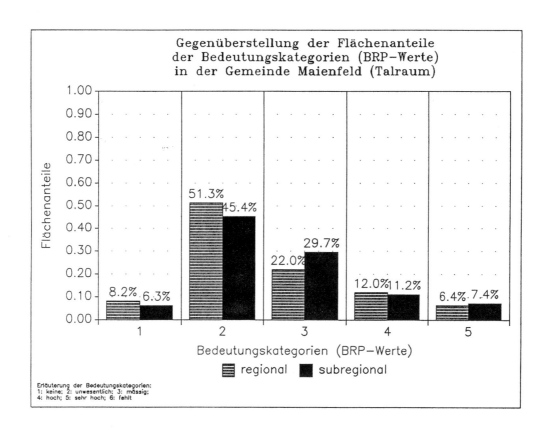

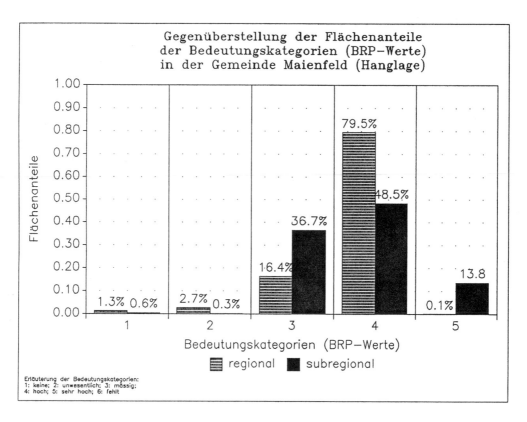

Abb. 40: Gegenüberstellung der Bewertungsergebnisse für Maienfeld aus der regionalen und subregionalen Analyse

Kommen wir damit zum Vergleich der Analyseergebnisse für den Bereich der extensiver genutzten Hanglagen. Das für den Talraum bereits erläuterte massstabsbegründete Problem der Unterschiede sowohl der räumlichen wie inhaltlichen Auflösung tritt hier in erheblich stärkerem Umfang in Erscheinung. Ein statistischer Vergleich beider Bewertungen drückt sich in einem relativ niedrigen Korrelationskoeffizienten von 0.83 aus.

Die Unterschiede in der inhaltlichen Auflösung beziehen sich hauptsächlich auf die beiden Landnutzungstypen Wald und Grünland. Der Rebbau, für den dies wie bereits vorher ausgeführt auch gilt, tritt in der Hanglage flächenmässig nur mit einem verschwindend geringen Anteil in Erscheinung. Der Wald dagegen stellt mit über 50 % Flächenanteil die primäre Landnutzung dar. Er wurde in der regionalen Bewertung pauschal der Stufe 4 zugeordnet, da eine genaue Auskartierung und Bewertung angesichts der Flächengrösse der ganzen Region verworfen werden musste. Bei der Analyse von Maienfeld wurde demgegenüber auf die forstlichen Bestandskarten zurückgegriffen und jeder einzelne Bestand gemäss seiner Charakteristik bewertet (siehe Tab. 20). Ein gutes Fünftel der Waldfläche wurde dabei den Wertstufen 5 resp. 3 zugeordnet.

Im weiteren ist es die Bewertung der Grünlandflächen, die zu den Verschiebungen beiträgt. Mit der zwischenzeitlichen Verfügbarkeit des Inventars der Trockenstandorte konnte nämlich die Datenbasis für die Bewertung der Grünlandflächen erheblich verbessert werden. Immerhin 7.4 % der Maienfelder "Hanglage" sind es, die somit in die Wertstufe 5 (= sehr hohe Bedeutung) eingeordnet wurden (Tab. 21), während diese Wertstufe bei der regionalen Bewertung für Grünland nicht vergeben wurde.

Sofern man die durch Unterschiede in der inhaltlichen Auflösung bedingten Differenzen herausfiltert, so ergibt sich jedoch mit einem Korrelationskoeffizienten von 0.97 eine sehr gute Übereinstimmung der Bewertungen.

Die geschilderten Ergebnisse legen die Problematik offen, die damit verbunden ist, trotz strikten Bemühens um gleichartige Wertskalen und Werturteile eine Bewertung gleicher Inhalte in unterschiedlichen Massstäben vorzunehmen.

Zwangsläufig wird man bei der Vergrösserung des Massstabes die Auflösung räumlich wie inhaltlich steigern. Dies hat aber wie deutlich geworden ist Konsequenzen, die eine inhaltliche Interpretation insbesondere beim Vergleich von Ergebnissen unterschiedlicher Massstabsebenen nicht gerade erleichtern. Allzuleicht könnte aus dieser Problematik heraus die Forderung erhoben werden, die inhaltliche Auflösung der grossmassstäbigen Erhebung dürfe auch bei der regionalen Betrachtung nicht unterschritten werden.

So sehr sich dies von der Sache her begründen liesse, bleibt dabei doch eine Frage offen: Jede Steigerung inhaltlicher wie räumlicher Auflösung ist verbunden mit einem grösseren Bedarf an Zeit und damit auch Geld. Angesichts der gesetzten Randbedingungen der Fallstudie "Ökologische Planung Bündner Rheintal", welche u. a. die Orientierung an der "Normalsituation einer Schweizer Regionalplanung" vorsah, ist es jedoch schon als Fortschritt zu betrachten, wenn überhaupt Zeit und Mittel für eine konzeptionelle flächendeckende Auseinandersetzung mit der biotischen Qualität von Landschaftsräumen vorgesehen werden.

10. Skizze für eine Erfassung des biotischen Regulationspotentials im überregionalen Massstab

Die Kap. 8 und 9 befassten sich mit der Erarbeitung und dem Test eines methodischen Ansatzes, mit Hilfe dessen die Informationsbasis für die Beurteilung der biotischen Qualität von Landschaftsräumen verbessert werden soll. Der Schwerpunkt war dabei auf zwei massstäbliche Betrachtungsebenen ausgerichtet: die regionale Richtplanung (Kap. 8) und die kommunale Planung (Kap. 9). Die folgenden Ausführungen wollen im Sinne einer Abrundung der behandelten Problematik hinsichtlich der überregionalen (kantonalen resp. nationalen) Massstabsebene verstanden sein.

Überregionale konzeptionelle Naturschutzarbeit kann sich nicht darin erschöpfen, lediglich die Summe regionaler Bemühungen zu sein. Eine Reihe der anstehenden Probleme lassen sich nur aus einer übergeordneten Betrachtungsoptik heraus zielgerichtet angehen.

Angesichts des Datenerhebungsaufwandes bei der flächendeckenden Bearbeitung grosser Räume sind der Arbeit auf der überregionalen Massstabsebene - dies dürfte in den vorangegangenen Kapiteln deutlich geworden sein - trotz instrumenteller Unterstützung durch ein GIS, Grenzen gesetzt. Eine flächendeckende Vollerhebung ist in dieser Massstabsebene nicht realistisch. Dies haben auch bereits die Vorarbeiten zu der im Kap. 8.5 behandelten neuen Arealstatistik gezeigt, bei denen u. a. die Variante einer Landnutzungsvollerhebung hinsichtlich ihrer Machbarkeit geprüft worden ist.

Es muss darüberhinaus auch die Frage gestellt werden, ob eine Vollerhebung, wäre sie möglich, überhaupt sinnvoll ist. In der Fülle der Details der räumlichen Auflösung könnte leicht der Blick für das Wesentliche verstellt werden. Müsste nicht vielmehr ein methodischer Ansatz für die biotopschutzbezogene Datenaufbereitung im überregionalen Massstab zielgerichtet darauf ausgelegt sein, die spezifisch interessierenden Raumqualitäten zu erfassen, ohne dass dabei die Gefahr besteht, Wesentliches zu übersehen? Ziel müsste es sein, einen Weg zu finden bei dem zwar Einschränkungen hinsichtlich der räumlichen Auflösung gemacht werden, gleichzeitig aber die sachliche Auflösung so fein gehalten wird, dass alle wesentlichen biotopschutzrelevanten Rauminhalte berücksichtigt und erfasst werden. Bildlich ausgedrückt hätte ein solcher methodischer Ansatz die Gestalt einer Harke, welche den gesamten Raum durchkämmt und alle wesentlichen Aspekte erfasst, ohne dass Unwesentliches hängenbleibt.

Im folgenden soll der Versuch unternommen werden, skizzenhaft einige grundlegende Gedanken in diese Richtung zu entwickeln und darzulegen. Sie stützen sich wesentlich auf die Studien von NICKEL-ROHRBECK (1983) und WERKING-RADTKE (1983), welche als Diplomarbeiten am Geographischen Institut der Universität Bochum ausgeführt wurden. Die tiefergehende Ausgestaltung und pilotstudienartige Anwendung in verschiedenen Landschaftsräumen der Schweiz muss späteren Arbeiten überlassen bleiben.

Ziel der Naturschutzarbeit auf der überregionalen Betrachtungsebene, sei diese nun kantonal oder national, ist nicht die unmittelbare, landschaftsplanerische Arbeit im Sinne einer Objektplanung, sondern die Unterstützung konzeptioneller landschaftsplanerischer Überlegungen.

Zahlreiche Inventare sind inzwischen von den verschiedensten Seiten in Auftrag gegeben und erhoben worden. Je nach dem zur Verfügung stehenden Mittelaufwand können diese vielfach nur stichprobenartigen Charakter haben. Dies gilt für floristische und vegetationskundliche, in besonderem Masse aber für faunistische Fundortkataster. Gerade hinsichtlich dieses letztgenannten Aspektes wäre ein Instrumentarium wünschenswert, welches noch vor der Fundorterhebung Hinweise auf potentiell zu erwartende Fundorte geben würde. Solche Hinweise liessen sich aus der Kenntnis der jeweiligen Habitatansprüche einerseits und der Kenntnis der landschaftsökologischen und landschaftsstrukturellen Gegebenheiten andererseits ableiten.

Eine gut zugängliche und in kurzen Fortschreibungszyklen immer wieder aktualisierte Datenquelle stellen Luftbilder dar. Die bereits erwähnte Arealstatistik wie auch die im Kap. 4 behandelte Erhebung zu Verlust und Beeinträchtigung naturnaher Landschaften im Rahmen der Raumbeobachtung CH bedienen sich dieses Hilfsmittels. Eine Stichprobenmethodik, wie in der Arealstatistik angewandt, ist als Vorgehensweise für biotopschutzbezogene Erhebungen problematisch, da das Potential nicht vollständig erfasst wird. Die Schwierigkeiten bei der Interpretation der Arealstatistikdaten für Biotopschutzzwecke ist im Kap. 8.5 behandelt worden.

Die Vollerhebung des Luftbildinhaltes muss aus bereits angesprochenen Gründen ebenfalls verworfen werden. Um die biotopschutzrelevanten Gegebenheiten eines Landschaftsausschnittes möglichst vollständig zu erfassen, ohne in der Datenflut einer Vollerhebung zu ersticken, gleichzeitig aber auch eine gezielte und schnelle Auswertbarkeit zu erreichen, könnte die Entwicklung einer problemspezifischen "Objektsprache" einen sinnvollen Weg darstellen. Darunter ist ein Charakterisierungsinstrumentarium zu verstehen, welches aus einem fest definierten Umfang an Begriffen und fest definierten syntaktischen Sprachregeln besteht, die geeignet sind, die Biotopqualitäten eines Landschaftsausschnittes präzise zu umreissen.

Eine solche Objektsprache muss sowohl der Forderung nach möglichst weitgehender Flexibilität als auch nach einer auswertungstechnisch notwendigen Standardisierung gerecht werden. Sie muss in der Lage sein, die Inhalte des jeweiligen Bezugsraumes unter Zuhilfenahme von Luftbildern und ergänzend dazu Karten zu charakterisieren. Die dabei zu erfassenden Merkmale sind:
- allgemein räumliche Parameter, wie
    . Lagebezug
    . Höhe
    . grossräumige Einordnung

- allgemein zeitliche und phototechnische Parameter, wie
    . Flugdatum
    . Luftbildcharakteristik

- flächenhafte Parameter, wie
    . Nutzungen
    . Nutzungsstruktur
    . Reliefformen / Geländetyp
    . Bodenkundliche Angaben

- linienhafte Parameter, wie
    . Verkehrwegesystem (Flächenanteil, Vernetzung)
    . Biotische Linearstrukturen (Verteilung, Vernetzung)
    . Gewässernetz

- punktförmige Parameter, wie
    . Kleinbiotope
    . kleinräumig vorkommende biotopschutzrelevante Strukturen

Im weiteren ist die Frage zu klären, welche räumliche Bezugseinheit eine geeignete Basis für die räumliche Implementation der skizzierten Objektsprache darstellen könnte. Um eine möglichst hohe räumliche Auflösung zu erreichen, dürfen die Bezugseinheiten nicht zu gross gewählt werden. Andernfalls besteht die Gefahr, dass diese in ihrer Struktur zu inhomogen werden. Sie dürfen andererseits nicht zu klein sein, damit eine integrale Aussage zu Landschaftsstruktur und ökologischer Ausstattung sinnvoll ist.

Die Verwendung inhaltsneutraler Bezugsflächen, wie etwa Rasterquadrate, sind solchen vorzuziehen, welche bereits aufgrund ihrer Ausscheidung Träger thematischer Informationen sind. Insbesondere sind solche thematisch besetzten Bezugseinheiten in der Regel von sehr unterschiedlicher Grösse, was die Vergleichbarkeit der Angaben zweier Bezugseinheiten erheblich erschwert. Die Wahl der Rasterquadratgrösse kann nicht ohne pilotprojektartige Abklärungen festgelegt werden. Eine geeignete Grössenordnung dürfte jedoch etwa zwischen 0.25 und 1 km^2 liegen.

Zwei Beispiele sollen verdeutlichen, welche Gestalt eine Objektsprache zur Charakterisierung des biotischen Regulationspotentials haben könnte. Dargestellt am Beispiel der Gehölzstruktur könnte sie folgendermassen aussehen:

Typ:	Einzelbaum	(BE)
	Baumreihe	(BR)
	Allee	(AL)
	Gehölzgruppe / Feldgehölz	(GG)
	Hecke	(HE)
Vernetzung:	weitmaschig	(wm)
	engmaschig	(em)
	stark vernetzt	(sv)
Anordnung:	Teilbereich	(tb)
	Gesamtbereich	(gb)
Häufigkeit:	einzelne	(ei)
	mehrere	(me)
	viele	(vi)

Eine Aussage der Objektsprache zur Charakterisierung eines Rasterquadrates wäre beispielsweise:

Hecke-weitmaschig-Teilbereich-einzelne (HE-wm-tb-ei)

Es kommen also nur in einem Teilbereich einzelne Hecken vor und zwar in nur weitmaschigem Verbund. In Klammern ist eine abgekürzte Codierung angegeben, wie sie im Hinblick auf die EDV-gestützte Verarbeitung Verwendung finden könnte.

Ein zweites Beispiel betrifft die Charakterisierung der Landwirtschaftsstruktur:

Nutzungstyp:	Acker	(AC)
	Grünland	(GR)
	Intensivobstbau	(OI)
	Streuobstbau	(OS)
	Baumschule	(BS)
	Gartenbau	(GB)
	Gewächshauskultur	(GH)
Verteilung:	sehr kleine Teilflächen	(sktf)
	kleine Teilflächen	(ktf)
	mittlere Teilflächen	(mtf)
	grosse Teilflächen	(gtf)
	geschlossene Fläche	(gf)

Eine Aussage der Objektsprache hinsichtlich der Landwirtschaftsstruktur könnte sein:

Acker-grosse Teilflächen/Grünland-kleine Teilflächen/Streuobstbau-sehr kleine Teilflächen (AC-gtf/GR-ktf/OS-sktf)

In ähnlicher resp. adäquater Form sind alle biotopschutzrelevanten Inhalte eines Rasterquadrates (sofern aus Luftbild resp. vorliegenden Karten entnehmbar) zu codieren. Ergänzt werden könnten diese Angaben soweit vorhanden durch zusätzliche Informationen über die Bodenverhältnisse, wie Feuchtbereiche etc. Die dergestalt erhobenen Daten sind mittels eines dafür geeigneten Daten-Management-Programmes in digitale Form zu überführen und stehen dann für eine zielfragengesteuerte Analyse des Datenbestandes bereit.

In Kenntnis der jeweiligen Lebensraumansprüche bestimmter Tiergruppen könnte eine darauf abgestimmte Zielfrage im Klartext formuliert beispielsweise lauten:

Zeige alle Rasterquadrate, in denen Quellen mit Verlandungszone und kleine, mäandrierende Fliessgewässer oder stehende Gewässer mit Ufergehölz vorkommen. Prüfe gleichzeitig, ob die gefundenen Rasterquadrate einen hohen Laubholzanteil und/oder eine engmaschig vernetzte Hecken- oder Gehölzstruktur und/oder feuchte Ruderalflächen mit Gebüsch aufweisen. Checke darüberhinaus das Fehlen überwiegend intensiver Landwirtschaftsnutzung, Fichtenmonokulturen und ausgedehnter Siedlungsbereiche.

Mit einer solchen Zielfrage könnten die potentiellen Habitatbereiche des Feuersalamanders aufgefunden werden. Je nachdem, ob bereits Fundortnachweise vorliegen oder nicht, könnte dies einerseits der Vorbereitung einer gezielten Felderhebung dienen sowie andererseits der Kontrolle von Fundorterhebungen.

Als Fragestellungen, zu deren Beantwortung ein derartiges Instrument Hilfestellung leisten würde, können ohne Anspruch auf Vollständigkeit die folgenden genannt werden:

- Aufzeigen potentieller Habitaträume für ausgewählte Arten mit Hilfe eines auf das Instrument abgestimmten Zielfragenkatalogs.

- Überlagerung von potentiellen Habitatbereichen mit den Ergebnissen von Fundortkartierungen. Damit ergibt sich eine sehr effiziente Vorbereitung für gezielte Erhebungen und Überprüfungen im Gelände.

- Analyse der Struktur der Biotopausstattung im Vorfeld der Planung von Biotopverbundsystemen.

- Erarbeitung von Aussagen im Zusammenhang mit Erholung und Landschaftsschutz mittels einer zielfragengesteuerten Analyse des Datenbestandes.

- Unterstützende Analysen bei der Ausscheidung von Vorrangflächen für den Natur- und Landschaftsschutz.

Im Hinblick auf die praxistaugliche Entwicklung eines solchen Instrumentes sind eine ganze Reihe von Fragen zu klären, die im Rahmen der vorliegenden Arbeit nur stichwortartig angerissen werden können:

- Wie ist der Bezugsraum zu bemessen, um ein optimales Verhältnis von Aufwand, räumlicher und sachlicher Aussageschärfe zu erreichen?

- Wie ist die Objektsprache zu strukturieren, um einerseits möglichst detailliert die Gegebenheiten des jeweiligen Bezugsraumes zu charakterisieren, andererseits für einen gesamtschweizerischen Vergleich alle Landschaftstypen zu erfassen?

- Welche Testgebiete eignen sich für einen pilotstudienartigen Einsatz?

- Welche Datenquellen können herangezogen werden (Luftbilder, Karten) und in welchem Massstab?

- Mit welchem EDV-Instrumentarium kann ein solches System

unterstützt werden?

- Lassen sich, ggf. unterstützt durch Expertensysteme, vorhandene digitale Daten in das System einbeziehen? Könnten mit Hilfe der Technik der Mustererkennung beispielsweise aus der Arealstatistik Mischung und raumstrukturelle Anordnung von Landnutzungstypen in einem bestimmten Raumausschnitt erfasst und in Aussagen der skizzierten Objektsprache umgesetzt werden?

- Wie kann ein solches Instrument in den Kontext bestehender resp. laufender Projekte eingegliedert werden (Raumbeobachtung CH, Landschaftsstatistik etc.)

Damit sind hinsichtlich der überregionalen Betrachtungsebene mehr Fragen aufgeworfen worden als Antworten gegeben werden konnten. Diese müssen in nachfolgenden Arbeiten gefunden werden.

11. Literatur

ACROW/WOLF, o. J.: Lärmschutzsystem AW 4. Firmenprospekt

AFFELD, D., 1972: Raum- und siedlungsstrukturelle Arbeitsteilung als Grundprinzipien zur Verteilung des raumwirksamen Entwicklungspotentials. Struktur 1, S. 197 - 204

AKADEMIE FÜR NATURSCHUTZ UND LANDSCHAFTSPFLEGE (Hrsg.), 1982: Hecken und Flurgehölze - Struktur, Funktion und Bewertung. Laufener Seminarbeiträge Nr. 5/82, Laufen, 138 S.

ALBERT, G., 1982: Der ökologische Aspekt in der raumwirksamen Planung - Theorie und Praxis des am ökologischen Kontext ausgerichteten Handelns. Dissertation Universität Hannover, 210 S.

ALN (Amt für Landschaftspflege und Naturschutz Graubünden, Hrsg.), 1972: Schützenswerte und geschützte Landschaften und Naturdenkmäler im Kanton Graubünden (Landschaftsschutzinventar), Chur

AMMER, U., BECHET, G., 1978: Die Ökologische Kartierung der Europäischen Gemeinschaft. Arbeitsmaterial der Akademie für Raumforschung und Landesplanung, Nr. 13, Hannover, S. 191 - 196

AMMER, U., BECHET, G., KLEIN, R., 1979: Zum Stand der Ökologischen Kartierung der Europäischen Gemeinschaft. Forstwissenschaftliches Centralblatt 98, S. 18 - 33

AMT FÜR ORTS- UND REGIONALPLANUNG BL, 1987: Nutzungsplanung Landschaft - Grundlagen: Normalreglement Landschaft. Liestal, 10 S.

AMT FÜR RAUMPLANUNG GR, 1986: Ausscheidung von Natur- und Landschaftsschutzzonen. Richtlinien zur Ortsplanung, Nr. 7, Chur, 12 S.

ARGE GÜLLER / INFRAS, 1983: Zweckmässigkeitsprüfung der neuen Eisenbahnhaupttransversalen (NHT), Schlussbericht. Studie im Auftrag des Eidg. Verkehrs- und Energiedepartements, Stab für Gesamtverkehrsfragen, EDMZ, Bern, 323 S.

AUFERMANN, F.-W., 1986: EDV in den Grünflächenämtern. Garten + Landschaft 96, H. 9, S. 54 - 55

AULIG, G., BACHFISCHER, R., DAVID, J., KIEMSTEDT, H., 1977: Wissenschaftliches Gutachten zu ökologischen Planungsgrundlagen im Verdichtungsraum Nürnberg - Fürth - Erlangen - Schwabach. Selbstverlag Lehrstuhl für Raumforschung, Raumordnung und Landesplanung TU München, 227 S. und Kartenband

BACHFISCHER, R., 1978: Die ökologische Risikoanalyse - eine Methode zur Integration natürlicher Umweltfaktoren in die Raumplanung. Diss. TU München, 298 S.

BECHET, G., 1976: Der Biotopwert - ein Beitrag zur Quantifizierung der ökologischen Vielfalt im Rahmen der Landschafts- und Flächennutzungsplanung. Dissertation Universität München, 143 S.

BECHMANN, A., 1978: Nutzwertanalyse, Bewertungstheorie und Planung. Bern und Stuttgart, 361 S.

BECHMANN, A., 1980: Die Nutzwertanalyse der zweiten Generation - Unsinn, Spielerei oder Weiterentwicklung ? Raumforschung und Raumordnung 38, H. 4, S. 167 - 173

BEHR, F.-J., 1988: Datenstrukturen und Verarbeitungsalgorithmen in geographischen Informationssystemen. In: Institut für Photogrammetrie und Fernerkundung der Uni Karlsruhe (Hrsg.): Geo-Informationssysteme in der öffentlichen Verwaltung, Tagungsband D, S. 33 - 48

BERGMANN, A., 1955: Die Grossschmetterlinge Mitteldeutschlands, Band 5/2, Leipzig. Zitiert in: Brockmann (1987)

BFANL, 1982: Landschaftsdatenkatalog. Herausgegeben von der Bundesforschungsanstalt für Naturschutz und Landschaftsökologie, Bonn-Bad Godesberg, 11 S. und Anhang

BIELER, C., 1982: Im Churer Rheintal ist die Grenze der Belastbarkeit erreicht. Tages-Anzeiger, 13. 7. 1982, S. 37

BIERHALS, E., 1978: Ökologischer Datenbedarf für die Landschaftsplanung - Anmerkungen zur Konzeption einer Landschaftsdatenbank. Arbeitsmaterial der Akademie für Raumforschung und Landesplanung, Nr. 13, Hannover, S. 1 - 19

BIERHALS, E., 1980: Ökologische Raumgliederungen für die Landschaftsplanung. In: Buchwald, K., Engelhardt, W. (Hrsg.): Handbuch für Planung, Gestaltung und Schutz der Umwelt, Bd. 3, München, S. 80 - 104

BIERHALS, E., KIEMSTEDT, H., SCHARPF, H., 1974: Aufgaben und Instrumentarium ökologischer Landschaftsplanung. Raumforschung und Raumordnung 32, H. 2, S. 76 - 88

BLUME, H.-P., SUKOPP, H., 1976: Ökologische Bedeutung anthropogener Bodenveränderungen. In: Sukopp, H., Trautmann, W. (Hrsg.): Veränderungen der Flora und Fauna in der BRD. Schriftenreihe für Vegetationskunde 10, S. 75 - 89

BOBECK, H., SCHMITHÜSEN, J., 1949: Die Landschaft im logischen System der Geographie. Erdkunde 3, S. 112 - 120

BORNKAMM, R., 1980: Hemerobie und Landschaftsplanung. Landschaft + Stadt 12, H. 2, S. 49 - 55

BOVY, Ph.H., 1982: Reexamen d'ensemble des modalites de realisation de la route nationale N 9 entre Riddes et Brigue. Rapport final de synthese du reexamen N 9, Institut des tranports et de la planification EPFL, Lausanne, 413 S. + Anh.

BRASSEL, K., 1971: Darstellungsversuche auf dem datengesteuerten Schnelldrucker. Kartographische Nachrichten 21, H. 5, S. 182 - 188

BROCKMANN, E, 1987: Natur im Verbund - Theorie für die Praxis. Schriftenreihe Angewandter Naturschutz der Naturlandstiftung Hessen e.V., Bd. 3, Bad Nauheim, 152 S.

BRÖSSE, U., 1981: Funktionsräumliche Arbeitsteilung, Funktionen und Vorranggebiete. Forschungs- und Sitzungsberichte der Akademie für Raumforschung und Landesplanung, Bd. 138, Hannover, S. 15 - 23

BROGGI, M., SCHLEGEL, H., 1989: Mindestbedarf an naturnahen Flächen in der Kulturlandschaft - dargestellt am Beispiel des schweizerischen Mittellandes. Bericht des Nationalen Forschungsprogramms "Boden", Nr. 31, Liebefeld-Bern, 176 S.

BRP, 1983: Raumbeobachtung CH - ein Rahmenkonzept. Materialien zur Raumplanung, Bern, 27 S.

BRP / BFL, 1984: Landschaft und natürliche Lebensgrundlagen - Anregungen für die Ortsplanung, herausgegeben vom Bundesamt für Raumplanung und vom Bundesamt für Forstwesen und Landschaftsschutz. EDMZ, Bern, 81 S.

BUCHWALD, K., 1980: Aufgabenstellung ökologisch - gestalterischer Planungen im Rahmen umfassender Umweltplanung. In: Buchwald, K., Engelhardt, W. (Hrsg.): Handbuch für Planung, Gestaltung und Schutz der Umwelt, Bd. 3, München, S. 1 - 26

BUCHWALD, K., ENGELHARDT, W. (Hrsg.), 1988/69: Handbuch für Landschaftspflege und Naturschutz, 4 Bände, München

BUCHWALD, K., ENGELHARDT, W. (Hrsg.), 1978/80: Handbuch für Planung, Gestaltung und Schutz der Umwelt, 4 Bände, München

BUGMANN, E., REIST, S., BACHMANN, P., GREMMINGER, T., WIDMER, F., 1986: Die Bestimmung des bio-dynamischen Potentials der Landschaft. Publikationen der Forschungsstelle für Wirtschaftsgeographie und Raumplanung an der Hochschule St. Gallen, Nr. 10, 67 S.

CERWENKA, P., 1984: Ein Beitrag zur Entmythologisierung des Bewertungshokuspokus. Landschaft + Stadt 16, H. 4, S. 220 - 227

DEUTSCHER RAT FÜR LANDESPFLEGE, 1983: Ein "integriertes Schutzgebietssystem " zur Sicherung von Natur und Landschaft - entwickelt am Beispiel des Landes Niedersachsen. Schriftenreihe des deutschen Rates für Landespflege, H. 41, S. 5 - 26

DIAMOND, J.M., MAY, R.M., 1984: Biogeographie von Inseln und Planung von Schutzgebieten. In: May, R.M. (Hrsg.): Theoretische Ökologie. Weinheim - Basel, S. 147 - 166

DIEKMANN, P., HERBSTREIT, E., 1986: Personal-Computer im Büroalltag I. Garten + Landschaft 96, H. 9, S. 40 - 43

DORN, M., 1981: Methodische Probleme bei automatischen Digitalisieren geowissenschaftlicher Karten. Studie beim Niedersächsischen Landesamt für Bodenforschung im Rahmen des DFG-Projektes "Neue Kommunikationswege in den Geowissenschaften mit Hilfe der ADV", vervielf. Manuskript, Hannover, 32 S.

DURWEN, K.-J., 1982: Zur Nutzung von Zeigerwerten und artspezifischen Merkmalen der Gefässpflanzen Mitteleuropas für Zwecke der Landschaftsökologie und -planung mit Hilfe der EDV - Voraussetzungen, Instrumentarien, Methoden und Möglichkeiten. Arbeitsberichte des Lehrstuhls Landschaftsökologie Münster, H. 5, 138 S. und Anhang

DURWEN, K.-J., unter Mitwirkung von Genkinger, R., 1979: Das landschaftsökologische Informationssystem LÖKIS - eine einführende Beschreibung. Arbeitsberichte des Lehrstuhls Landschaftsökologie Münster, H. 1, 53 S.

DURWEN, K.-J., 1985: Landschaftsinformationssysteme - Hilfsmittel der ökologischen Planung ? In: Schmid, W.A., Jacsman, J., (Hrsg.): Ökologische Planung - Umweltökonomie. Schriftenreihe zur Orts-, Regional- und Landesplanung, Nr. 34, ORL-Institut ETH, Zürich, S. 79 - 95

DURWEN, K.-J., GENKINGER, R., THÖLE, R., 1978: Praxisorientierte Variablenwahl und -verarbeitung für eine EDV-gestützte ökologische Planung. Natur und Landschaft 53, H. 5, S. 164 - 168

DURWEN, K.-J., KIAS, U., 1981: Zur Einsatzmöglichkeit von Kleincomputern in der Landschaftsplanung. Garten + Landschaft 91, H. 8, S. 596 - 600

EIDGENÖSSISCHES STATISTISCHES AMT, 1972: Arealstatistik der Schweiz 1972. Statistische Quellenwerke der Schweiz, H. 488, Bern

EJPD / BRP, 1981: Erläuterungen zum Bundesgesetz über die Raumplanung, herausgegeben vom Eidg. Justiz- und Polizeidepartement und dem Bundesamt für Raumplanung. EDMZ, Bern, 424 S.

ELLENBERG, H., 1963: Vegetation Mitteleuropas mit den Alpen. Stuttgart, 943 S.

ELLENBERG, H., 1973a: Ziele und Stand der Ökosystemforschung. In: Ökosystemforschung, Berlin - Heidelberg - New York, S. 1 - 21

ELLENBERG, H., 1973b: Versuch einer Klassifikation der Ökosysteme nach funktionalen Gesichtspunkten. In: Ökosystemforschung, Berlin - Heidelberg - New York, S. 235 - 265

ELLENBERG, H., KLÖTZLI, F., 1972: Waldgesellschaften und Waldstandorte der Schweiz. Mitteilungen der Eidgen. Anstalt für das forstliche Versuchswesen (EAFV), Bd. 48, H. 4, S. 587 - 930

ENRILE, N., 1982: Kulturlandschaftswandel im Val Marobbia, mit besonderer Berücksichtigung der Gemeinde Pianezzo. Diplomarbeit am Geographischen Institut der Univ. Zürich, 70 S.

ERZ, W., 1980: Naturschutz - Grundlagen, Probleme und Praxis. In: Buchwald, K., Engelhardt, W. (Hrsg.): Handbuch für Planung, Gestaltung und Schutz der Umwelt, Bd. 3, München, S. 560 - 637

EWALD, K.C., 1978: Der Landschaftswandel - zur Veränderung schweizerischer Kulturlandschaften im 20. Jahrhundert. Tätigkeitsberichte der Naturforschenden Gesellschaft Baselland, Bd. 30, Liestal, S. 55 - 308 und Kartenband

EWALD, K.C., 1987: Naturschutz und Landschaftsschutz in der kommunalen Landschaftsplanung von Baselland - eine kritische Analyse. Regio Basiliensis, Bd. XXVIII, H. 1+2, S. 75 - 102

EWALD, K., HENZ, H.R., ROTH, U., KOEPPEL, H.-D., 1980: Ideenskizze zum Aufbau einer Landschaftsstatistik Schweiz, vervielf. Manuskript, Windisch, 5 S.

FALINSKI, J. B., 1966: Antropogeniczna roslinnosc Puszczy Bialowieskiej. Rozpr. Univ. Warszawskiego 13, Warszawa, 256 S.

FEHL, G., 1970: Informationssysteme in der Stadt- und Regionalplanung. Diss. TU München, 140 S.

FINKE, L., 1978: Der ökologische Ausgleichsraum - plakatives Schlagwort oder realistisches Planungskonzept. Landschaft + Stadt 10, H. 3, S. 114 - 119

FINKE, L., 1987: Flächenansprüche aus ökologischer Sicht. Forschungs- und Sitzungsberichte der Akademie für Raumforschung und Landesplanung, Bd. 165, Hannover, S. 179 - 201

FORSCHUNGSGRUPPE TRENT, 1973: Typologische Untersuchungen zur rationellen Vorbereitung umfassender Landschaftsplanungen. Forschungsauftrag des Bundesministers für Ernährung, Landwirtschaft und Forsten, vervielf. Manuskript, Dortmund - Saarbrücken, 106 S. und Anhang

FÜRST, D., 1986: Die Problematik einer ökologisch orientierten Raumplanung. In: Simonis, U.E. (Hrsg.): Umwelt - Raum - Politik, Ansätze zu einer Integration von Umweltschutz, Raumplanung und regionaler Entwicklungspolitik. Berlin, S. 103 - 213

GALLUSSER, W., BUCHMANN, W., 1974: Der Kulturlandschaftswandel in der Schweiz als geographisches Forschungsprogramm. Geographica Helvetica 29, H. 2/3, S. 49 - 70

GATZWEILER, H.P., 1980: Das Präferenzmodell - ein alternativer Ansatz für eine vergleichende Raumbewertung. Raumforschung und Raumordnung 38, H. 4, S. 173 - 180

GENKINGER, R., 1980: Aufgaben des Landschaftsinformationssystems NW "LINFOS". Mitteilungen der Landesanstalt für Ökologie, Landschaftsentwicklung und Forstplanung NW 6, H. 3, S. 80

GERBER, R., 1981: Leitfaden zur Inventarisierung schützenswerter Naturobjekte im Rahmen der kommunalen Landschaftsplanung. Erarbeitet im Auftrag des Basellandschaftlichen Natur- und Vogelschutzverbandes, der Arbeitsgemeinschaft für Natur- und Heimatschutz BL und des Bundes für Naturschutz BL, Liestal, 86 S.

GEYER, Th., 1987: Regionale Vorrangkonzepte für Freiraumfunktionen - Methodische Fundierung und planungspraktische Umsetzung. Werkstattbericht des Fachbereichs Regional- und Landesplanung der Universität Kaiserslautern, Nr. 13, 271 S.

GFELLER, M., 1986: Die Region Bündner Rheintal als Testgebiet für das Projekt "Grundlagen und Möglichkeiten ökologischer Planung. In: Reith, W.-J., Lendi, M., Schmid, W.A. (Hrsg.): "Ökologische Planung" im Grenzraum. Schriftenreihe des Instituts für Raumplanung und Agrarische Operationen der Universität für Bodenkultur Wien, Nr. 2, S. 163 - 170

GFELLER, M., 1988: Die Übersichtskarte der Landwirtschaftseignung als Grundlage ökologischer Planung im Bündner Rheintal. DISP Nr. 93, Zürich, S. 40 - 49

GFELLER, M., 1990: Das Vorrang- und Ausgleichskonzept in der Raumplanung: Ein Ansatz zur Lösung von Problemen zwischen Landwirtschaft und Naturschutz. Berichte zur Orts-, Regional- und Landesplanung, Zürich, in Druckvorbereitung

GFELLER, M., KIAS, U., TRACHSLER, H., unter Mitarbeit von Schilter, R., 1984: Berücksichtigung ökologischer Forderungen in der Raumplanung - Methodische Ansätze und Fallbeispiele. Berichte zur Orts-, Regional- und Landesplanung, Nr. 46, Zürich, 233 S.

GFELLER, M., KIAS, U., 1985: Bewertungshokuspokus oder Versuch zur Verbesserung der Entscheidungsfindung bei unvollständiger Datenlage ? Landschaft + Stadt 17, H. 1, S. 42 - 44

GIGON, A., 1981: Ökologische Stabilität; Typologie und Realisierung. Fachbeiträge zur Schweiz. MAB-Information, Nr. 7, Bern, 42 S.

GLÜNKIN, R., 1985: Landschaftsveränderungen - ein Problem der Nutzungsplanung, am Beispiel der Gemeinden Aarau, Küttigen, Ober- und Unterentfelden. Diplomarbeit am Geographischen Institut der Univ. Zürich, 137 S.

GROSSMANN, W. D., SCHALLER, J., SITTARD, M., 1984: "Zeitkarten": eine neue Methodik zum Test von Hypothesen und Gegenmassnahmen bei Waldschäden. Allgemeine Forstzeitschrift, H. 33/34, S. 837 - 843

GRUPPE ÖKOLOGIE UND PLANUNG, 1980: Umweltverträglichkeitsstudie L 486 / L 491 Südumgehung Kevelaer. Strasse, Landschaft, Umwelt (Schriftenreihe der Strassenbauabteilung des Landschaftsverbandes Rheinland, H. 2/1980, 78 S.

GÜNTHER, Th., 1987: Natur- und Landschaftsschutz als Element der qualitativen Fremdenverkehrsentwicklung. Fachbeiträge zur schweizerischen MAB-Information, Nr. 26, Bern, 54 S.

HAASE, G., 1978: Zur Ableitung und Kennzeichnung von Naturpotentialen. Petermanns Geographische Mitteilungen 122, H. 2, S. 113 - 125

HABER, W., 1972: Grundzüge einer ökologischen Theorie der Landnutzungsplanung. Innere Kolonisation 21, H. 11, S. 294 - 298

HABER, W., 1978: Ökosystemforschung - Ergebnisse und offene Fragen. In: Buchwald, K., Engelhardt, W. (Hrsg.): Handbuch für Planung, Gestaltung und Schutz der Umwelt, Bd. 1, München, S. 80 - 89

HABER, W., 1979a: Raumordnungskonzepte aus der Sicht der Ökosystemforschung. Veröffentlichungen der Akademie für Raumforschung und Landesplanung: Forschungs- und Sitzungsberichte, Bd. 131, Hannover, S. 12 - 24

HABER, W., 1979b: Theoretische Anmerkungen zur ökologischen Planung. Verhandlungen der Gesellschaft für Ökologie (Jahrestagung Münster 1978), Bd. VII, Göttingen, S. 19 - 30

HÄBERLI, R., 1975: Verlust an landwirtschaftlicher Kulturfläche in den Jahren 1942 - 1967. Raumplanung Schweiz, Informationshefte des Delegierten für Raumplanung, Nr. 2, S. 6 - 13

HAHN-HERSE, G., KIEMSTEDT, H., WIRZ, S., 1984: Landschaftsrahmenplanung und Regionalplanung - gemeinsam gegen die sektorale Zersplitterung im Umweltschutz ? Landschaft + Stadt 16, S. 66 - 83

HALLER, H., 1979: Wald, Hecken und Obstgärten im Domleschg, Ökologische Veränderungen im Luftbild. Jahresbericht der Naturforschenden Gesellschaft Graubünden, Bd. 98, S. 35 - 66

HANKE, H., 1982: Methodische Probleme der Umweltverträglichkeitsprüfung. In: Bechmann, A. (Hrsg.): Die Umweltverträglichkeitsprüfung - ein Planungsinstrument ohne politische Relevanz ? - Konzepte und Fallstudien. Landschaftsentwicklung und Umweltforschung, Nr. 9, Berlin, S. 67 - 82

HARD, G., 1970: Die "Landschaft" der Sprache und die "Landschaft" der Geographen. Semantische und forschungslogische Studien. Colloquium Geographicum, Bd. 11, Bonn, 278 S.

HARD, G., 1982: Landschaft. In: Jander, L., Schramke, W., Wenzel, H.-J. (Hrsg.): Metzler Handbuch für den Geographieunterricht, Stuttgart, S. 160 - 171

HASE, K., 1972: Der Aufbau des Informationsrasters. DISP Nr. 24, Zürich, S. 7 - 14

HASE, K., HIDBER, C., WÄHLE, U., 1970: Informationsraster - 8. Teil: Zusammenfassende Darstellung der Ergebnisse und Methoden. Arbeitsberichte zur Orts-, Regional- und Landesplanung, Nr. 4.8, Zürich, 45 S.

HESS, C.-R., REICHARD, V., 1988: Zur ornithologischen Bedeutung von Biotoptypen im Weinbaugebieten. Natur und Landschaft 63, H. 1, S. 11 - 14

HEIDEMANN, C., 1981: Die Nutzwertanalyse, ein Beispiel für Magien und Mythen in der Entscheidungsdogmatik. In: Institut für Regionalwissenschaft der Universität Karlsruhe (Hrsg.): Kritik der Nutzwertanalyse. IfR Diskussionspapier, Nr. 11, S. 1 - 18

HEYDEMANN, B., 1981: Zur Frage der Flächengrösse von Biotopbeständen für den Arten- und Ökosystemschutz. Jahrbuch für Naturschutz und Landschaftpflege, Bd. 31, S. 21 - 51

HIDBER, C., 1972: Die landesplanerische Datenbank - ein leicht anwendbares Informationssystem zuhanden der Planer des Bundes, der Kantone und der Gemeinden. DISP Nr. 24, Zürich, S. 4 - 6

HORNSTEIN, F. v., 1950: Theorie und Anwendung der Waldgeschichte. Forstwiss. Centralblatt 69, S. 161 - 177

HUNZIKER, Th., 1982: Landschaftschutz in der Schweiz - die Lösung der Aufgabe in einem föderalistischen Staat. Schweizerische Stiftung für Landschaftsschutz, Schrift Nr. 1, Bern, S. 1 - 20

IMHOLZ, R., 1975: Die Zuständigkeiten des Bundes auf dem Gebiete des Natur- und Heimatschutzes. Schriftenreihe zur Orts-, Regional- und Landesplanung, Nr. 25, Zürich, 176 S.

JÄGER, K.D., HRABOWSKI, K., 1976: Zur Strukturanalyse von Anforderungen der Gesellschaft an den Naturraum - dargestellt am Beispiel des Bebauungspotentials. Petermanns Geographische Mitteilungen 120, S. 29 - 37

JALAS, J., 1953: Hemerokorit ja hemerobit. Luonnon Tutkija 57, S. 12 - 16

JALAS, J., 1955: Hemerobe und hemerochore Pflanzenarten - ein terminologischer Reformversuch. Acta soc. pro Fauna et Flora Fennica 72, Nr. 11, S. 1 - 15

JEDICKE, E., 1990: Biotopverbund - Grundlagen und Massnahmen einer neuen Naturschutzstrategie. Stuttgart, 254 S.

JENNY, H., MUTZNER, H., 1985: Schützenswerte Lebensräume im Bündner Rheintal zwischen Rhäzüns und Fläsch. Gutachten zuhanden des Forschungsprojektes "Ökologische Planung Bündner Rheintal" (unveröffentlicht), Zürich (ORL-Institut ETH), 13 S. und Anhang

JURI, R., 1985: Die Forderungen nach einer besseren Sicherung des landwirtschaftlichen Bodens. Schriftenfolge der Schweiz. Vereinigung für Landesplanung (VLP), Nr. 40, Bern, S. 47 - 52

KALT, P., 1977: Wesen und Bedeutung von Art. 24septies (Umweltschutzartikel) der Bundesverfassung. Diss. Univ. Freiburg, 212 S.

KANTONALES PLANUNGSAMT BL, 1978: Kommunale Landschaftsplanung - Die kantonalen Zonenreglements-Normalien Landschaft. Liestal, 8 S.

KANTONALES PLANUNGSAMT BL, 1980a: Kommunale Landschaftsplanung - Wegleitung für die Gemeinden. Liestal, 8 S.

KANTONALES PLANUNGSAMT BL, 1980b: Kommunale Landschaftsplanung - Pflichtenheft für den Planer. Liestal, 6 S.

KAULE, G., 1974: Kartierung schutzwürdiger Biotope in Bayern. Verhandlungen der Gesellschaft für Ökologie (Jahrestagung Erlangen 1974), Bd. III, Göttingen, S. 257 - 260

KAULE, G., 1978: Verdichtungsgebiete, Städte und ihr Umland. Schriftenreihe des Deutschen Rates für Landespflege, Nr. 30, S. 691 - 694

KAULE, G., 1979: Indikatoren der Umweltqualität. Verhandlungen der Gesellschaft für Ökologie (Jahrestagung Münster 1978), Bd. VII, Göttingen, S. 55 - 61

KAULE, G., 1980: Umweltverträglichkeitsprüfung in der räumlichen Planung. DISP Nr. 59/60 (Sondernummer: Ökologie in der Raumplanung), S. 28 - 43

KAULE, G., 1985: Anforderungen an Grösse und Verteilung ökologischer Zellen in der Agrarlandschaft. Zeitschrift für Kulturtechnik und Flurbereinigung 26, S. 202 - 207

KAULE, G., 1986: Arten- und Biotopschutz. Stuttgart, 461 S.

KELLER, M., 1977: Aufgabenverteilung und Aufgabenkoordination im Landschaftsschutz. Reihe Verwaltungsrecht, Bd. 3, Diessenhofen, 250 S.

KELLER, D.A., 1982: Zur Beurteilung von Grossprojekten der öffentlichen Hand - Evaluationsmethoden zwischen dem Gebräuchlichen und dem Alternativen. Schweizer Ingenieur und Architekt 100, H. 8, S. 108 - 113

KIAS, U., unter Mitwirkung von Schreiber, K.-F., 1981: Ein Konzept zur Umweltverträglichkeitsprüfung von Strassenbaumassnahmen, dargestellt am Beispiel der Neutrassierung der B 51 im Raum Münster-Ost / Telgte. Arbeitsberichte des Lehrstuhls Landschaftsökologie Münster, H. 3, 104 S.

KIAS, U., 1984: EDV in der Landschaftsplanung. DISP Nr. 76, Zürich, S. 27 - 31

KIAS, U., 1987: Entwicklungstendenzen der Datenverarbeitung in der Landschaftsplanung. Anthos 26, H. 4, S. 2 - 12

KIAS, U., TRACHSLER, H., 1985: Methodische Ansätze ökologischer Planung. In: Schmid, W.A., Jacsman, J., (Hrsg.): Ökologische Planung - Umweltökonomie. Schriftenreihe zur Orts-, Regional- und Landesplanung, Nr. 34, ORL-Institut ETH, Zürich, S. 53 - 77

KIAS, U., GFELLER, M., 1986: Die Wärmeverhältnisse im Bündner Rheintal - Ergebnisse pflanzenphänologischer Beobachtungen in den Jahren 1984 - 1986. Jahresbericht der Naturforschenden Gesellschaft Graubünden 103, S. 141 - 152

KIAS, U., RIHM, B., SCHMUCKI, C., 1989: Lärm im regionalen Massstab - ein Computerprogramm zur integralen Ermittlung von regionalen Lärmimmissionen. Schweizer Ingenieur und Architekt 107, H. 5, S. 107 - 111

KIEMSTEDT, H., 1980: Ziele, Verfahrensweisen und Durchsetzungsprobleme für eine ökologische Orientierung der Raumplanung. DISP Nr. 59/60 (Sondernummer: Ökologie in der Raumplanung), S. 23 - 27

KLINK, H.-J., 1986: Personal-Computer im Büroalltag II. Garten + Landschaft 96, H. 9, S. 44 - 46

KOEPPEL, H.-D., ZEH, W., 1988: Verlust naturnaher Landschaften. Raumplanung - Informationshefte 16, H. 1, S. 4 - 8

KOEPPEL, H.-W., 1975: Konzeption für ein Landschaftsinformationssystem. Natur und Landschaft 50, H. 12, S. 329 - 336

KOEPPEL, H.-W., 1978: Landschaftdatenbank als Grundlage planungsorientierter Informationssysteme. Arbeitsmaterial der Akademie für Raumforschung und Landesplanung, Nr. 13, Hannover, S. 21 - 36

KOEPPEL, H.-W., ARNOLD, F., 1976: Landschaftsdatenkatalog. Selbstverlag der Bundesforschungsanstalt für Naturschutz und Landschaftsökologie, Bonn-Bad Godesberg

KOEPPEL, H.-W., ARNOLD, F., 1981: Landschafts-Informationssystem. Schriftenreihe für Landschaftspflege und Naturschutz, H. 21, Bonn-Bad Godesberg, 187 S.

KÖLBL, O., 1982: Stichprobenweise Luftbildauswertung zur Erneuerung der Arealstatistik: Geometrische Aspekte und Genauigkeitsanalyse. Vermessung, Photogrammetrie, Kulturtechnik 80, H. 10, S. 317 - 322

KOMMISSION N+H BL, 1981: Naturschutzhandreichung für die Erarbeitung des kommunalen Landschaftsplanes, herausgegeben fon der Staatlichen Kommission für Natur- und Heimatschutz im Kanton BL und dem Amt für Naturschutz und Denkmalpflege. Liestal, o. S.

KRAUSE, E., 1980: Problematik und Lösungsversuche im Rahmen der Strassenplanung. Grundlagen und Verfahren der ökologischen Risikoeinschätzung von Strassen. In: Buchwald, K., Engelhardt, W. (Hrsg.): Handbuch für Planung, Gestaltung und Schutz der Umwelt, Bd. 3, München, S. 397 - 424

KRÜSI, B. O., 1986: Schlüssel zur Festlegung der Breite und Ausdehnung von Pufferzonen bei Naturschutzgebieten. Studie der Bürogemeinschaft für angewandte Ökologie zuhanden der Fachstelle für Naturschutz beim Amt für Raumplanung des Kantons Zürich, 27 S. und Beilagen

KUNICK, W., 1974: Veränderungen von Flora und Vegetation einer Grossstadt, dargestellt am Beispiel von Berlin (West). Dissertation TU Berlin, 462 S.

LANGER, H., 1974: Standort und Bedingungen einer ökologischen Planung. Landschaft + Stadt 6, H. 1, S. 2 - 8

LENDI, M., 1974: Landschafts- und Umweltschutz als Rechtsproblem. In: Leibundgut, H. (Hrsg.): Landschaftsschutz und Umweltpflege, Referate eines Fortbildungskurses an der Abteilung für Forstwissenschaft der ETH Zürich vom 5. - 9. 11. 1973, Verlag Huber, Frauenfeld, S. 221 - 233

LENDI, M., HÜBNER, P., 1986: Einführung in das Recht des Lebensraumes. Probeausgabe Vorlesungsskript ETH Zürich, 97 S.

LÖBEL, G., SCHMID, H., MÜLLER, P. (Hrsg.), 1975: Lexikon der Datenverarbeitung. 6. Aufl., München

LOSCH, S., 1987: Raumplanung und Bodennutzung. Naturopa, Nr. 57, Strassburg, S. 22 - 24

LUDER, P., 1980: Das ökologische Ausgleichspotential der Landschaft. Untersuchungen zum Problem der empirischen Kennzeichnung von ökologischen Raumeinheiten. Beispiel Region Basel und Rhein - Neckar. Physiogeographica, Bd. 2, Basel, 172 S. und Kartenband

MAC ARTHUR, R.A., WILSON, E.O., 1967: The Theory of Island Biogeography. Princeton University Press, New York

MADER, H.J., 1985: Die Verinselung der Landschaft und die Notwendigkeit von Biotopverbundsystemen. LÖLF-Mitteilungen - Naturschutzforum NRW, H. 4, S. 6 - 14

MARBLE, D. F., LAUZON, J. P., McGRANAGHAN, M., 1984: Development of a Conceptual Model of the Manual Digitizing Process. Proceedings of the International Symposium on Spatial Data Handling, Vol. I, Zürich (University), S. 146 - 171

MAURER, R., 1973: Die Vielfalt der Käfer- und Spinnenfauna des Wiesenbodens im Einflussbereich von Verkehrsimmissionen. Oecologia 14, S. 327 - 351

METRON / SIGMAPLAN, 1986: Verlust und Beeinträchtigung naturnaher Landschaften (Raumbeobachtung Schweiz: Problemkreis Landschaft), Bericht Hauptstudie Teil I, vervielf. Manuskript, Windisch und Bern, 55 S.

MEYER, A., KESSLER, P., 1987: Erfahrungen eines kleineren Büros bei der EDV-Anwendung. Anthos 26, H. 4, S. 38 - 42

MEYER, B., 1982: Arealstatistik - Rückblick und Ausblick. Vermessung, Photogrammetrie, Kulturtechnik 80, H. 10, S. 310 - 317

MÜLLER, M., ULRICH, A., HENRICHFREISE, A., 1982: Datenerfassung und Auswertung am Beispiel vegetationskundlicher Karten der badischen Rheinaue. Natur und Landschaft 57, H. 12, S 447 - 453

MÜLLER-STAHEL, H.-U. (Hrsg.), 1973: Schweizerisches Umweltschutzrecht. Zürich, 639 S.

MÜLLER-STAHEL, H.-U., RAUSCH, H., WINZELER T., 1975: Das Umweltschutzrecht des Bundes - Gesetzessammlung. Zürich, 407 S.

MUNZ, R., 1986: Landschaftsschutz als Gegenstand des Bundesrechts. Schweizerisches Zentralblatt für Staats- und Gemeindeverwaltung 87, Nr. 1, S. 1 - 20

NEEF, E., 1966: Zur Frage des gebietswirtschaftlichen Potentials. Forschungen und Fortschritte 40, S. 65 - 96

NEUENSCHWANDER, M., 1989: Naturschutzrecht in der UVP. Berichte zur Orts-, Regional- und Landesplanung, Nr. 70, 95 S.

NICKEL-ROHRBECK, M., 1983: Verfahren zur kombinierten Erhebung und Auswertung von Landnutzungs-, Strukturelement- und Biotopkartierungsdaten als Grundlage eines Biotopverbundsystems. Diplomarbeit am Geographischen Institut der Uni Bochum, 170 S. + Anlagen

NIEVERGELT, B., 1984: Die Bedeutung des Raummusters für die Dynamik von Pflanzen- und Tierpolulationen. In: Brugger, E.A., Furrer, G., Messerli, B., Messerli, P. (Hrsg.): Umbruch im Berggebiet. Bern, S. 590 - 599

NIEVERGELT, B., 1986: Grundlagen für ein Naturschutz-Gesamtkonzept im Kanton Zürich. Projektstudie im Auftrag des Amtes für Raumplanung des Kantons Zürich, 167 S. und Anhang

NIGG, F., 1977: Regionalplanung Bündner Rheintal, Projektstudie zuhanden der Regionalplanungsgruppe, erarbeitet am ORL-Institut ETHZ, vervielf. Manuskript, 27 S.

ODUM, E.P., 1969: The strategy of ecosystem development. Science 164, S. 262 - 270

OETTLE, K., 1978: Verkehrsplanung. In: Buchwald, K., Engelhardt, W. (Hrsg.): Handbuch für Planung, Gestaltung und Schutz der Umwelt, Bd. 1, München, S. 220 - 230

ORTIS, A., 1982: Natur- und Landschaftsschutz in den Gemeinden. Schriftenfolge der Schweiz. Vereinigung für Landesplanung (VLP), Nr. 33, Bern, 61 S.

PEPER, H., ROHNER, M.S., WINKELBRANDT, A., 1985: Grundlagen zur Beurteilung der Bedarfsplanung für Bundesfernstrassen aus der Sicht von Naturschutz und Landschaftspflege am Beispiel des Raumes Wörth - Pirmasens. Natur und Landschaft 60, H. 10, S. 397 - 401

PETER, K., 1988: Flechtenkartierung als Grundlage für die Charakterisierung der Luftbelastung (Bündner Rheintal). Geographica Helvetica 43, H. 2, S. 99 - 104

PEUQUET, D. J., BOYLE, A. R., 1984: Interactions between the Cartographic Document and the Digitizing Process. In: Marble, D. F., Calkins, H. W., Peuquet, D: J. (Ed.): Basic Readings in Geographic Information Systems, SPAD Systems Ltd., Williamsville NY, S. 3-35 - 3-43

PIETSCH, J., 1981: Ökologische Planung - ein Beitrag zu ihrer theoretischen und methodischen Entwicklung. Dissertation Universität Kaiserslautern, 296 S.

PLANUNGSGRUPPE ÖKOLOGIE + UMWELT, 1981: Diskussion einer Bilanzierung von Landschaftsverbrauch - Begriffsinhalte und Bilanzierungsansätze. Studie im Auftrage des Bayerischen Staatsministeriums für Landschaftsentwicklung und Umweltfragen, Reihe "Materialien", Nr. 25, 77 S.

RASE, W.-D., 1984: Die EDV-Unterstützung des Informationssystems der BfLR. Informationen zur Raumentwicklung, H. 3/4, Bonn, S. 311 - 323

RAT DER SACHVERSTÄNDIGEN FÜR UMWELTFRAGEN, 1985: Umweltprobleme der Landwirtschaft (Sondergutachten), Stuttgart und Mainz, 423 S.

RAUSCH, H., 1987: Kommentar zur Umweltschutzgesetz (hrsg. von Kölz, A., Müller-Stahel, H.-U.). Loseblattsammlung 1. - 3. Lieferung, Zürich

REICHHOLF, J., 1978: Tierwelt. In: Buchwald, K., Engelhardt, W. (Hrsg.): Handbuch für Planung, Gestaltung und Schutz der Umwelt, Bd. 2, München, S. 345 - 357

RIHM, B., 1989: UVP der Umfahrungsstrasse Zizers - ein Verfahrensansatz der ökologischen Planung zur Umweltverträglichkeitsprüfung. Berichte zur Orts-, Regional- und Landesplanung, Nr. 74, Zürich, 97 S. + Anhang

RINGLER, A., 1987: Gefährdete Landschaft - Lebensräume auf der Roten Liste. München, 195 S.

RINGLI, H., GATTI-SAUTER, S., GRASER, B., 1988: Kantonale Richtplanung in der Schweiz - Praxisbeispiele und planungsmethodische Erkenntnisse. Berichte zur Orts-, Regional- und Landesplanung, Nr. 63, Zürich, 180 S.

RIP, F. I., 1987: Computer-aided landscape planning: the medium is the message. Landscape and Urban Planning 14, S. 79 - 83

ROEMER, L., 1969: Strassen. In: Buchwald, K., Engelhardt, W., (Hrsg.): Handbuch für Lanschaftspflege und Naturschutz, Bd. 3, München, S. 159 - 192

ROHNER, J., 1987: 20 Jahre Natur- und Heimatschutzgesetzgebung - bedauerliche Lücken im Vollzug. Neue Zürcher Zeitung vom 23. Januar 1987, S. 35

RUTISHAUSER, P., EBERLE, F., 1987: EDV für Administration und CAD im Landschaftsarchitekturbüro. Anthos 26, H. 4, S. 28 - 33

SAUTER, J.,1987: Raumbeobachtung im Kanton Graubünden. In: Elsasser, H., Trachsler, H. (Hrsg.): Raumbeobachtung in der Schweiz. Wirtschaftsgeographie und Raumplanung, Vol. 1, Zürich, S. 19 - 34

SCHALLER, J., 1978: Kartierung schutzwürdiger Biotope in Bayern als Beispiel eines flächendeckenden Informationssystems. Arbeitsmaterial der Akademie für Raumforschung und Landesplanung, Nr. 13, Hannover, S. 49 - 70

SCHEMEL, H.J., 1976: Zur Theorie der differenzierten Bodennutzung: Probleme und Möglichkeiten einer ökologisch fundierten Raumordnung. Landschaft + Stadt 8, H. 4, S. 159 - 167

SCHEMEL, H.-J., 1980: Folgerungen aus der Theorie der differenzierten Bodennutzung für die Schutzgebietsausweisung. Verhandlungen der Gesellschaft für Ökologie (Jahrestagung Freising 1979), Bd. VIII, Göttingen, S. 39 - 44

SCHMID, W.A., 1980: Ist der ländliche Raum ein ökologischer Ausgleichsraum ? DISP Nr. 59/60 (Sondernummer: Ökologie in der Raumplanung), S. 62 - 70

SCHMID, W.A., JACSMAN, J. (Hrsg.), 1985: Ökologische Planung - Umweltökonomie. Schriftenreihe zur Orts-, Regional- und Landesplanung, Nr. 34, Zürich, 165 S.

SCHMID, W.A., JACSMAN, J. (Hrsg.), 1987: Grundlagen der Landschaftplanung. Lehrmittel für Orts-, Regional- und Landesplanung, Zürich, 204 S.

SCHMUCKI, C., 1988: Untersuchungen zum Kulturlandschaftswandel im Bündner Rheintal mit dem Geographischen Informationssystem ARC/INFO. Diplomarbeit am Geographischen Institut der Universität Zürich, 114 S.

SCHNEIDER, H. F., 1986: Die Landschaftsverträglichkeitsprüfung (LVP) - ein Vorschlag. Diplomarbeit am Geographischen Institut der Universität Zürich, 215 S.

SCHOBER, H. M., 1979: Kartierung erhaltenswerter Biotope in den bayrischen Alpen. Berichte der Akademie für Naturschutz und Landschaftspflege, H. 3, Laufen, S. 4 - 24

SCHREIBER, K.-F., 1976: Berücksichtigung des ökologischen Potentials bei Entwicklungen im ländlichen Raum. Zeitschrift für Kulturtechnik und Flurbereinigung 17, S. 257 - 265

SCHREIBER, unter Mitwirkung von Kuhn, N., Hug, C., Häberli, R., Schreiber, C., 1977: Wärmegliederung der Schweiz 1 : 200000 mit Erläuterungen (deutsch/französisch). Grundlagen der Raumplanung, hrsg. vom Delegierten für Raumplanung, Bern, 64 (69) S. und 5 Karten

SCHREIBER, K.-F., 1981: Das kontrollierte Brennen von Brachland - Belastungen, Einsatzmöglichkeiten und Grenzen. Eine Zwischenbilanz über feuerökologische Untersuchungen. Angewandte Botanik 55, S. 255 - 275

SCHUBERT, B., 1982: Stand der Landschaftsplanung in der Schweiz - eine Dokumentation. Studienunterlagen zur Orts-, Regional- und Landesplanung, Nr. 52, Zürich, 264 S.

SCHWARZE, M., STEIGER, P., ZINGG, R., 1984: Vertiefungsstudie: Lebensräume bedrohter und seltener Tierarten. Studie des Büros Reinhard + Hesse + Schwarze im Rahmen der Regionalplanung Sarganserland - Walensee, Mühlehorn GL, 18 S. und 30 S. Anhang

SCHWEIZERISCHER BUNDESRAT, 1988: Bericht über den Stand und die Entwicklung der Bodennutzung und Besiedlung in der Schweiz (Raumplanungsbericht 1987), den Eidgen. Räten, den Kantonen und der Öffentlichkeit vom Schweiz. Bundesrat unterbreitet am 14. Dez. 1987. Bundesblatt Nr. 10, Bd. I, 15. 3. 1988, S. 871 - 1015

SEIBERT, P., 1978: Vegetation. In: Buchwald, K., Engelhardt, W. (Hrsg.): Handbuch für Planung, Gestaltung und Schutz der Umwelt, Bd. 2, München, S. 302 - 344

SPÄTI, H., 1985: Die Notwendigkeit der Kulturlandsicherung aus der Sicht des Schweiz. Bauernverbandes. Informationsblatt der Raumplanungsgruppe Nordostschweiz (RPG-NO), H. 3, S. 12 - 19

STAUFFER/STUDACH AG, 1987: Die Regeneration von Waldrändern, Hecken und Feldobstbau am Beispiel der Gemeinde Malans. Studie im Auftrag der Schweiz. Stiftung für Landschaftsschutz (SL), Bern, vervielf. Manuskript, 82 S.

STEINER, D., ZAMANI, F., 1984: Datenbank MAB - Grindelwald. Fachbeiträge zur schweizerischen MAB - Information, Nr. 21, Bern, 29 S.

STEINITZ, C., 1982: Die Anwendung der Computertechnologie in der Landschaftsplanung. Natur und Landschaft 57, H. 12, S. 422 - 428

STILLGER, H., 1979: EDV als Hilfsmittel bei der Landschaftsbewertung und Landschaftsplanung. Diss. TU Hannover, 282 S.

STOCKER, M., 1987: Die Landschaftsplanung als wichtige Grundlage der Raumplanung - bald Wirklichkeit ? Schlussarbeit im Nachdiplomstudium Raumplanung an der ETH Zürich, vervielf. Manuskript, 78 S. und Anhang.

SUKOPP, H., 1969: Der Einfluss des Menschen auf die Vegetation. Vegetatio 17, S. 360 - 371

SUKOPP, H., 1972: Wandel von Flora und Vegetation in Mitteleuropa unter dem Einfluss des Menschen. Berichte über Landwirtschaft 50, H. 1, S. 112 - 139

SUKOPP, H., 1981: Veränderungen von Flora und Vegetation in Agrarlandschaften. Berichte über Landwirtschaft, Sonderheft 197 (Beachtung ökologischer Grenzen bei der Landbewirtschaftung), Hamburg - Berlin, S. 255 - 264

SUKOPP, H., WEILER, S., 1984: Vernetzte Biotopsysteme - Aufgabe, Zielsetzung, Problematik. In: Ministerium für Soziales, Gesundheit und Umwelt Rheinland-Pfalz (Hrsg.): Arten- und Biotopschutz, Aufbau eines vernetzten Biotopsystems (Fachtagung), S. 10 - 20

TESDORPF, J. C., 1984: Landschaftsverbrauch. Begriffsbestimmung, Ursachenanalyse und Vorschläge zur Eindämmung. Berlin und Vilseck, 586 S.

THÖNI, L., PETER, K., HERTZ, J., BÄCHTOLD, H.-G., 1989: Ökologische Planung: Ergebnisse der Fallstudie Bündner Rheintal - 2. Teil: Charakterisierung der Immissionssitiation - Luft. Berichte zur Orts-, Regional- und Landesplanung, Nr. 76, Zürich, 162 S.

TRACHSLER, H., 1982: Stichprobenweise Luftbildauswertung zur Erneuerung der Arealstatistik: Bildinterpretation und Erfassung der Landnutzung. Vermessung, Photogrammetrie, Kulturtechnik 80, H. 10, S. 323 - 330

TRACHSLER, H., KÖLBL, O., MEYER, B., MAHRER, F., 1981: Stichprobenweise Auswertung von Luftaufnahmen für die Erneuerung der Eidgenössischen Arealstatistik. Arbeitsdokumente für die schweizerische Statistik, H. 5, 98 S.

TRACHSLER, H., ELSASSER, H., 1982: Landnutzung in der Schweiz: Gegenwärtiger Zustand und Veränderungen. In: Buchhofer, E., (Hrsg.): Flächennutzungsveränderungen in Mitteleuropa. Marburger Geographische Schriften, H. 88, Marburg, S. 77 - 102

TRACHSLER, H., KIAS, U., 1982: Ökologische Planung - Versuch einer Standortbestimmung. DISP Nr. 68, Zürich, S. 32 - 38

VONDERHORST, P., 1972a: Die Möglichkeiten der Luftbildinterpretation zur Nachführung des Informationsrasters. DISP Nr. 24, Zürich, S. 25 - 30

VONDERHORST, P., 1972b: Die Arealstatistik 1972 - erste Anwendung des Infomationsrasters. DISP Nr. 24, Zürich, S. 31 - 37

VORHOLZ, F., 1984: Ökologische Vorranggebiete - Funktionen und Folgeprobleme. Europäische Hochschulschriften, Reihe V: Volks- und Betriebswirtschaft, Bd. 528, Frankfurt, 411 S.

WEIHS, E., 1978: Zum Stand der Entwicklungsarbeiten des bayrischen Umweltinformationssystems. Natur und Landschaft 53, H. 5, S. 146 - 149

WEISS, H., 1981: Die friedliche Zerstörung der Landschaft. Zürich, 231 S.

WEISS, H., 1987: Die unteilbare Landschaft - Für ein erweitertes Umweltverständnis. Zürich, 191 S.

WERKING-RADTKE, J., 1983: ADV-gestütztes Verfahren zur Erhebung von ökologisch relevanten Strukturelementen der Landschaft und seine Anwendungsmöglichkeit in der Landschaftsplanung am Beispiel des Landschaftsplanes Balve/Mittleres Hönnetal. Diplomarbeit am Geographischen Institut der Uni Bochum, 144 S. + Anlagen

WESTHOFF, V., 1949: Schaakspel met de natuur. Natuur Landschap 3, S. 54 - 62

WESTHOFF, V., 1951: De betekenis van natuurgebieden voor wetenschap en practijk. Contact - Comm. Natuur- en Landschapsbescherming, 36 S.

WESTHOFF, V., 1965: Die ökologischen Grundlagen des Naturschutzes. Vortrag Techn. Univ. Berlin 21. 6. 1965

WIESMANN, U., 1987: Naturschutzwürdigkeit: Zur Begründung eines Bewertungsverfahrens und einer fundierten Schutzpolitik - ein Beitrag aus dem MAB-Projekt Grindelwald. Verhandlungen der Gesellschaft für Ökologie (Jahrestagung Graz 1985), Bd. XV, Göttingen, S. 161 - 171

WILDERMUTH, H., 1980: Natur als Aufgabe. Leitfaden für die Naturschutzpraxis in der Gemeinde. Schweizerischer Bund für Naturschutz (SBN), Basel, 298 S.

WILDI, O., 1981: Grundzüge eines Landschaftsdatensystems. Berichte der Eidgenössischen Anstalt für das forstliche Versuchswesen, Nr. 233, Birmensdorf, 56 S.

ZANDE, A. N. van der, KEURS, W. J. ter, WEIJDEN, W. J. van der, 1980: The impact of roads on the densities of four bird species in an open field habitat - evidence of a long distance effect. Biological conservation 18, S. 299 - 321

ZANGEMEISTER, C., 1970: Nutzwertanalyse in der Systemtechnik, eine Methodik zur multidimensionalen Bewertung und Auswahl von Projektalternativen. München, 370 S.

ZEH, W., 1987: Verlust naturnaher Landschaften. In: Elsasser, H., Trachsler, H. (Hrsg.): Raumbeobachtung in der Schweiz. Wirtschaftsgeographie und Raumplanung, Vol. 1, Zürich, S. 43 - 47

Verzeichnis der zitierten Planwerke

Raumplanung Kanton Aargau - Richtplanung, beschlossen vom Regierungsrat des Kantons Aargau 1983

Raumplanung Kanton Aargau - Gesamtplan Kulturland, beschlossen vom Grossen Rat des Kantons Aargau 1987

Richtplanung Kanton Luzern - Grundlagen, Bericht der kantonalen Raumplanungskommission 1983

Richtplanung Kanton Luzern - Richtplan und Erläuterungsbericht, beschlossen vom Regierungsrat des Kantons Luzern 1986

Consiglio di Stato del Cantone Ticino: Piano direttore cantonale - Progetto per la seconda consultatione 1986

Repubblica e Cantone del Ticino: Piano direttore cantonale - Rapporto esplicativo e obiettivi pianificatori cantonali 1989

Regionalplan Landschaft beider Basel, herausgegeben von der Regionalplanungsstelle beider Basel 1976

Kanton Basel-Landschaft: Koordinationsplan - Kantonaler Richtplan gemäss Bundesgesetz über die Raumplanung (RPG), herausgegeben von der Bau- und Landwirtschaftsdirektion des Kantons Basel-Landschaft 1987

Kantonale Richtplanung Graubünden - Richtplan und Bericht zum Richtplan, beschlossen von der Regierung des Kantons Graubünden 1982

Kantonale Richtplanung Graubünden - Dokumentation, herausgegeben vom Amt für Raumplanung Graubünden 1983

Raumordnungskonzept für den Kanton St. Gallen, herausgegeben vom Baudepartement des Kantons St. Gallen 1983

Kantonale Gesamtpläne und Richtplan 1987 - Bericht des Baudepartementes des Kantons St. Gallen 1987

Landschaftsrichtplan Region Thun, beschlossen vom Planungsverein der Region Thun 1984

Anhang

Geographisches Institut
der Universität Kiel

ANHANG I: Kartenteil

Karte 1: Die Planungsregion "Bündner Rheintal" im Überblick

Karte 2: Das Biotopinventar Bündner Rheintal

Karte 3: Auszug aus dem Biotopinventar: Biotope mit Trockenstandorten

Karte 4: Auszug aus dem Biotopinventar: Biotope mit Feuchtstandorten

Karte 5: Auszug aus dem Biotopinventar: Gehölzbiotope

Karte 6: Auszug aus dem Biotopinventar: Waldbiotope

Karte 7: Landnutzung im Bündner Rheintal

Karte 8: Bedeutung der Flächen für das biotische Regulationspotential aufgrund der Verschneidung von Landnutzung und Biotopinventar

Karte 9: Wald-, Hecken- und Gebüschränder gemäss Landnutzungskartierung

Karte 10: Risiko der Beeinflussung der Biotopfunktion durch Luftverunreinigungen

Karte 11: Risiko der Beeinflussung der Biotopfunktion durch Lärmeinwirkungen

Karte 12: Risiko der Beeinflussung der Biotopfunktion durch die Lage im Einflussbereich von Strassen

Karte 13: Gesamtbelastung (Zusammenschau der Karten 10 - 12)

Karte 14: Verlust biotischer Ressourcen durch geplante Bautätigkeit

Karte 15: Landschaftsentwicklungsziele Biotopschutz

Karte 16: Bedeutung der Flächen für das biotische Regulationspotential aufgrund der Analyse der Arealstatistikdaten

Karte 17: Bedeutung der Flächen für das biotische Regulationspotential aufgrund des verfeinerten subregionalen Analyseansatzes für die Gemeinde Maienfeld

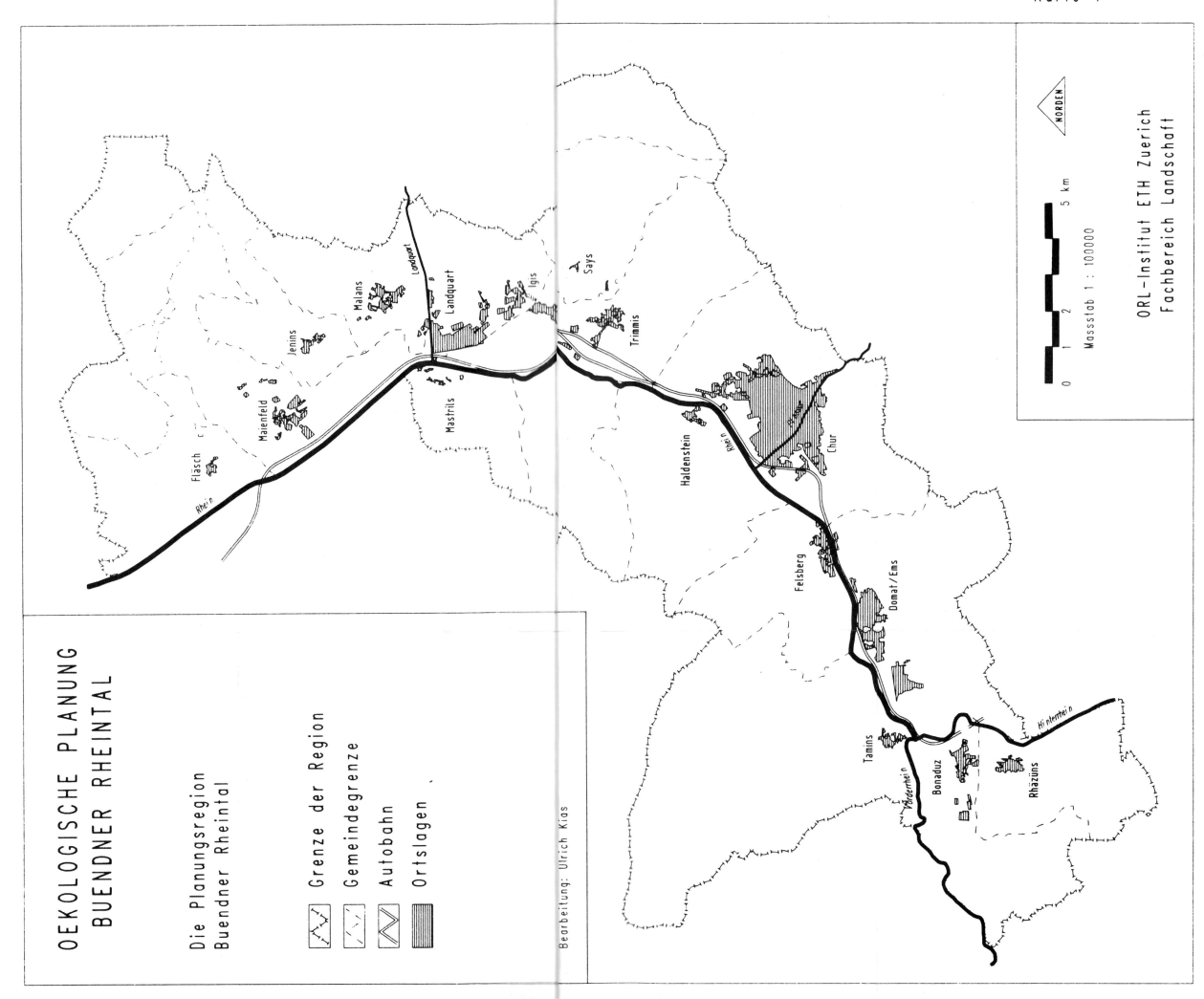

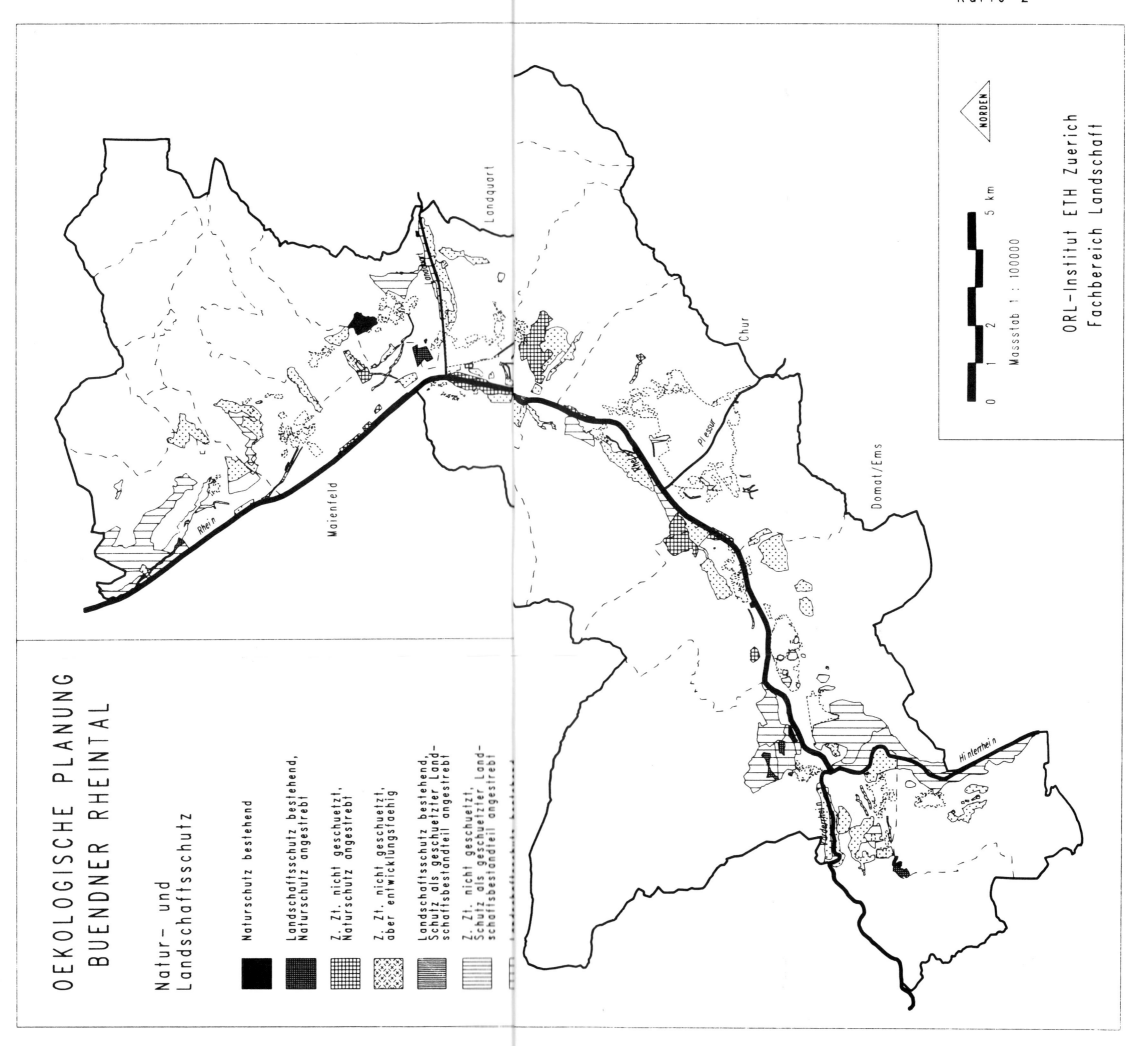